分布式
消息中间件实践

倪炜／著

電子工業出版社
Publishing House of Electronics Industry
北京•BEIJING

内容简介

消息中间件是分布式系统中的重要组件，在实际工作中常用消息中间件进行系统间数据交换，从而解决应用解耦、异步消息、流量削峰等问题，实现高性能、高可用、可伸缩和最终一致性架构。目前市面上可供选择的消息中间件有 RabbitMQ、ActiveMQ、Kafka、RocketMQ、ZeroMQ、MetaMQ 等。本书结合作者近年来在实际项目中使用消息中间件的经历和踩过的一些坑总结整理而成，主要介绍消息中间件使用的背景、基本概念，以及常用的四种消息中间件产品在各个业务场景中的使用案例。作为案例介绍，虽然不能对各种消息中间件产品的所有特性做详细说明，但是希望读者可以通过每章中的案例讨论和实践建议得到启发，为在实际工作中进行产品选型、业务场景方案制定、性能调整等提供思路。

本书适合初、中级软件工程师阅读，不管是有一定工作经验的软件工程师、运维工程师，还是对消息中间件技术感兴趣的在校学生均可参考。由于书中案例主要采用 Java 编写，为了能更好地阅读本书，读者要有 Java 语言的使用能力和基本的 Linux 操作系统使用经历。

图书在版编目（CIP）数据

分布式消息中间件实践 / 倪炜著. —北京：电子工业出版社，2018.9
ISBN 978-7-121-34905-8

Ⅰ. ①分…　Ⅱ. ①倪…　Ⅲ. ①JAVA 语言－程序设计　Ⅳ. ①TP312.8

中国版本图书馆 CIP 数据核字（2018）第 187932 号

策划编辑：陈晓猛
责任编辑：葛　娜
印　　刷：北京盛通商印快线网络科技有限公司
装　　订：北京盛通商印快线网络科技有限公司
出版发行：电子工业出版社
　　　　　北京市海淀区万寿路 173 信箱　邮编：100036
开　　本：787×980　1/16　印张：17.75　字数：407 千字
版　　次：2018 年 9 月第 1 版
印　　次：2023 年 7 月第 11 次印刷
定　　价：79.00 元

凡所购买电子工业出版社图书有缺损问题，请向购买书店调换。若书店售缺，请与本社发行部联系，联系及邮购电话：（010）88254888，88258888。

质量投诉请发邮件至 zlts@phei.com.cn，盗版侵权举报请发邮件至 dbqq@phei.com.cn。

本书咨询联系方式：（010）51260888-819，faq@phei.com.cn。

前　言

大约在五年前，那时我参与的项目到了收尾阶段，工作不太忙，觉得写了好几年业务代码没什么意思，就想找点有技术含量的东西研究。有一次去山西路上的军人俱乐部闲逛，在三楼一家书店的角落里看到一本讲 Tomcat 源码的书，翻了二三十页觉得挺有意思，讲的很多关于 Tomcat 实现的由来以前我从来都不知道，买回家不到一个星期就看了一遍。遗憾的是，这本书讲的 Tomcat 版本有点老，在实际工作中一般都用到 5 以上的版本了。正好当时我也有点时间，就决定分析一下最新的 Tomcat 7 的源码，并发表在了 ITeye 网站上。作为老牌的 Web 服务器，Tomcat 7 的内容非常丰富，写这个系列文章的主要部分，前后花了一年的时间，由此我也就逐渐养成了坚持写博客总结一段时间以来工作和学习到的知识的习惯。

这几年我也常劝很多朋友多写点东西总结，有时作为面试官遇到技术还不错的面试者会问问有没有博客，如果有的话一般会在面试成绩上额外加点分。据我的观察，几乎每一个程序员都知道写博客的好处，但真的动手去写的人实际很少，一个很重要的原因，就是很多人会说“我又不是大牛，写出来的东西没人看，那还有啥意义？”我的回答是，不是牛人一样可以写博客。有一次我碰到一个项目用到一些以前没接触过的新技术，在项目搭建过程中报出错误，但错误信息提示不明确，只说某地方有一个配置校验不通过的异常，到底要通过什么方式解决该问题文档上也没写，只能“Google”一下，在搜索结果的第一页就看到有人遇到了同样的问题、一样的环境和最终的解决办法，一试之下果然奏效。于是就翻了翻他的博客目录，写的大部分内容都是很基础的，有的可能就是对某个技术里的某个特性的介绍，没有高深莫测的东西，也没有长篇大论，但正好里面有篇文章解决了困扰我大半天的问题，显然这篇博客对我来说就非常有价值。在实际工作和学习中我们会遇到很多问题，有的问题经过千方百计翻遍资料甚至查看源码实现，经过一番痛苦折磨终于解决了，那么就可以把这个过程整理成博客，既对自己所学的知识进行了总结、积累了经验，又能给其他可能会碰到类似问题的人提供帮助，分享出去，让更多的人受益，这就是我认为的写博客的价值。

也就是在这个过程中，有一天我接到了博文视点陈晓猛编辑的邀请，说看了我写的关于消息中间件介绍的几篇文章，想让我出一本与之相关的书，系统介绍一下相关技术。这真是一个让人兴奋的消息，读了这么多年书，现在居然有机会出自己的书了。在欣喜之外还有忐忑，担心我的经验与水平有限，写出来的东西耽误了读者的时间，但是经过陈编辑的多次鼓励，我决定大胆尝试一下。在写这本书之前，其实国内已经有一些介绍消息中间件的书了，但这些书大都是针对某个具体产品的详细介绍，比如与 RabbitMQ 和 ActiveMQ 相关的中文、英文读物。市面上缺少的是针对主流消息中间件的整体性介绍，以及结合实际消息应用场景的案例说明，因此我打算写一本这样的书。本书选取了我认为市面上应用最广泛的四种消息中间件产品，即 RabbitMQ、ActiveMQ、Kafka 和 RocketMQ，介绍这些消息中间件的来源、特性、Java 语言使用的示例和结合具体业务场景的应用案例，最后给出在实际项目中使用时的一些建议和需要综合权衡的技术要点，希望能对读者的工作有一定的帮助。所以，本书面对的读者主要是具备一定的 Java 功底，尤其是对消息中间件感兴趣并有一定实际使用经验的工程师。本书并不会对每种产品的特性都做非常详细的阐述，因为这些最权威、最详尽的资料都可以从官网中获得，书中内容聚焦于实践，也建议读者能多动手实践一下，这样学到的东西才是自己的。

本书内容

全书共 6 章，第 1 章和第 2 章介绍消息中间件的背景和所涉及的常见概念，第 3 ~ 6 章分别介绍一种消息中间件产品，读者可自行选择阅读。

第 1 章：介绍消息队列技术的背景，包括使用场景和消息队列的功能特点，并设计了一个简单的消息队列。

第 2 章：介绍消息队列中常用的消息协议，包括每个消息协议的历史背景、主要概念和基于该协议的消息通信过程。本章所介绍的协议也是接下来理解各种消息中间件产品的基础。

第 3 章：具体介绍 RabbitMQ 的特点、主要概念和 Java 使用示例，接着通过使用 RabbitMQ 实现异步处理和消息推送的功能，最后给出在工作中使用 RabbitMQ 时的一些实践建议。

第 4 章：具体介绍 ActiveMQ 的特点、基本概念和 Java 使用示例，接着通过使用 ActiveMQ 实现消息推送分布式事务的功能，最后给出在工作中使用 ActiveMQ 时的一些实践建议。

第 5 章：具体介绍 Kafka 的特点、主要概念和 Java 使用示例，接着通过使用 Kafka 实现用户行为数据采集、日志收集和流量削峰的功能，最后给出在工作中使用 Kafka 时的一些实践建议。

第 6 章：具体介绍 RocketMQ 的特点、主要概念和 Java 使用示例，接着通过使用 RocketMQ 的特性实现消息顺序处理和分布式事务的另外一种解决方案，最后给出在工作中使用 RocketMQ 时的一些实践建议。

致谢

虽然这是我写的第一本书，但我不是唯一的作者。书中的很多内容简介分散于各种书籍、标准文档、研究论文、会议演讲、博客，甚至微博、Twitter 中关于某个消息中间件特性的讨论之上，感谢互联网，是前面许许多多的实践者成就了这本书。工作这么多年，我有幸与很多在软件开发领域有不懈追求的同仁共事，他们扩展了我在很多方面的知识，有很多人帮助我审阅过部分手稿。感谢他们的帮忙，从他们身上我学到了许多宝贵的经验，更感谢他们为本书提供的许多宝贵建议。感谢博文视点的编辑，这本书能够如期出版，离不开你们的敬业精神与一丝不苟的工作态度，我为你们点赞！

倪炜

2018 年 6 月于南京

轻松注册成为博文视点社区用户（www.broadview.com.cn），扫码直达本书页面。

- **下载资源**：本书如提供示例代码及资源文件，均可在 下载资源 处下载。
- **提交勘误**：您对书中内容的修改意见可在 提交勘误 处提交，若被采纳，将获赠博文视点社区积分（在您购买电子书时，积分可用来抵扣相应金额）。
- **交流互动**：在页面下方 读者评论 处留下您的疑问或观点，与我们和其他读者一同学习交流。

页面入口：http://www.broadview.com.cn/34905

目　　录

第 1 章 消息队列

1.1 系统间通信技术介绍

一般来说，大型应用通常会被拆分成多个子系统，这些子系统可能会部署在多台机器上，也可能只是一台机器的多个进程中，这样的应用就是分布式应用。在讨论分布式应用时，很多初学者会把它和集群这个概念搞混，因为从部署形态上看，它们都是多台机器或多个进程部署，而且都是为了实现一个业务功能。这里有一个简单的区分标准：如果是一个业务被拆分成多个子业务部署在不同的服务器上，那就是分布式应用；如果是同一个业务部署在多台服务器上，那就是集群。而分布式应用的子系统之间并不是完全独立的，它们需要相互通信来共同完成某个功能，这就涉及系统间通信了。

目前，业界通常有两种方式来实现系统间通信，其中一种是基于远程过程调用的方式；另一种是基于消息队列的方式。前一种就是我们常说的 RPC 调用，客户端不需要知道调用的具体实现细节，只需直接调用实际存在于远程计算机上的某个对象即可，但调用方式看起来和调用本地应用程序中的对象一样（见图 1-1）。

RPC 是一种通过网络从远程计算机程序上请求服务，而不需要了解底层网络技术的协议。这句话至少有三个层面的含义。① 它是协议，说明这是一种规范，就需要有遵循这套规范的实现。典型的 RPC 实现包括 Dubbo、Thrift、GRPC 等。② 网络通信的实现是透明的，调用方不需要关心网络之间的通信协议、网络 I/O 模型、通信的信息格式等。③ 跨语言，调用方实际上并不清楚对端服务器使用的是什么程序语言。对于调用方来说，无论其使用的是何种程序语言，调用都应该成功，并且返回值也应按照调用方程序语言能理解的形式来描述。

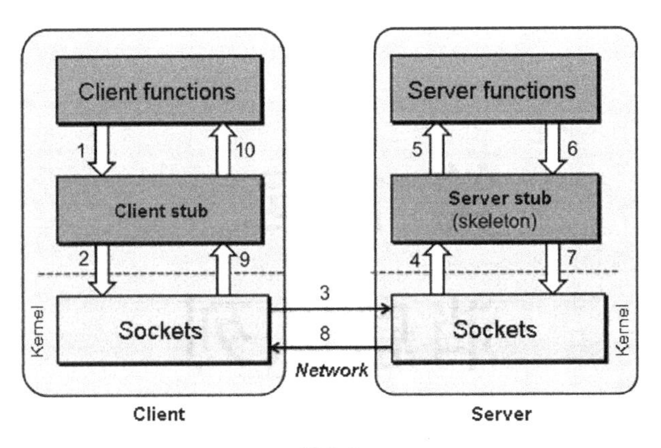

图 1-1

而基于消息队列的方式是指由应用中的某个系统负责发送信息，由关心这条消息的相应系统负责接收消息，并在收到消息后进行各自系统内的业务处理。消息可以非常简单，比如只包含文本字符串；也可以很复杂，比如包含字节流、字节数组，还可能包含嵌入对象，甚至是 Java 对象（经过序列化的对象）。

消息在被发送后可以立即返回，由消息队列来负责消息的传递，消息发布者只管将消息发布到消息队列而不用管谁来取，消息使用者只管从消息队列中取消息而不管是谁发布的，这样发布者和使用者都不用知道对方的存在（见图 1-2）。

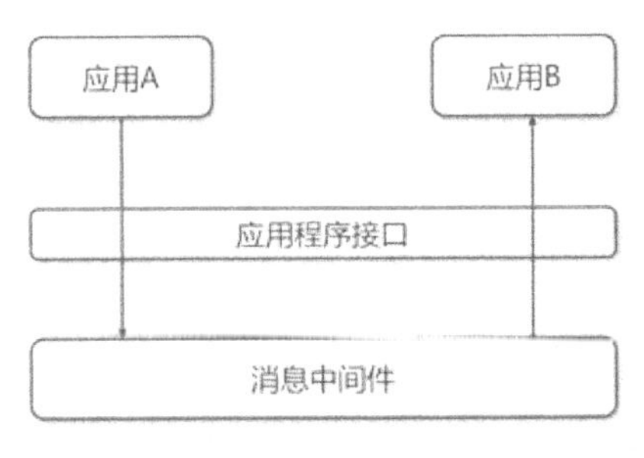

图 1-2

1.2 为何要用消息队列

从上一节的描述中可以看出，消息队列（MQ）是一种系统间相互协作的通信机制。那么什么时候需要使用消息队列呢？

举个例子。某天产品人员说“系统要增加一个用户注册功能，注册成功后用户能收到邮件通知”。在实际场景中这种需求很常见，开发人员觉得这个很简单，就是提供一个注册页面，点击按钮提交之后保存用户的注册信息，然后发送邮件，最后返回用户注册成功（见图 1-3）。

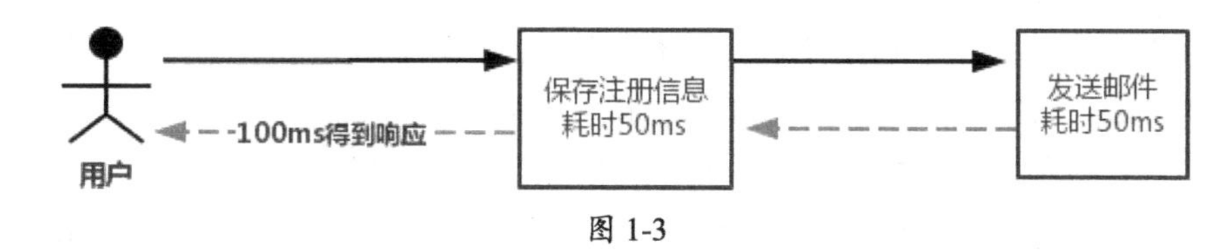

图 1-3

该功能上线运行了一段时间后，产品人员说“点击注册按钮之后响应有点慢，很多人都提出这个意见，能不能优化一下”。开发人员首先想到的优化方案是将保存注册信息与发送邮件分开执行，怎么分呢？可以单独启动线程来做发送邮件的事情（见图 1-4）。

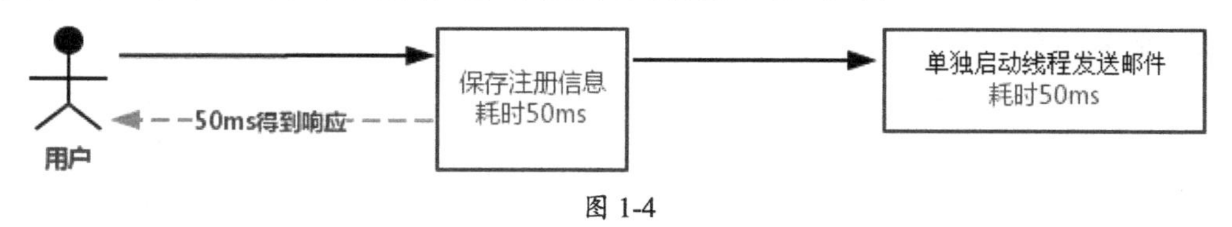

图 1-4

没多久，产品人员又说“现在注册操作的响应是快了，但有用户反映没收到注册成功的邮件，能不能在发送邮件的时候先保存所发送邮件的内容，如果邮件发送失败了则进行补发”。

看着开发人员愁眉苦脸的样子，产品人员说“在邮件发送这块平台部门已经做好方案了，你直接用他们提供的服务就行”。开发人员一听，赶紧和平台部门沟通，对方的答复是“我们提供一个类似于邮局信箱的东西，你直接往这个信箱里写上发送邮件的地址、邮件标题和内容，之后就不用你操心了，我们会直接从信箱里取信息，向你所填写的邮件地址发送响应邮件”。

这个故事讲的就是使用消息队列的典型场景——异步处理。消息队列还可用于解决解耦、流量削峰、日志收集、事务最终一致性等问题。

1. 解耦

某天产品人员说“为了便于网站用户之间进行交流、共享信息，解决网站中遇到的各种问题，网站要增加一个论坛功能，在论坛中用户可以发布帖子，其他用户可以在这个帖子下评论和回复”。开发人员觉得这个需求不难实现，就是常见的网上论坛。于是，没过几天就完成了功能开发并转测上线了。

过了一段时间，用户量增加了，对帖子发布功能的使用越来越频繁。产品人员说“信息质量部门期望在发布帖子的时候能检查所发布的内容是不是合规”。没多久，产品人员又说“大数据部门希望能根据帖子的内容提取用户相关信息来丰富用户的画像”。又过了几天，产品人员说“营销部门最近在做活动，如果用户发布的是与营销活动相关的帖子，则能给该用户增加积分”。

经验少的开发人员遇到这种情况，一般是来一个需求叠加一段业务逻辑代码。这当然可以尽快交付上线，但仔细分析需求发现，发布帖子应该作为一个独立的功能，并且这个功能并不需要关心后面不断增加的那些功能，更不需要关心后面功能的执行结果，只需要**通知**其他相应模块执行就可以了。

在大型系统的开发过程中会经常碰到此类情况，随着需求的叠加，各模块之间逐渐变成了相互调用的关系，这种模块间紧密关联的关系就是紧耦合。紧耦合带来的问题是对一个模块的功能变更将导致其关联模块发生变化，因此各个模块难以独立演化。

要解决这个问题，可以在模块之间调用时增加一个中间层来实现解耦，这也方便了以后的扩展。所谓解耦，简单地讲，就是一个模块只关心自己的核心流程，而依赖该模块执行结果的其他模块如果做的不是很重要的事情，有通知即可，无须等待结果。换句话说，基于消息队列的模型，关心的是**通知**，而非**处理**。

2. 流量削峰

在互联网行业中，可能会出现在某一时刻网站突然迎来用户请求高峰期的情况（典型的如淘宝的“双 11”、京东的“618”、12306 的春运抢票等）。在网站初期设计中，可能就直接将用户的请求数据写入数据库，但如果一直延续这样的设计，当遇到高并发的场景时将会给数据库带来巨大压力，并发访问量大到超过了原先系统的承载能力，会使系统的响应延迟加剧。如果在设计上考虑不周甚至会发生**雪崩**（在分布式系统中，经常会出现某个基础服务不可用造成整个系统不可用的情况，这种现象被称为“服务雪崩效应”），从而发生整个系统不可用的严重生产事故。

当访问量剧增时系统依然可以继续使用，该怎么做呢？首先想到的是购买更多的服务器进行扩展，以增强系统处理并发请求的能力。这个想法看起来土，但是很多大公司在高速发展过程中遇到此类问题时也都这么处理过（比如淘宝、京东）。对于很多公司来说，突发流量状况其实并不常见，如果都以能处理此类流量峰值为标准投入大量资源随时待命无疑是很大的浪费。在业界的诸多实践中，常见的是使用**消息队列**，先将短时间高并发的请求持久化，然后逐步处理，从而削平高峰期的并发流量，改善系统的性能。

3. 日志收集

在项目开发和运维中日志是一个非常重要的部分，通过日志可以跟踪调试信息、定位问题等。在初期很多系统可能各自独立记录日志，定位问题也需要到每个系统对应的目录中查看相应的日志。但是随着业务的发展，要建设的系统越来越多，系统的功能也越做越多，每天产生的日志数据量变得越来越大。通过分析海量的日志来实时获取每个系统当前的状态，变得越来越迫切，离线分析当前系统的功能为未来的设计和扩展提供参考，也变得越来越重要。

在这种情况下，利用消息队列产品在接收和持久化消息方面的高性能，引入消息队列快速接收日志消息，避免因为写入日志时的某些故障导致业务系统访问阻塞、请求延迟等。所以很多公司会选择构建一个日志收集系统，由它来统一收集业务日志数据，供离线和在线的分析系统使用。

4. 事务最终一致性

在余额宝刚推出时，由于其收益高，很多人都用过，现在我们从系统设计的角度来思考从支付宝账户向余额宝账户转账的问题。在这个场景中，最简单的情况是至少存在两个账户表。

- 支付宝账户表：A（id，userId，amount）
- 余额宝账户表：B（id，userId，amount）
- userId = 123456

假设要从支付宝账户转 1000 元到余额宝账户，则至少要分两步操作。

① 从支付宝账户表扣除 1000：update A set amount=amount-1000 where userId=123456。

② 余额宝账户表增加 1000：update B set amount=amount+1000 where userId=123456。

那么如何保持支付宝和余额宝两个账户之间的收支平衡呢？显然这里的问题本质是能够让这两步操作在同一个事务中。如果这两个账户表在同一个数据库中，那么处理起来就很简单了。

```
begin transaction

update A set amount=amount-1000 where userId=123456;
update B set amount=amount+1000 where userId=123456;

end transaction
commit;
```

如果系统很小，则将两个表存储在同一个数据库中，上面的问题迎刃而解。而且很多框架都提供了事务管理功能，可能都不需要单独写与事务管控相关的代码（比如开启事务、结束事务、提交事务之类的）。假如公司发展得很好很快，系统的规模不断增大，大到支付宝系统和余额宝系统需要分开建设，导致支付宝账户单独有一套数据库，余额宝账户有另一套数据库，此时原先通过数据库提供的事务处理方式则无法解决问题。这就是很多人听说过的所谓分布式事务的问题。

那么该如何做呢？业界曾经提出过一个处理分布式事务的规范——XA。XA 主要定义了**全局**事务管理器（Transaction Manager）和**局部**资源管理器（Resource Manager）之间的接口。XA 接口是双向的系统接口，在事务管理器及一个或多个资源管理器之间形成通信桥梁。XA 引入的事务管理器充当全局事务中的**协调者**的角色。事务管理器控制着全局事务，管理事务生命周期，并协调资源。资源管理器负责控制和管理实际资源（如数据库或 JMS 队列）。目前各主流数据库都提供了对 XA 规范的支持。

对于这种方式实现难度不算太大，适合传统项目中偶尔需要在同一个方法中跨库操作的情况。因为这种方案的每一个事务操作都涉及系统间的多次通信、协调，所以它的最大缺陷是性能很差，因此并不适合在生产环境下有高并发和高性能要求的场景。

在业界的很多实践方案中，都可以借助消息队列来处理此问题。简单地讲，就是在支付宝账户扣钱的同时发送一条让余额宝账户加钱的消息到消息队列，余额宝系统一旦接收到该消息就操作数据库在自己的账户中加钱。读者可能会问：如何保证数据库操作和消息队列操作在同一个事务中呢？这里可以通过增加一个事件表来解决。本书后面会详细介绍使用事件表和消息队列实现分布式事务的方案。

1.3 消息队列的功能特点

回到消息队列这个术语本身，它包含了两个关键词：消息和队列。消息是指在应用间传送的数据，消息的表现形式是多样的，可以简单到只包含文本字符串，也可以复杂到有一个结构化的对象定义格式。对于队列，从抽象意义上来理解，就是指消息的进和出。从时间顺序上说，进和出并不一定是同步进行的，所以需要一个容器来暂存和处理消息。因此，一个典型意义上的消息队列，至少需要包含消息的发送、接收和暂存功能（见图 1-5）。

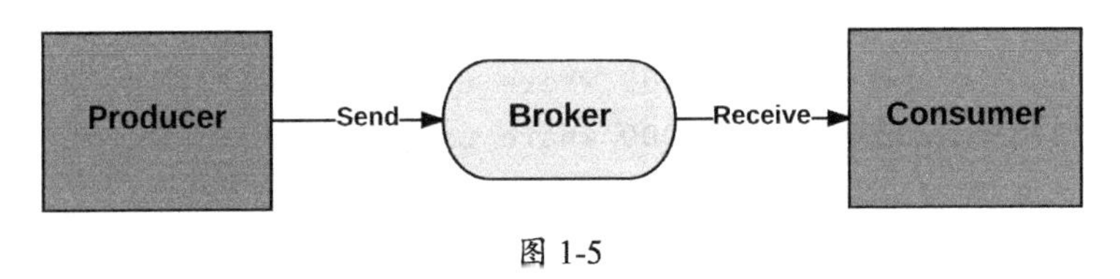

图 1-5

- Broker：消息处理中心，负责消息的接收、存储、转发等。
- Producer：消息生产者，负责产生和发送消息到消息处理中心。
- Consumer：消息消费者，负责从消息处理中心获取消息，并进行相应的处理。

但在生产环境应用中，对消息队列的要求远不止基本的消息发送、接收和暂存。在不同的业务场景中，需要消息队列产品能解决诸如消息堆积、消息持久化、可靠投递、消息重复、严格有序、集群等各种问题。

1．消息堆积

根据消息队列的生产者、消费者处理模型来分析，因为生产者和消费者是两个分开处理消息的系统，所以无法预知两者对消息处理速度的快慢，一旦在某个时间段消费者处理消息的速度没有跟上生产者发送消息的速度，必将导致消息在处理中心逐渐积压而得不到释放。因此，有时需要消息队列产品能够处理这种情况，比如给消息队列设置一个阈值，将超过阈值的消息不再放入处理中心，以防止系统资源被耗尽，导致机器挂掉甚至整个消息队列不可用。

2. 消息持久化

在设计一个消息队列时，如果消息到达消息处理中心后不做任何处理就直接转给消费者，那么消息处理中心也就失去了存在的意义，无法满足流量削峰等需求。所以常规的做法是先将消息暂存下来，然后选择合适的时机将消息投递给消费者。消息暂存可以选择将消息放在内存中，也可以选择放到文件、数据库等地方。将消息放在内存中存在的最大问题是，一旦机器宕掉消息将丢失。如果场景需要消息不能丢失，那么势必要将消息持久化。持久化方案有很多种，比如将消息存到本地文件、分布式文件系统、数据库系统中等。

3. 可靠投递

可靠投递是不允许存在消息丢失的情况的。从消息的整个生命周期来分析，消息丢失的情况一般发生在如下过程中：

- 从生产者到消息处理中心。
- 从消息处理中心到消息消费者。
- 消息处理中心持久化消息。

由于跨越不同的系统，中间会碰到诸如网络问题、系统宕机等各种不确定的情形，但对于消息发送者来说都是一件事，就是消息没有送达。在有些场景下需要保证消息不能丢失，比如网购时订单的支付成功消息不能丢失，否则该笔订单将会卡在未支付环节，用户肯定会抱怨。

4. 消息重复

有些消息队列为了支持消息可靠投递，会选择在接收到消息后先持久化到本地，然后发送给消费者。当消息发送失败或者不知道是否发送成功时（比如超时），消息的状态是待发送，定时任务不停地轮询所有的待发送消息，最终保证消息不会丢失，这就带来了消息可能会重复的问题。其实并不是所有场景都需要消息可靠投递，比如在论坛系统或招聘系统中，话题被重复发布或简历被重复投递，可能比丢失一个话题或一份简历更让用户不舒服。

5. 严格有序

在实际的业务场景中，经常会碰到需要按生产消息时的顺序来消费的情形。比如网购时产生的订单，每一笔订单一般都经过创建订单、支付完成、已发货、已收货、订单完成等环节，每个环节都可能产生消息，但会要求严格按照顺序消费消息，否则在业务处理上就是不正确的。比如为了提高用户体验，订单流转到每个环节时都会给用户发送一个提醒，提醒用消息队列来处理，但在业务上可能不允许还没收到订单支付完成的提醒就先处理订单完成的提醒。这就需要消息队列能够提供有序消息的保证。但顺序消费却不一定需要消息在整个产品中全局有序，有的产品可能只需要提供局部有序的保证。就拿上面的例子来说，只要该笔订单的消息能够都投递到该产品的局部，其实就算满足了业务需求。

6. 集群

在大型应用中，系统架构一般都需要实现高可用性，以排除单点故障引起的服务中断，保证 7×24 小时不间断运行，所以可能需要消息队列产品提供对集群模式的支持。集群不仅可以让消费者和生产者在某个节点崩溃的情况下继续运行，集群之间的多个节点还能够共享负载，当某台机器或网络出现故障时能自动进行负载均衡，而且可以通过增加更多的节点来提高消息通信的吞吐量。

7. 消息中间件

非底层操作系统软件、非业务应用软件，不是直接给最终用户使用的，不能直接给客户带来价值的软件统称为中间件。消息中间件关注于数据的发送和接收，利用高效、可靠的异步消息传递机制集成分布式系统。中间件是一种独立的系统软件或服务程序，分布式应用系统借助这种软件在不同的技术之间共享资源，管理计算资源和网络通信。中间件在计算机系统中是一个关键软件，它能实现应用的互联和互操作，能保证系统安全、可靠、高效运行。中间件位于用户应用和操作系统及网络软件之间，它为应用提供了公用的通信手段，并且独立于网络和操作系统。中间件为开发者提供了公用于所有环境的应用程序接口，当在应用程序中嵌入其函数调用时，它便可利用其运行的特定操作系统和网络环境的功能，为应用执行通信功能。

目前中间件的种类有很多，比如交易管理中间件（如 IBM 的 CICS）、面向 Java 应用的 Web 应用服务器中间件（如 IBM 的 WebSphere Application Server）等。而消息传输中间件（MOM）是其中的一种，它简化了应用之间数据的传输，屏蔽了底层的异构操作系统和网络平台，提供了一致的通信和应用开发标准，确保在分布式计算网络环境下可靠、跨平台的信息传输和数据交换。它基于消息队列的存储-转发机制，并提供了特有的异步传输机制，能够基于消息传输和异步事务处理实现应用整合与数据交换。

IBM 消息中间件 MQ 以其独特的安全机制，简便、快速的编程风格，卓越不凡的稳定性、可扩展性和跨平台性，以及强大的事务处理能力和消息通信能力，成为市场占有率最高的消息中间件产品。

1.4 设计一个简单的消息队列

看了那么多文字论述，不如自己动手实践一遍体会深刻。下面我们用 Java 语言写一个简单的消息队列。从 1.3 节中的描述可知，在消息队列的完整使用场景中至少包含三个角色。

- 消息处理中心：负责消息的接收、存储、转发等。
- 消息生产者：负责产生和发送消息到消息处理中心。
- 消息消费者：负责从消息处理中心获取消息，并进行相应的处理。

可以看到，消息队列服务的核心是消息处理中心，它至少要具备消息发送、消息接收和消息暂存功能。所以，我们就从消息处理中心开始逐步搭建一个消息队列。

1.4.1 消息处理中心

先看一下消息处理中心类（Broker）的实现。

```
1 import java.util.concurrent.ArrayBlockingQueue;
2
3 public class Broker {
4     // 队列存储消息的最大数量
5     private final static int MAX_SIZE = 3;
6
7     // 保存消息数据的容器
8       private static ArrayBlockingQueue<String> messageQueue = new
ArrayBlockingQueue<>(MAX_SIZE);
9
10     // 生产消息
11     public static void produce(String msg) {
12         if (messageQueue.offer(msg)) {
13             System.out.println("成功向消息处理中心投递消息: " + msg + ", 当
前暂存的消息数量是: " + messageQueue.size());
14         } else {
15             System.out.println("消息处理中心内暂存的消息达到最大负荷, 不能继续
放入消息! ");
16         }
17         System.out.println("=======================");
18     }
19
20     // 消费消息
21     public static String consume() {
22         String msg = messageQueue.poll();
23         if (msg != null) {
24             // 消费条件满足情况, 从消息容器中取出一条消息
25             System.out.println("已经消费消息: " + msg + ", 当前暂存的消息数
量是: " + messageQueue.size());
26         } else {
27             System.out.println("消息处理中心内没有消息可供消费! ");
```

```
28          }
29          System.out.println("======================");
30
31          return msg;
32      }
33
34  }
```

作为一个消息处理中心中，至少要有一个数据容器用来保存接收到的消息。Java 中的队列（Queue）是提供该功能的一种简单的数据结构，同时为简化对队列操作的并发访问处理，我们选择了它的一个子类 ArrayBlockingQueue。该类提供了对数据的插入、获取、查询等操作，其底层将数据以数组的形式保存。如果用 offer 方法插入数据时队列没满，则数据插入成功，并立即返回；如果队列满了，则直接返回 false。如果用 poll 方法删除数据时队列不为空，则返回队列头部的数据；如果队列为空，则立刻返回 null。根据这些特点在初始化阻塞队列时先设置队列的大小（第 5~8 行），生产消息操作是封装了 ArrayBlockingQueue 的 offer 方法（第 11~18 行），消费消息操作是封装了 ArrayBlockingQueue 的 poll 方法（第 21~32 行）。

有了消息处理中心类之后，需要将该类的功能暴露出去，这样别人才能用它来发送和接收消息。所以，我们定义了 BrokerServer 类用来对外提供 Broker 类的服务。

```
 1  import java.io.BufferedReader;
 2  import java.io.InputStreamReader;
 3  import java.io.PrintWriter;
 4  import java.net.ServerSocket;
 5  import java.net.Socket;
 6
 7  public class BrokerServer implements Runnable {
 8
 9      public static int SERVICE_PORT = 9999;
10
11      private final Socket socket;
12
13      public BrokerServer(Socket socket) {
14          this.socket = socket;
15      }
16
17      @Override
18      public void run() {
```

```
19          try (
20            BufferedReader in = new BufferedReader(new InputStreamReader(
21              socket.getInputStream()));
22            PrintWriter out = new PrintWriter(socket.getOutputStream())
23          ) {
24             while (true) {
25                String str = in.readLine();
26                if (str == null) {
27                   continue;
28                }
29                System.out.println("接收到原始数据: " + str);
30
31                if (str.equals("CONSUME")) { // CONSUME 表示要消费一条消息
32                   // 从消息队列中消费一条消息
33                   String message = Broker.consume();
34                   out.println(message);
35                   out.flush();
36                } else {
37                   // 其他情况都表示生产消息放到消息队列中
38                   Broker.produce(str);
39                }
40             }
41          } catch (Exception e) {
42             e.printStackTrace();
43          }
44       }
45
46       public static void main(String[] args) throws Exception {
47          ServerSocket server = new ServerSocket(SERVICE_PORT);
48          while (true) {
49            BrokerServer brokerServer = new BrokerServer(server.accept());
50              new Thread(brokerServer).start();
51          }
52       }
53    }
```

在 Java 中涉及服务器功能的软件一般少不了套接字（Socket）和线程（Thread），因为需要通过线程的方式将应用启动起来，而服务器和应用的客户端需要用 Socket 进行网络通信。所以，该类实现了 Runnable 接口用来启动线程，默认监听 9999 端口（第 47 行），在线程内部根据客户端发送过来的数据格式区分是要发送消息还是消费消息，如果服务器收到的是字符串 CONSUME，则表示消费消息，会从消息队列 Broker 中取出一条数据返回给客户端（第 31~35 行）；如果是其他字符串，则表示要发送消息。关于 Java 中的 Socket 编程和多线程等，请读者自行了解相关知识，这里不再赘述。执行 BrokerServer 类的 main 方法，应用程序即可作为一个消息队列对外提供服务了。

1.4.2 客户端访问

有了消息处理中心后，自然需要有相应客户端与之通信来发送和接收消息。

```
1 import java.io.BufferedReader;
2 import java.io.InputStreamReader;
3 import java.io.PrintWriter;
4 import java.net.InetAddress;
5 import java.net.Socket;
6
7 public class MqClient {
8
9     // 生产消息
10     public static void produce(String message) throws Exception {
11         Socket socket = new Socket(InetAddress.getLocalHost(), Broker
Server.SERVICE_PORT);
12         try (
13             PrintWriter out = new PrintWriter(socket.getOutputStream())
14         ) {
15             out.println(message);
16             out.flush();
17         }
18     }
19
20     // 消费消息
21     public static String consume() throws Exception {
22         Socket socket = new Socket(InetAddress.getLocalHost(), Broker
Server.SERVICE_PORT);
23         try (
24           BufferedReader in = new BufferedReader(new InputStreamReader(
```

```
25                socket.getInputStream()));
26              PrintWriter out = new PrintWriter(socket.getOutputStream())
27          ) {
28              // 先向消息队列发送字符串“CONSUME”表示消费
29              out.println("CONSUME");
30              out.flush();
31              // 再从消息队列获取一条消息
32              String message = in.readLine();
33
34              return message;
35          }
36      }
37
38  }
```

因为客户端和服务器端是通过网络通信的，所以显然也是通过 Socket 来实现的。生产消息就是通过网络与消息处理中心通信的，将数据写入输出流中（第 10~18 行），这就模拟了生产消息并发送到消息队列的过程。而消费消息实际是先向消息处理中心服务器写入字符串“CONSUME”，表示当前需要消费一条消息（第 29 行），然后通过 Socket 的输入流从消息处理中心服务器获取消息数据（第 32 行），再返回给调用者。

以上是通用的客户端访问代码，接下来分别看一下生产消息和消费消息的示例。

生产消息：

```
public class ProduceClient {
    public static void main(String[] args) throws Exception {
        MqClient client = new MqClient();
        client.produce("Hello World");
    }
}
```

执行 main 方法，可以在 BrokerServer 类的控制台看到消息被写入队列中（见图 1-6）。

图 1-6

因为为队列设置了大小为 3，所以如果执行 4 次，则会看到超过队列容量，不能继续放入消息了（见图 1-7）。

```
BrokerServer
接收到原始数据：Hello World
成功向消息处理中心投递消息：Hello World，当前暂存的消息数量是：1
==============================
接收到原始数据：Hello World
成功向消息处理中心投递消息：Hello World，当前暂存的消息数量是：2
==============================
接收到原始数据：Hello World
成功向消息处理中心投递消息：Hello World，当前暂存的消息数量是：3
==============================
接收到原始数据：Hello World
消息处理中心内暂存的消息达到最大负荷，不能继续放入消息！
==============================
```

图 1-7

消费消息：

```
public class ConsumeClient {
    public static void main(String[] args) throws Exception {
        MqClient client = new MqClient();
        String message = client.consume();
        System.out.println("获取的消息为：" + message);
    }
}
```

执行 main 方法，可以在 ConsumeClient 类的控制台看到消费了一条消息（见图 1-8）。

图 1-8

从 BrokerServer 类的控制台可以看到接收到“CONSUME”字符串并消费了消息（见图 1-9）。

```
BrokerServer
接收到原始数据：Hello World
成功向消息处理中心投递消息：Hello World，当前暂存的消息数量是：1
==============================
接收到原始数据：Hello World
成功向消息处理中心投递消息：Hello World，当前暂存的消息数量是：2
==============================
接收到原始数据：Hello World
成功向消息处理中心投递消息：Hello World，当前暂存的消息数量是：3
==============================


接收到原始数据：CONSUME
已经消费消息：Hello World，当前暂存的消息数量是：2
==============================
```

图 1-9

如果消息队列中没有消息，则会从控制台看到提醒（见图 1-10）。

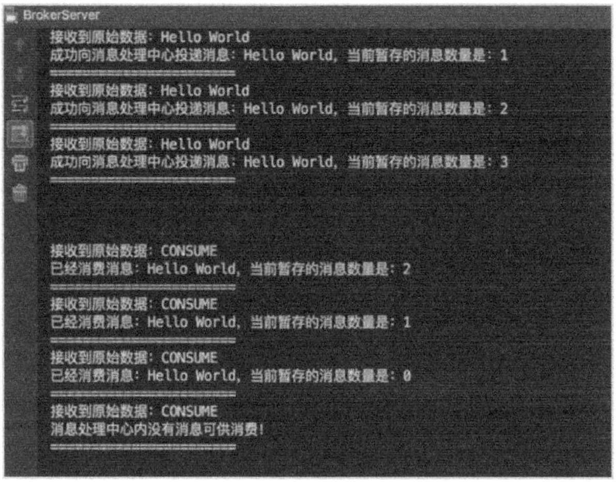

```
BrokerServer
接收到原始数据: Hello World
成功向消息处理中心投递消息: Hello World, 当前暂存的消息数量是: 1
=====================
接收到原始数据: Hello World
成功向消息处理中心投递消息: Hello World, 当前暂存的消息数量是: 2
=====================
接收到原始数据: Hello World
成功向消息处理中心投递消息: Hello World, 当前暂存的消息数量是: 3
=====================



接收到原始数据: CONSUME
已经消费消息: Hello World, 当前暂存的消息数量是: 2
=====================
接收到原始数据: CONSUME
已经消费消息: Hello World, 当前暂存的消息数量是: 1
=====================
接收到原始数据: CONSUME
已经消费消息: Hello World, 当前暂存的消息数量是: 0
=====================
接收到原始数据: CONSUME
消息处理中心内没有消息可供消费!
=====================
```

图 1-10

第2章 消息协议

在 1.4 节的消息队列例子中可以看到，为了区分客户端是想要生产消息还是消费消息，我们约定如果传入的内容是字符串“CONSUME”就表示消费消息，其他的表示生产消息，这就是最简单的消息协议的例子。

从事 IT 工作的人对“**协议**”这个词肯定不陌生，比如学过《计算机网络》这门课的都知道有一个网络七层协议，从事 Web 开发的肯定听过 HTTP 的大名，HTTP 里的 P（Protocol）就是协议的意思。计算机术语中的协议，就是一个达成一致的并受规则支配的交互集合，简单理解就是需要大家都遵守的一套规则。在计算机领域中，只要涉及不同的计算机之间要共同完成一件事情的时候，就肯定会有协议的存在，就像我们说话用某种语言一样，不同的计算机之间必须使用相同的语言才能进行通信（见图 2-1）。

图 2-1

消息协议则是指用于实现消息队列功能时所涉及的协议。按照是否向行业开放消息规范文档，可以将消息协议分为开放协议和私有协议。常见的开放协议有 AMQP、MQTT、STOMP、

XMPP 等。有些特殊框架（如 Redis、Kafka、ZeroMQ）根据自身需要未严格遵循 MQ 规范，而是基于 TCP/IP 自行封装了一套协议，通过网络 Socket 接口进行传输，实现了 MQ 的功能。这里的**协议**可以简单地理解成对双方通信的一个约定，比如传过来一段字符流数据，其中第 1 个字节表示什么，第 2 个字节表示什么，类似这样的约定。本章主要介绍常见的几种开放协议，并且主要围绕每种协议约定的数据格式来阐述，包括每种协议中的基本概念，以及约定的互相通信的消息数据格式等。

2.1 AMQP

其实对消息队列的需求由来已久，早在 20 世纪 80 年代，在金融交易中，高盛等公司就采用了 Teknekron 公司的产品，当时的消息队列软件叫作 The InformationBus（TIB）。TIB 被电信和通信公司所采用，路透社收购了 Teknekron 公司。之后，IBM 开发了 MQSeries，微软开发了 Microsoft Message Queue（MSMQ）。这些商业 MQ 存在的问题是厂商锁定，价格高昂。2001 年，Java MQ 试图解决锁定和交互性问题，但对应用来说反而更加麻烦了。于是在 2004 年，摩根大通和 iMatrix 开始着手 Advanced Message Queuing Protocol（AMQP）开放标准的开发。2006 年，发布了 AMQP 规范。目前 AMQP 协议的版本为 1.0。目前支持 AMQP 的软件厂商如图 2-2 所示。

图 2-2

目前 AMQP 协议的版本是用两个或三个数字表示的，格式为 major-minor[-revision]或 major.minor[.revision]。其中 major 是主版本号，minor 是次版本号，revision 是可选的修订版本号。它们都可以是 0~99 之间的一个数字，major、minor、revision 中的 100 及以上数字都是保留的，用于内部测试和开发。比如 AMQP 0-10，该版本中的 major 为 0，minor 为 10。目前市面上相关消息队列产品支持的最高协议版本主要是 AMQP 0-9-1（如 RabbitMQ）和 AMQP 0-10（如 ActiveMQ、Apollo、Qpid）。由于本书重点不是讲述 AMQP 协议，所以下面主要介绍 AMQP 协议的主要和共通的内容，至于协议各个版本之间的区别不会进行深究。

一般来说，将 AMQP 协议的内容分为三部分：基本概念、功能命令和传输层协议。基本概念是指 AMQP 内部定义的各组件及组件的功能说明。功能命令是指该协议所定义的一系列命令，应用程序可以基于这些命令来实现相应的功能。传输层协议是一个网络级协议，它定义了数据的传输格式，消息队列的客户端可以基于这个协议与消息代理和 AMQP 的相关模型进行交互通信，该协议的内容包括数据帧处理、信道复用、内容编码、心跳检测、数据表示和错误处理等。

1. 主要概念

- Message（消息）：消息服务器所处理数据的原子单元。消息可以携带内容，从格式上看，消息包括一个内容头、一组属性和一个内容体。这里所说的消息可以对应到许多不同应用程序的实体，比如一个应用程序级消息、一个传输文件、一个数据流帧等。消息可以被保存到磁盘上，这样即使发生严重的网络故障、服务器崩溃也可确保投递。消息可以有优先级，高优先级的消息会在等待同一个消息队列时在低优先级的消息之前发送，当消息必须被丢弃以确保消息服务器的服务质量时，服务器将会优先丢弃低优先级的消息。消息服务器不能修改所接收到的并将传递给消费者应用程序的消息内容体。消息服务器可以在内容头中添加额外信息，但不能删除或修改现有信息。
- Publisher（消息生产者）：也是一个向交换器发布消息的客户端应用程序。
- Exchange（交换器）：用来接收消息生产者所发送的消息并将这些消息路由给服务器中的队列。
- Binding（绑定）：用于消息队列和交换器之间的关联。一个绑定就是基于路由键将交换器和消息队列连接起来的路由规则，所以可以将交换器理解成一个由绑定构成的路由表。
- Virtual Host（虚拟主机）：它是消息队列以及相关对象的集合，是共享同一个身份验证和加密环境的独立服务器域。每个虚拟主机本质上都是一个 mini 版的消息服务器，拥有自己的队列、交换器、绑定和权限机制。
- Broker（消息代理）：表示消息队列服务器实体，接受客户端连接，实现 AMQP 消息队列和路由功能的过程。
- Routing Key（路由规则）：虚拟机可用它来确定如何路由一个特定消息。
- Queue（消息队列）：用来保存消息直到发送给消费者。它是消息的容器，也是消息的终点。一个消息可被投入一个或多个队列中。消息一直在队列里面，等待消费者连接到这个队列将其取走。
- Connection（连接）：可以理解成客户端和消息队列服务器之间的一个 TCP 连接。
- Channel（信道）：仅仅当创建了连接后，若客户端还是不能发送消息，则需要为连接创建一个信道。信道是一条独立的双向数据流通道，它是建立在真实的 TCP 连接内的虚拟连接，AMQP 命令都是通过信道发出去的，不管是发布消息、订阅队列还是接收消息，它们都通过信道完成。一个连接可以包含多个信道，之所以需要信道，是因为 TCP 连接的建立和释放都是十分昂贵的，如果客户端的每一个线程都需要与消息服务器交互，如果每一个线程都建立了一个 TCP 连接，则暂且不考虑 TCP 连接是否浪费，就算操作系统也无法承受每秒建立如此多的 TCP 连接。

- Consumer（消息消费者）：表示一个从消息队列中取得消息的客户端应用程序。

2. 核心组件的生命周期

（1）消息的生命周期

一条消息的流转过程通常是这样的：Publisher 产生一条数据，发送到 Broker，Broker 中的 Exchange 可以被理解为一个规则表（Routing Key 和 Queue 的映射关系——Binding），Broker 收到消息后根据 Routing Key 查询投递的目标 Queue。Consumer 向 Broker 发送订阅消息时会指定自己监听哪个 Queue，当有数据到达 Queue 时 Broker 会推送数据到 Consumer（见图 2-3）。

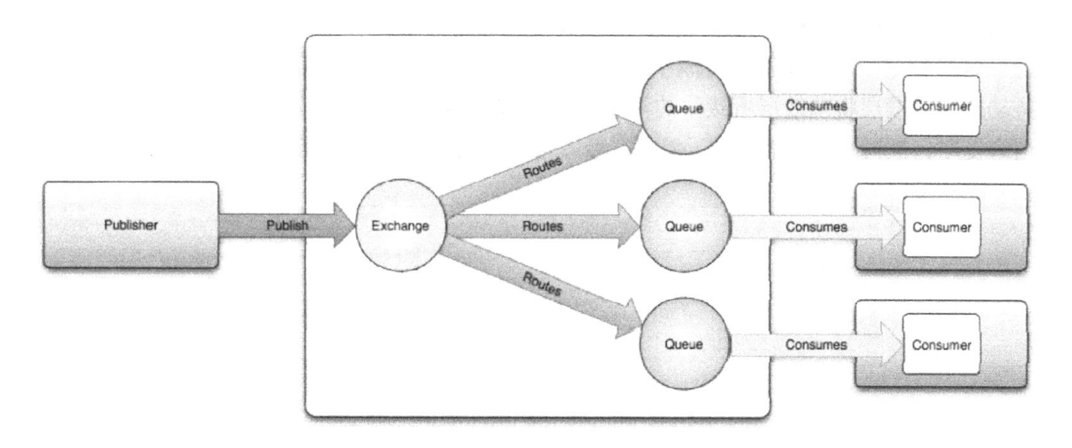

图 2-3

生产者（Publisher）在发布消息时可以给消息指定各种消息属性（message meta-data），其中有些属性有可能会被消息代理（Broker）所使用，而其他属性则是完全不透明的，它们只能被接收消息的应用所使用。当消息到达服务器时，交换器通常会将消息路由到服务器上的消息队列中，如果消息不能路由，则交换器会将消息丢弃或者将其返回给生产者，这样生产者可以选择如何来处理未路由的消息。单条消息可存在于多个消息队列中，消息代理可以采用复制消息等多种方式进行处理。但是当一条消息被路由到多个消息队列中时，它在每个消息队列中都是一样的。当消息到达消息队列时，消息队列会立即尝试将消息传递给消息消费者。如果传递不成功，则消息队列会存储消息（按生产者要求存储在内存或磁盘中），并等待消费者准备好。

如果没有消费者，则消息队列通过 AMQP 将消息返回给生产者（如果需要的话）。当消息队列把消息传递给消费者后，它会从内部缓冲区中删除消息，删除动作可能是立即发生的，也可能在消费者应答已成功处理之后再删除。消息消费者可选择如何及何时来应答消息，同样，消费者也可以拒绝消息（一个否定应答）。

（2）交换器的生命周期

每台 AMQP 服务器都预先创建了许多交换器实例，它们在服务器启动时就存在并且不能被销毁。如果你的应用程序有特殊要求，则可以选择自己创建交换器，并在完成工作后进行销毁。

（3）队列的生命周期

这里主要有两种消息队列的生命周期，即持久化消息队列和临时消息队列。持久化消息队列可被多个消费者共享，不管是否有消费者接收，它们都可以独立存在。临时消息队列对某个消费者是私有的，只能绑定到此消费者，当消费者断开连接时，该消息队列将被删除。

3. 功能命令

AMQP 协议文本是分层描述的，在不同主版本中划分的层次是有一定区别的。例如，0-9 版本共分两层：Functional Layer（功能层）和 Transport Layer（传输层）。功能层定义了一系列命令，这些命令按功能逻辑组合成不同的类（Class），客户端应用可以利用它们来实现自己的业务功能。传输层将功能层所接收的消息传递给服务器经过相应处理后再返回，处理的事情包括信道复用、帧同步、内容编码、心跳检测、数据表示和错误处理等（见图 2-4）。

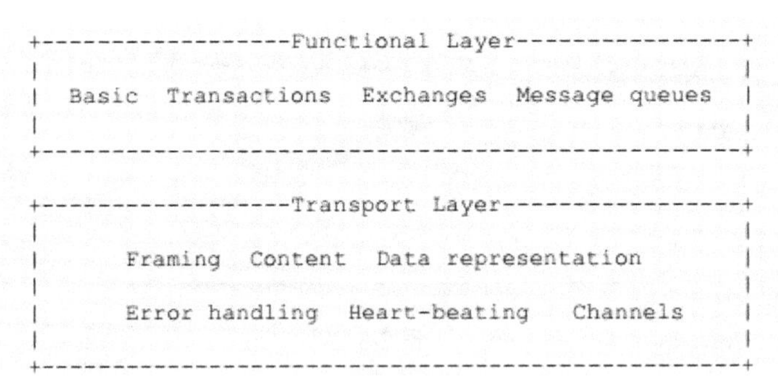

图 2-4

而 0-10 版本则分为三层：Model Layer（模型层）、Session Layer（会话层）和 Transport Layer（传输层）。模型层定义了一套命令，客户端应用利用这些命令来实现业务功能。会话层负责将命令从客户端应用传递给服务器，再将服务器的响应返回给客户端应用，会话层为这个传递过程提供了可靠性、同步机制和错误处理。传输层负责提供帧处理、信道复用、错误检测和数据表示（见图 2-5）。

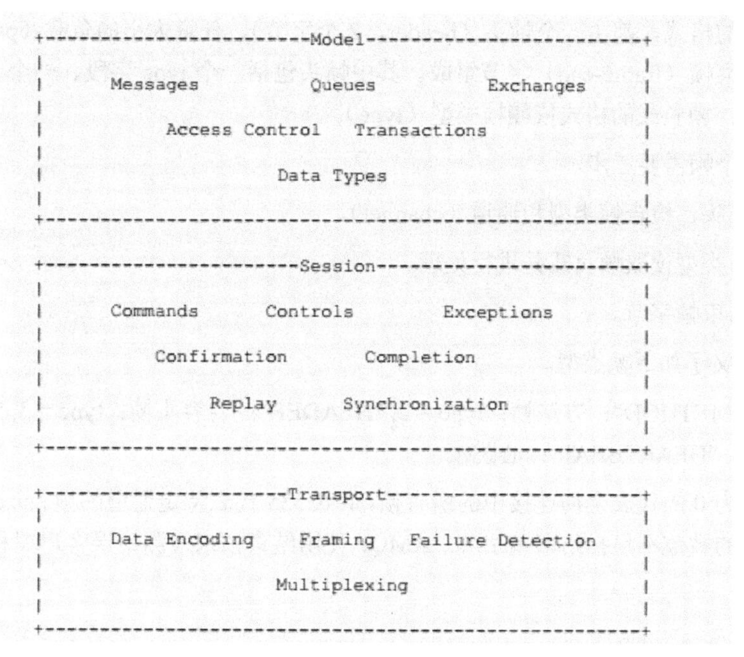

图 2-5

这种分层架构与 OSI 的七层网络协议类似，分层的目的是在不改变协议对外提供的功能的前提下可替换各层的实现，而又不影响该层与其他层的交互。不管是两层结构还是三层结构，这里所说的功能命令实际上就是协议对外提供的一套可操作的命令集合，应用程序正是基于这些命令来实现自己的业务功能的。在 AMQP 0-9 版本中，这些功能命令包括 Connection、Channel、Exchange、Queue、Basic 和 Transaction 几大类，每个命令按照类+方法+参数的方式来组织描述。具体描述请参加协议文档，本书不再赘述。

4．消息数据格式

在上面的消息生命周期中，描述了一条消息在消息队列服务器中流转的过程，为了实现这些处理过程，所有的消息必须有特定的格式来支持，这部分就是在传输层中定义的。AMQP 是二进制协议，协议的不同版本在该部分的描述有所不同。下面以 0-9-1 版本为例，看一下该版本中的消息格式（见图 2-6）。

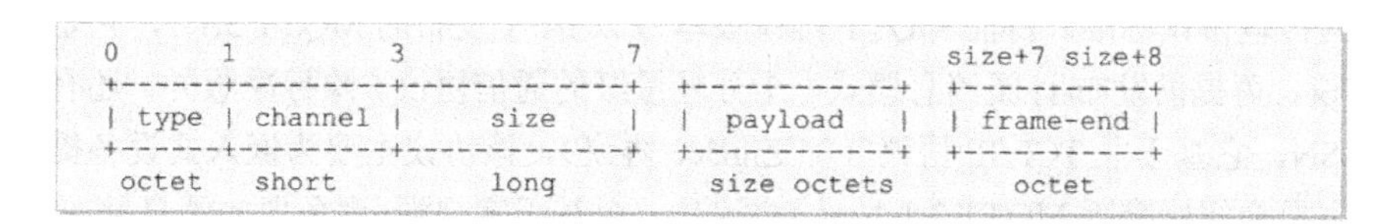

图 2-6

所有的消息数据都被组织成各种类型的帧（Frame）。帧可以携带协议方法和其他信息，所有帧都有同样的格式，都由一个帧头（header，7 个字节）、任意大小的负载（payload）和一个检测错误的结束帧（frame-end）字节组成。其中帧头包括一个 type 字段、一个 channel 字段和一个 size 字段；帧负载的格式依赖帧类型（type）。

要读取一个帧需要三步。

① 读取帧头，检查帧类型和通道（channel）。

② 根据帧类型读取帧负载并进行处理。

③ 读取结束帧字节。

AMQP 定义了如下帧类型。

type = 1, "METHOD"：方法帧；type = 2, "HEADER"：内容头帧；type = 3, "BODY"：内容体帧；type = 4, "HEARTBEAT"：心跳帧。

通道编号为 0 的代表全局连接中的所有帧，1~65535 代表特定通道的帧。size 字段是指帧负载的大小，它的数值不包括结束帧字节。AMQP 使用结束帧来检测错误客户端和服务器实现引起的错误。

5. 小结

在 AMQP 协议中还包含了消息信道复用、数据可见性保证、内容排序保证、错误处理等，具体内容可以参考协议文档。

2.2 MQTT

MQTT（Message Queuing Telemetry Transport，消息队列遥测传输）是 IBM 开发的一个即时通信协议，该协议支持所有平台，几乎可以把所有联网物品和外部连接起来，被用来当作传感器和制动器的通信协议。

MQTT 的发展历史大致如下：

1999 年，IBM 和合作伙伴共同发明了 MQTT 协议。2004 年，MQTT.org 开放了论坛，供大家广泛参与。2011 年，IBM 建立了 Eclipse 开源项目 Paho 并贡献了代码。Eclipse Paho 是 MQTT 的 Java 实现版本。2013 年，OASIS MQTT 技术规范委员会成立。2014 年，MQTT 正式成为推荐的物联网传输协议标准。目前 MQTT 协议版本为 2014 年发布的 MQTT 3.1.1，它是一个基于 TCP/IP 协议、可提供发布/订阅消息模式、十分轻量级的通信协议。除标准版外，还有一个简化版 MQTT-SN，它基于非 TCP/IP 协议（如 ZigBee 协议），该协议主要为嵌入式设备提供消息通信。这里主要介绍标准版 MQTT 3.1.1，该协议是一个基于客户端-服务器的消息发布/订阅传输协议，其特点是轻量、简单、开放和易于实现。正因为这些特点，使它常应用于很多机器计算能力有限、低带宽、网络不可靠的远程通信应用场景中。

目前有很多 MQTT 消息中间件服务器，如下都是 MQTT 协议的服务器端的实现。

IBM WebSphere、MQ Telemetry、IBM MessageSight、Mosquitto、Eclipse Paho、emqttd Xively、m2m.io、webMethods、Nirvana Messaging、RabbitMQ、Apache ActiveMQ、Apache Apollo、Moquette、HiveMQ、Mosca、Litmus Automation Loop、JoramMQ、ThingMQ、VerneMQ。

1. 主要概念

所有基于网络连接的应用都会有客户端（Client）和服务器（Server），而在 MQTT 协议中使用者有三种身份：发布者（Publisher）、代理（Broker）和订阅者（Subscriber）。其中消息的发布者和订阅者都是客户端，消息代理是服务器，消息发布者可以同时是订阅者。

一条消息的流转过程是这样的：先由消息发布者发布消息到代理服务器，在消息中会包含主题（Topic），之后消息订阅者如果订阅了该主题的消息，将会收到代理服务器推送的消息（见图 2-7）。

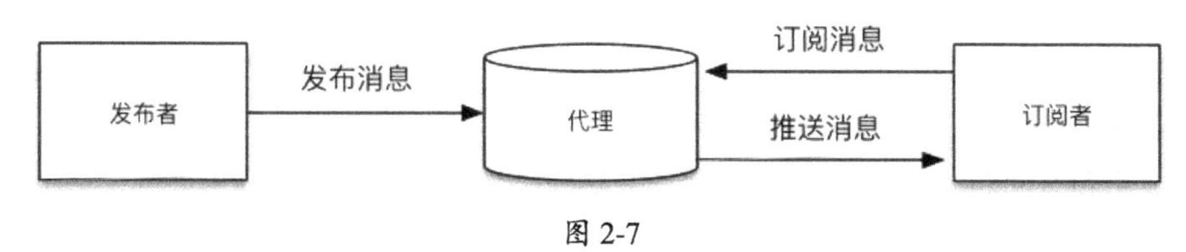

图 2-7

下面介绍 MQTT 协议中的基本组件。

（1）网络连接（Network Connection）

网络连接指客户端连接到服务器时所使用的底层传输协议，由该连接来负责提供有序的、可靠的、基于字节流的双向传输。

（2）应用消息（Application Message）

应用消息指通过网络所传输的应用数据，该数据一般包括主题和负载两部分。

（3）主题（Topic）

主题相当于应用消息的类型，消息订阅者订阅后，就会收到该主题的消息内容。

（4）负载（Payload）

负载指消息订阅者具体接收的内容。

（5）客户端（Client）

客户端指使用 MQTT 的程序或设备。客户端总是通过网络连接到服务端，它可以发布应用消息给其他相关的客户端、订阅消息用以请求接收相关的应用消息、取消订阅应用消息、从服务器断开连接等。

（6）服务器（Server）

服务器也是指程序或设备，它作为发送消息的客户端和请求订阅的客户端之间的中介。服务器的功能包括接收来自客户端的网络连接、接收客户端发布的应用消息、处理客户端的订阅和取消订阅的请求、转发应用消息给相应的客户端等。

（7）会话（Session）

客户端与服务器建立连接之后就是一个会话，客户端和服务器之间通过会话来进行状态交互。会话存在于一个网络连接之间，也可能会跨越多个连续的网络连接。会话主要用于客户端和服务器之间的逻辑层面的通信。

（8）订阅（Subscription）

订阅一般与一个会话关联，会话可以包含多于一个的订阅。订阅包含一个主题过滤器和一个服务质量（QoS）等级。会话的每个订阅都有一个不同的主题过滤器。

（9）主题名（Topic Name）

主题名是附加在消息上的一个标签，该标签与服务器的订阅相匹配，服务器会根据该标签将消息发送给与订阅所匹配的每个客户端。

（10）主题过滤器（Topic Filter）

主题过滤器是订阅中包含的一个表达式，用于表示相关联的一个或多个主题。主题过滤器可以使用通配符。

（11）MQTT 控制报文（MQTT Control Packet）

MQTT 控制报文实际上就是通过网络连接发送的信息数据包。

2. 消息数据格式

MQTT 协议是通过交换预定义的 MQTT 控制报文来通信的，控制报文内容由三部分组成（见图 2-8）。

- 固定报头（Fixed header）：存在于所有控制报文中，内容包含控制报文类型、相应的标识位和剩余长度。
- 可变报头（Variable header）：存在于部分控制报文中，由固定报头中的控制报文类型决定是否需要可变报头，以及可变报头的具体内容。
- 消息体（Payload）：存在于部分控制报文中，表示客户端接收到的具体内容。

Fixed header（固定报头），所有控制报文都包含
Variable header（可变报头），部分控制报文包含
Payload（消息体），部分控制报文包含

图 2-8

（1）MQTT 固定报头

每条控制报文都肯定会有一个固定报头，图 2-9 展示了固定报头的数据格式。

Bit	7	6	5	4	3	2	1	0
byte 1	MQTT 控制报文类型				用于指定控制报文类型的标识位			
byte 2...	剩余长度							

图 2-9

固定报头包含三部分：控制报文类型、标识位和剩余长度。

- 控制报文类型

固定报头的第 1 个字节的高 4 位[7~4]表示控制报文类型，所以目前最多能表示 16 种类型。就 MQTT 3.1.1 版本来说，这 4 位并没有被完全占用，还有两个保留值，分别是 0 和 15。表 2-1 展示了每种控制报文类型对应的具体数值。

表 2-1

名　称	值	报文流动方向	描　述
Reserved	0	不可用	保留位
CONNECT	1	从客户端到服务器	客户端请求连接到服务器
CONNACK	2	从服务器到客户端	连接确认
PUBLISH	3	双向	发布消息
PUBACK	4	双向	发布确认
PUBREC	5	双向	发布收到（保证第 1 部分到达）
PUBREL	6	双向	发布释放（保证第 2 部分到达）
PUBCOMP	7	双向	发布完成（保证第 3 部分到达）
SUBSCRIBE	8	从客户端到服务器	客户端请求订阅
SUBACK	9	从服务器到客户端	订阅确认
UNSUBSCRIBE	10	从客户端到服务器	请求取消订阅
UNSUBACK	11	从服务器到客户端	取消订阅确认
PINGREQ	12	从客户端到服务器	PING 请求
PINGRESP	13	从服务器到客户端	PING 应答
DISCONNECT	14	从客户端到服务器	中断连接
Reserved	15	不可用	保留位

- 标识位

固定报头的第 1 个字节的剩余 4 位[3~0]用于表示标识位，如果某种控制报文不需要使用标识位，则必须设置为规范中定义的值；如果收到无效的标，则接收端必须关闭网络连接。表 2-2

展示了 MQTT 3.1.1 版本中的不同类型数据包对应的标识位。

表 2-2

数 据 包	标 识 位	Bit 3	Bit 2	Bit 1	Bit 0
CONNECT	保留位	0	0	0	0
CONNACK	保留位	0	0	0	0
PUBLISH	MQTT 3.1.1 使用	DUP 1	QoS 2	QoS 2	RETAIN 3
PUBACK	保留位	0	0	0	0
PUBREC	保留位	0	0	0	0
PUBREL	保留位	0	0	1	0
PUBCOMP	保留位	0	0	0	0
SUBSCRIBE	保留位	0	0	1	0
SUBACK	保留位	0	0	0	0
UNSUBSCRIBE	保留位	0	0	1	0
UNSUBACK	保留位	0	0	0	0
PINGREQ	保留位	0	0	0	0
PINGRESP	保留位	0	0	0	0
DISCONNECT	保留位	0	0	0	0

可以看到，目前只有 PUBLISH 类型会使用标识位，其他类型都是保留给以后用的固定值。PUBLISH 类型的标识位包含三部分内容：第 3 位表示 DUP，用于控制报文的重复分发标识；第 2 位和第 1 位表示 QoS，用于 PUBLISH 报文的服务质量等级标识；第 0 位表示 RETAIN，它是 PUBLISH 报文的保留标识。

- DUP 重发标识，用来保证消息可靠传输。如果设置为 0，则表示这是客户端或服务器端第一次请求发送这个 PUBLISH 报文；如果设置为 1，则表示这可能是一个早前报文请求的重发。
- QoS（服务质量）等级标识，用于保证消息传递的次数。00 表示最多一次，即≤1；01 表示至少一次，即≥1；10 表示一次，即=1；11 保留后用。
- RETAIN 保留标识，表示服务器要保留这次推送的消息。如果有新的订阅者出现，则把这条消息推送给它；如果没有就推送至当前订阅者后释放。

■ 剩余长度

固定报头从第 2 个字节开始表示剩余长度，指当前报文剩余部分的字节数，包括可变报头和消息体数据的总大小。对剩余长度的统计使用的是变长度编码方案，对于小于 128 的值使用单字节编码；而对于更大的值，则将一个字节的低 7 位有效位用于编码数据，最高有效位用于指示是否有更多的字节。因此，每个字节可以编码 128 个数值和一个延续位（continuation bit）。

剩余长度字段最大4个字节，所以最多可以支持268 435 455（0xFF，0xFF，0xFF，0x7F）将近256MB的数据。

（2）MQTT可变报头

可变报头的内容根据控制报文类型的不同而不同。可变报头的报文标识符（Packet Identifier）字段存在于多种类型的报文里，常用的是作为包的标识符（见图2-10）。

Bit	7	6	5	4	3	2	1	0
byte 1	报文标识符 MSB							
byte 2	报文标识符 LSB							

图2-10

很多控制报文的可变报头部分都包含一个有2个字节的报文标识符字段，这些报文类型包括PUBLISH（QoS > 0）、PUBACK、PUBREC、PUBREL、PUBCOMP、SUBSCRIBE、SUBACK、UNSUBSCIBE、UNSUBACK。

其中SUBSCRIBE、UNSUBSCRIBE、PUBLISH（QoS > 0）的控制报文必须包含一个非零的16位报文标识符。客户端每次发送一条这些类型的新报文时都必须分配一个当前未使用的报文标识符，如果客户端要重发这条特殊的控制报文，则必须使用相同的标识符。当客户端处理完这条报文对应的确认后，这个报文标识符就可以被释放重用了。

PUBACK、PUBREC、PUBREL报文必须包含与最初发送的PUBLISH报文相同的报文标识符，SUBACK、UNSUBACK必须包含对应的SUBSCRIBE和UNSUBSCRIBE报文中使用的报文标识符。其中与QoS 1的PUBLISH对应的是PUBACK，与QoS 2的PUBLISH对应的是PUBCOMP，与SUBSCRIBE对应的是SUBACK，与UNSUBSCRIBE对应的是UNSUBACK。

表2-3中列出的是需要报文标识符的控制报文。

表2-3

控制报文	报文标识符字段
CONNECT	不需要
CONNACK	不需要
PUBLISH	需要（如果QoS > 0）
PUBACK	需要
PUBREC	需要
PUBREL	需要
PUBCOMP	需要
SUBSCRIBE	需要
SUBACK	需要

续表

控 制 报 文	报文标识符字段
UNSUBSCRIBE	需要
UNSUBACK	需要
PINGREQ	不需要
PINGRESP	不需要
DISCONNECT	不需要

报文标识符在客户端和服务器端的直接分配是互相独立的。因此，客户端和服务器端可以组合使用相同的报文标识符以实现并发的消息交换。

（3）消息体

CONNECT、SUBSCRIBE、SUBACK 和 UNSUBSCRIBE 四种类型需要有消息体，PUBLISH 类型的消息体是可选的。

- CONNECT，消息体内容主要是客户端的 ClientId、订阅的主题、Message、用户名、密码。
- SUBSCRIBE，消息体内容至少是一对主题过滤器和 QoS 等级字段的组合。
- SUBACK，消息体内容是对于 SUBSCRIBE 所申请的主题及 QoS 等级确认和回复。
- UNSUBSCRIBE，消息体内容是要订阅的主题。

3. MQTT 中的消息通信

MQTT 协议中的客户端和服务器之间一般是通过请求应答模式来通信的，即客户端发送一条命令消息给服务器，然后服务器发送一条应答命令消息给客户端，这里的命令消息就是上面所说的控制报文数据（见图 2-11）。

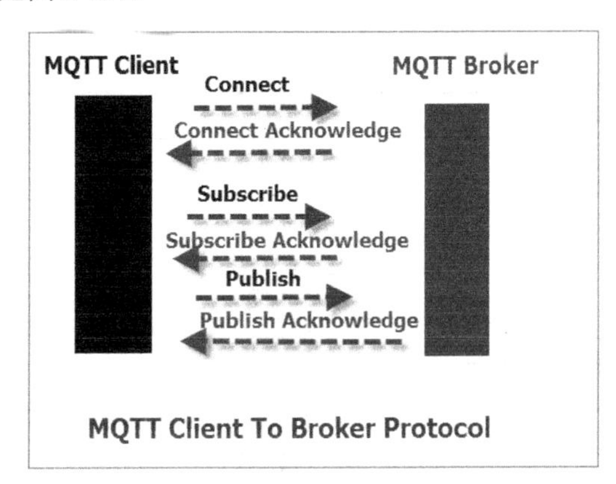

图 2-11

MQTT 协议中涉及的客户端和服务器的通信场景可分为建立连接、发布消息、主题订阅、心跳检测和断开连接。

（1）建立连接

从客户端到服务器的网络连接建立后，客户端发送给服务器的第一个报文必须是 CONNECT，然后服务器需要发送 CONNACK 报文以响应客户端，服务器发送给客户端的第一个报文必须是 CONNACK。

（2）发布消息

客户端向服务器或服务器向客户端传输应用消息使用 PUBLISH 报文，按照消息的 QoS 等级会有不同的应答类型报文。MQTT 中有三种 QoS 等级：至多一次（0）、至少一次（1）、只有一次（2）。

- QoS 0（至多一次）

0 是最低的等级，但它具有最高的传输性能，接收者不需要应答消息，发送者也不会保存和重发消息（见图 2-12）。

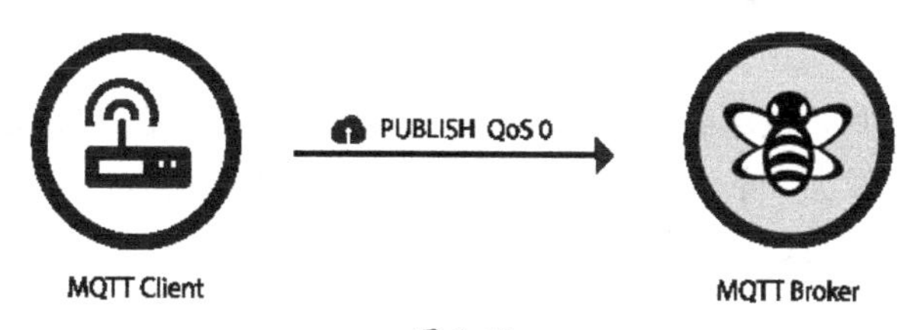

图 2-12

- QoS 1（至少一次）

使用等级 1 时可以保证消息至少被送达接收者一次，但也可能被送达多次。发送者会保存消息，直至其收到接收者发送的 PUBACK 报文（见图 2-13）。

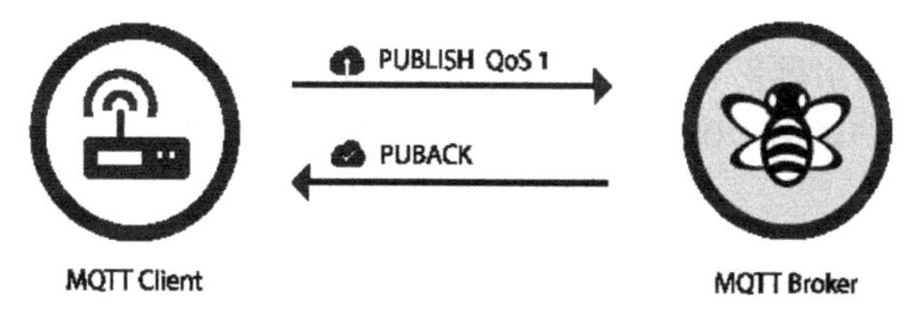

图 2-13

系统通过对比包的标识符来确定一对 PUBLISH 和 PUBACK 的完成情况，如果在规定的时间内没有收到 PUBACK 报文，发送者会重发 PUBLISH 消息。如果接收者收到一条 QoS 为 1 的消息，则它会立即处理此条消息。举例来说，假如服务器收到了此条消息，它会将其投递给所有该消息的订阅者，然后向客户端发送一条 PUBACK 报文。

- QoS 2（只有一次）

QoS 2 是最高等级，可以保证每条消息只被接收一次。它是最安全的，但也是最慢的服务等级，其通过发送者和接收者的两次对话来实现。

首先发送者发送一条 QoS 为 2 的 PUBLISH 报文，接收者收到此报文后会处理消息并返回一条 PUBREC 报文进行应答，接收者会存储包标识符等状态数据作为参考，直至其发送了 PUBCOMP 报文。当发送者收到 PUBREC 报文后就可以丢弃之前发布的消息，因为此时发送者已经知道接收者成功收到了消息。发送者会保存 PUBREC 报文并应答一条 PUBREL 报文，接收者在收到 PUBREL 报文后，它会丢弃所有已经保存的状态，并应答一条 PUBCOMP 报文，当发送者收到 PUBCOMP 消息时会清空之前所保存的状态（见图 2-14）。

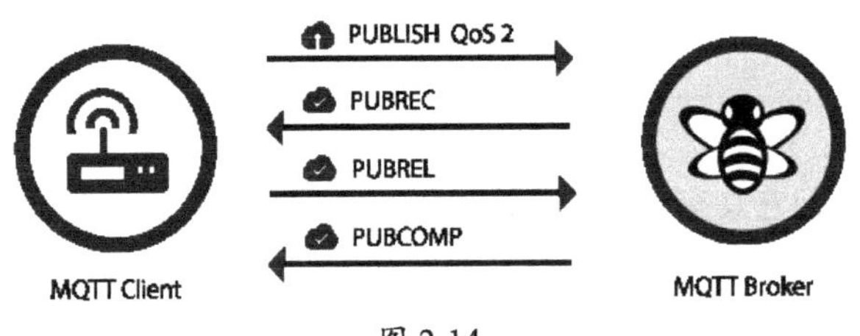

图 2-14

当一个流程走完之后，发送者就可以确认消息已经被送达。在传输过程中无论何时出现丢包，都由发送者负责重发上一条消息，而不管发送者是 MQTT 的客户端还是服务器，因此接收者也需要对每一条命令消息进行应答。

（3）主题订阅

客户端向服务器发送 SUBSCRIBE 报文用于注册一个或多个感兴趣的主题，订阅报文中包含订阅者想要收到的发布报文的服务质量等级。服务器发送 SUBACK 报文给客户端用于确认它已经收到并且正在处理 SUBSCRIBE 报文。SUBACK 报文中包含一个返回码清单，其指定了 SUBSCRIBE 请求的每个订阅被授予的最大 QoS 等级。

当客户端取消订阅主题时需要发送 UNSUBSCRIBE 报文给服务器，然后服务器发送 UNSUBACK 报文给客户端用于确认已经收到 UNSUBSCRIBE 报文。

（4）心跳检测

客户端发送 PINGREQ 报文给服务器，用于：

- 在没有任何其他控制报文从客户端发送给服务器时，告知服务器客户端还活着。
- 请求服务器发送响应消息确认它还活着。
- 通过网络确认网络连接没有断开，然后服务器发送 PINGRESP 报文响应客户端的 PINGREQ 报文，表示服务器还活着。

（5）断开连接

DISCONNECT 是客户端发送给服务器的最后一条控制报文，表示客户端正常断开连接。

4．小结

MQTT 协议中还包含了消息通信过程中的状态存储、消息分发重试、主题过滤器、错误处理、安全认证等内容，具体内容可以参考协议文档。

2.3 STOMP

STOMP（Streaming Text Orientated Messaging Protocol，流文本定向消息协议）是一个简单的文本消息传输协议，它提供了一种可互操作的连接格式，允许客户端与任意消息服务器（Broker）进行交互。在设计 STOMP 时借鉴了 HTTP 的一些理念，将简易性、互通性作为其主要设计哲学，这使得 STOMP 协议的客户端的实现很容易。

最新的 STOMP 1.2 规范于 2012 年 10 月 22 日发布，可在官网 https://stomp.github.io/stomp-specification-1.2.html 查看其协议文本。本节主要介绍 STOMP 1.2 版本协议的相关内容。

STOMP 被设计成轻量级的协议，使得很容易用其他语言来实现客户端和服务器端，因此它在多种语言和平台上得到广泛应用。目前有很多 STOMP 消息中间件服务器，如下都是 STOMP 协议的服务器端实现。

Apache Apollo、Apache ActiveMQ、RabbitMQ、HornetQ、Stampy、StompServer。

1．主要概念

与其他消息协议相同，STOMP 同样包含客户端和服务器，这里的客户端既可以是消息生产者，也可以是消息消费者，而服务器就是消息数据的目的地，所有消息都会被发送到服务器（见图 2-15）。

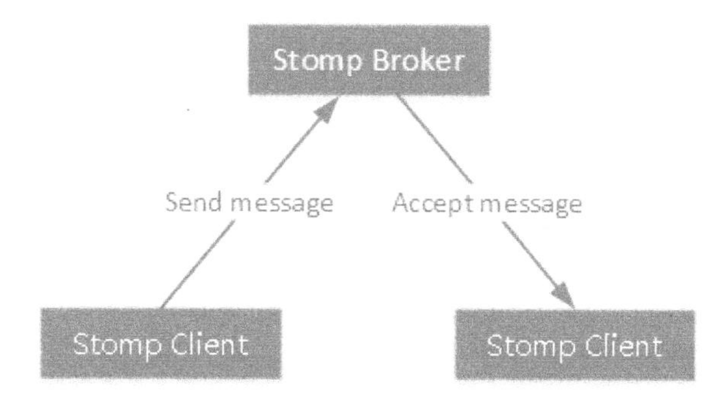

图 2-15

STOMP 的客户端和服务器之间的通信是基于帧来实现的，每一帧都包括一个表示命令的字符串、一系列可选的帧头条目和帧的数据内容。帧的数据格式如下：

```
COMMAND
header1:value1
header2:value2

Body^@
```

第一行是命令字符串（COMMAND），以 EOL（End-Of-Line）换行符结束。从第二行开始是可选的帧头条目（header），每个条目都由用冒号分隔的键值对构成（形如 foo:Hello），并以一个换行符结束。接着是一个空白行（即额外的 EOL），表示 header 结束和 Body 开始，最后就是帧中要传递的数据（Body）。在 STOMP 协议文档中用特殊字符^@来表示空字节，说明帧的数据到此结束，下面的例子也遵循该用法。

整个 STOMP 协议的数据结构就这么简单，所以理解了该命令格式的任何组织都可以基于此开发 STOMP 的服务器端或客户端。

2. COMMAND

STOMP 中的命令字符串按客户端还是服务器端使用分为两大类，客户端的命令包括 CONNECT、DISCONNECT、SEND、SUBSCRIBE、UNSUBSCRIBE、BEGIN、COMMIT、ABORT、ACK、NACK、STOMP。服务器端的命令包括 CONNECTED、MESSAGE、RECEIPT、ERROR。

（1）CONNECT

客户端通过 CONNECT 命令建立与服务器的连接。比如：

```
CONNECT
accept-version:1.2
host:stomp.github.org

^@
```

（2）CONNECTED

如果服务器收到 CONNECT 命令的请求数据并处理成功后，则返回 CONNECTED 帧。比如：

```
CONNECTED
version:1.2

^@
```

如果服务器在处理过程中出现任何问题，则可以选择返回 ERROR 帧，说明为什么拒绝请求，然后关闭连接。

（3）STOMP

在 STOMP 1.2 版本协议中客户端还可以选择使用 STOMP 命令来建立与服务器的连接，此时 STOMP 1.2 服务器必须设置如下 header 信息。

- accept-version：表示客户端支持的 STOMP 协议版本。
- host：表示客户端希望连接的虚拟主机的名字。

STOMP 1.2 服务器还可以选择添加如下 header 信息。

- login：一个安全的 STOMP 服务器需要验证的用户标识符。
- passcode：一个安全的 STOMP 服务器需要验证的密码。
- heart-beat：心跳的设置。

（4）SEND

客户端使用 SEND 命令来发送消息，它有一个必须包含的头条目 destination，用来表示把消息发送到的目的地。SEND 帧的 Body 包含需要发送的消息内容。该命令如下：

```
SEND
destination:/queue/a
content-type:text/plain

hello queue a
^@
```

这个例子表示给一个名为/queue/a 的目标服务发送了一条消息。

（5）SUBSCRIBE

SUBSCRIBE 命令用于客户端订阅某一个目的地的消息。跟 SEND 一样，SUBSCRIBE 也需要用 destination 来表示订阅消息的目的地。当其他客户端使用 SEND 命令将消息内容发送到该目的地时，当前客户端就可以收到这条消息。ack 头条目表示消息的确认模式。该命令如下：

```
SUBSCRIBE
id:0
destination:/queue/foo
ack:client

^@
```

STOMP 服务器收到 SUBSCRIBE 帧以后会向客户端发送 MESSAGE 帧。

（6）UNSUBSCRIBE

客户端使用 UNSUBSCRIBE 命令移除一个已经存在的订阅。由于一个连接可以添加多个服务器端的订阅，所以该命令必须包含 id 头条目用来标识要取消的是哪一个订阅，id 的值必须是一个已经存在的订阅标识。该命令如下：

```
UNSUBSCRIBE
id:0

^@
```

（7）BEGIN

客户端使用 BEGIN 命令开启一个事务。当事务用于发送消息和确认已经收到的消息时，在一个事务期间，任何发送和确认的动作都会被当作事务的一个原子操作。帧中必须有一个头条目 transaction，并且 transaction 标识还会被用在 SEND、COMMIT、ABORT、ACK 和 NACK 中，使之与该事务绑定。一个连接中的不同事务必须使用不同的标识。该命令如下：

```
BEGIN
transaction:tx1

^@
```

（8）COMMIT

客户端使用 COMMIT 命令将一个事务提交到处理队列中。该命令如下：

```
COMMIT
transaction:tx1

^@
```

（9）ABORT

客户端使用 ABORT 命令中止正在执行的事务。该命令如下：

```
ABORT
transaction:tx1

^@
```

（10）ACK

ACK 命令是客户端在 client 和 client-individual 模式下确认已经收到一个订阅消息时使用的。

在上述模式下任何订阅消息都被认为是没有处理过的，除非客户端通过回复 ACK 确认。在 ACK 中必须包含一个 id 头条目，头条目内容来自对应的需要确认的 MESSAGE 的 ack。可以选择指定一个 transaction 头条目，表示这条消息确认动作是事务内容的一部分。该命令如下：

```
ACK
id:12345
transaction:tx1

^@
```

（11）NACK

当客户端收到一条订阅消息时，使用 NACK 命令告诉服务器当前并没有处理该消息。此时服务器端可以选择将消息重新发送到另一个客户端，或者丢弃它，或者把它放到无效消息队列中记录。

（12）DISCONNECT

客户端通过 DISCONNECT 命令与服务器断开连接。

（13）MESSAGE

服务器通过 MESSAGE 命令将从服务器端订阅的消息传输到客户端。在 MESSAGE 中必须包含 destination 头条目，用来表示这条消息应该发送的目的地。在 MESSAGE 中还必须包含 message-id 头条目，用来唯一标识发送的是哪一条消息，以及 subscription 头条目，用来表示接收这条消息的订阅的唯一标识。该命令如下：

```
MESSAGE
subscription:0
message-id:007
destination:/queue/a
content-type:text/plain

hello queue a^@
```

（14）RECEIPT

该命令用于当服务器端收到请求后需要告知客户端。在 RECEIPT 中必须包含 receipt-id 头条目，用来表示对谁的回执，receipt-id 的值就是需要回执的帧所带的 receipt 头的值。该命令如下：

```
RECEIPT
receipt-id:message-12345

^@
```

（15）ERROR

如果在连接过程中出现错误，则服务器端就会发送 ERROR 帧给客户端，之后服务器端需要断开连接。

3. header

下面介绍 STOMP 协议中的一些帧头条目。

（1）content-length

所有帧都可以有 content-length 的 header，用于表示消息体的大小，如果帧中有该 header，则消息体的最大字节数不能超过该值。

（2）content-type

在 SEND、MESSAGE、ERROR 类型的帧中，content-type 用于描述帧数据的 MINE 类型，以帮助数据接收者解析帧数据。如果设置了 content-type，则它的值必须是描述帧体格式的 MINE 类型；否则，接收者会认为帧体格式为二进制数据。

（3）receipt

在客户端中除了 CONNECT 命令，其他命令都可以为 receipt 设置任何值，如果设置了 receipt，则服务器在确认时将会使用 RECEIPT 命令来处理。

（4）其他 header

除了上述标准的 header（content-length、content-type、receipt），规范中定义的其他 header 如表 2-4 所示。

表 2-4

命　令	必需的 header	可选的 header
CONNECT	accept-version，host	Login，passcode，heart-beat
STOMP	accept-version，host	Login，passcode，heart-beat
CONNECTED	version	Session，server，heart-beat
SEND	destination	transaction
SUBSCRIBE	Destination，id	ack
UNSUBSCRIBE	id	
ACK	id	transaction
NACK	id	transaction
BEGIN	transaction	
COMMIT	transaction	

续表

命　　令	必需的 header	可选的 header
ABORT	transaction	
DISCONNECT		receipt
MESSAGE	Destination，message-id，subscription	ack
RECEIPT	receipt-id	
ERROR		message

（5）重复的头条目

如果客户端或服务器收到重复的 header 条目，则只有第一个条目是有效的。比如客户端收到如下数据：

```
MESSAGE
foo:World
foo:Hello
^@
```

此时 foo header 的值为 World。

4．Body

目前只有 SEND、MESSAGE、ERROR 命令字符串的帧可以包含数据（Body），其他类型的帧都不能有 Body。

5．小结

相对来说，STOMP 协议内容比较简单，其他如在每个命令使用过程中的特殊头条目的含义等内容可以参考协议的具体说明。

2.4 XMPP

XMPP（可扩展通信与表示协议）是一种基于 XML 的流式即时通信协议，它的特点是将上下文信息等嵌入到用 XML 表示的结构化数据中，使得人与人之间、人与应用系统之间，以及应用系统之间能即时相互通信。XMPP 的基本语法和语义最初主要是由 Jabber 开放源代码社区于 1999 年开发的，其基础部分早在 2002—2004 年就得到了互联网工程任务组（IETF）的批准。XMPP 定义了用于通信网络实体之间的开放协议的规范，其规范说明由一系列作用不同的 RFC 文档组成，目前核心规范主要包括 RFC 6120、RFC 6121、RFC 7622 及 RFC 7395 中定义的 WebSocket 绑定。除此之外，XMPP 社区针对核心协议也定义了大量的扩展，这些扩展是通过开放、合作的标准开发的，并被发表在 http://xmpp.org/上。当然，如果发现某个特性在 XMPP 协议栈中找不到，你也可以自己扩展协议并与社区共同工作把新的特性标准化。

XMPP 协议栈中的关键协议主要包括 XMPP 核心定义、多媒体传输、多用户通信、发布订阅、基于 HTTP 的双向通信五大类，下面列出一些相关协议文档。

- RFC 6120：XMPP 核心功能的描述文档，取代了旧的 RFC 3920 文档，定义了 XMPP 的核心协议方法，包括 XML 流的配置和解除、通道加密、错误处理、网络可用性、请求应答交互示例等内容。
- RFC 6121：定义了遵循 RFC 2779 要求的基本的即时消息和出席消息功能的 XMPP 核心功能的扩展，取代了旧的 RFC 3921 文档。这两个文档结合起来，就形成了一个基本的即时通信协议平台，在这个平台上可以开发出各种各样的应用。
- XEP-0030：服务发现，一个强大的用来测定 XMPP 网络中的其他实体所支持的特性的协议。
- XEP-0045：多人聊天，一组定义了参与和管理多用户聊天室的协议。
- XEP-0234：文件传输，定义了从一个 XMPP 实体到另一个实体的文件传输。
- XEP-0166：Jingle，规定了多媒体通信协商的整体架构。
- XEP-0167：定义了一种 Jingle 应用程序类型，用于协商使用实时传输协议（RTP）交换媒体（如语音或视频）的一个或多个会话。
- XEP-0180：定义了从一个 XMPP 实体到另一个实体的视频传输过程。

以上只是主要的一些 XMPP 核心和 XMPP 扩展的协议，目前被官方接受的 XMPP 协议扩展列表可在 https://xmpp.org/extensions/中查看。可以看到 XMPP 是由一系列协议文档构成的协议栈，本节主要介绍 XMPP 核心协议的相关内容。关于相关的扩展协议，读者在遇到具体场景时再参考相关协议文档。

1. 基本概念

（1）网络架构

和其他消息协议类似，XMPP 中的消息通信涉及两个角色：客户端和服务器（在旧的 RFC 3920 中还有一个网关的角色，在 RFC 6120 中将该部分删除了）。客户端都是通过相关服务器与其他客户端进行通信的，如图 2-16 所示为简单的架构图。

一个客户端就是一个实体，客户端先和它的注册账号所在的服务器建立 XML 流，然后完成资源绑定，这样就能利用建好的流在客户端和服务器之间通过 XML 节通信了。客户端基于 XMPP 协议和它的服务器、其他客户端，以及任何其他网络上的实体通信，这里服务器负责将 XML 节传递到同一台服务器上其他已连接的客户端，或者把它们路由到远程服务器上。

采用客户端-服务器架构的优点是把不同职责的人关注的东西分离，让客户端开发者可以专注于用户体验，而服务器开发者可以专注于可靠性和扩展性，由服务器端执行如用户认证、通道加密、防地址欺骗等安全策略。XMPP 社区一直以来的理念就是让客户端尽可能保持简单，将比较复杂的特性放到服务器上。任何人都可以使用自己的 XMPP 服务器并加入到网络中，这使得该架构具备相当的健壮性。并且相对于点对点的架构，这种结构更容易管理。

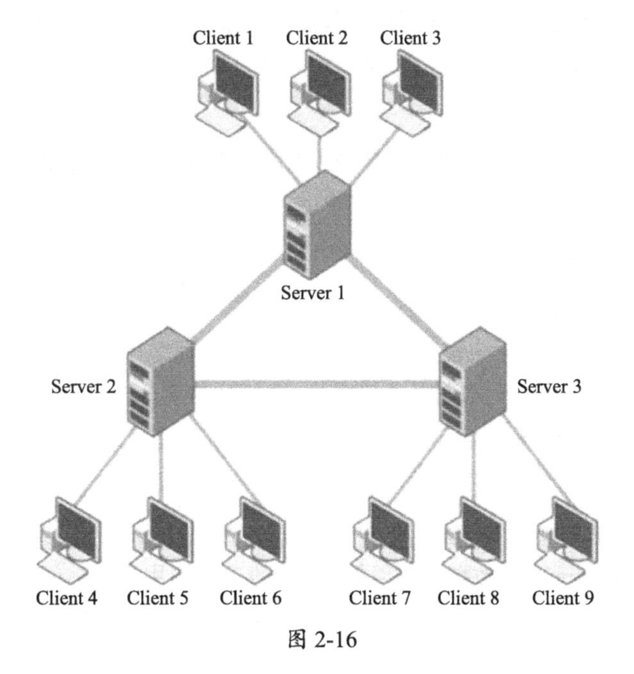

图 2-16

（2）XMPP 客户端

XMPP 架构对客户端只有很少的限制，一个 XMPP 客户端必须支持的功能有：

- 通过 TCP 套接字与 XMPP 服务器进行通信。
- 解析组织好的 XML 信息包。
- 理解消息数据类型。

对客户端要求如此简单的好处是：使客户端编写很容易，同时更新系统功能也同样变得容易。XMPP 客户端与服务器通过 XML 在 TCP 的相关端口进行通信，客户端之间不直接进行通信。

（3）XMPP 服务器

XMPP 服务器的主要职责有两个：

- 监听客户端连接，并直接与客户端通信。
- 与其他 XMPP 服务器通信。

具体来说，就是：① 管理已连接客户端的 XML 流，并通过建好的流向客户端传递 XML

节数据，也包括负责确保客户端在被授权访问 XMPP 网络之前的身份验证工作。② 遵循本地服务对服务器之间通信的策略，管理和远程服务器之间的 XML 流，并通过建好的流路由 XML 节到其他服务器。除此之外，服务器还要担负的其他职责有：存储客户端使用的数据（比如用户的联系人）、托管额外服务（比如多用户会议服务、发布-订阅服务）等。服务器可以通过附加服务来进行扩展，附加服务有完整的安全策略、允许服务器组件的连接或客户端选择等。

（4）地址

XMPP 是在网络上通信的，所以每个 XMPP 实体都需要一个地址。XMPP 的地址叫作 Jabber ID（简写为 JID），用来唯一标识 XMPP 网络中的各个实体。JID 的格式如下：

```
localpart@domainpart/resourcepart
```

其中，domainpart 指网络中的服务器；localpart 表示一个向服务器请求和使用网络服务的实体（比如一个客户端），当然它也能够表示其他实体（比如多用户聊天系统中的一个房间）；resourcepart 表示一个特定的会话（与某个设备）、连接（与某个地址）、一个附属于某个节点相关实体的对象（比如多用户聊天室中的一个参加者）等。

（5）XML 流

XMPP 是基于 TCP 连接传输 XML 格式的数据进行通信的，更进一步讲，XMPP 实体间传输的是 **XML 流**（XML stream）数据。可以把 XML 流理解为用于实体间的 XML 信息交换的容器，它是实体间一次通信的基本数据单元。从数据格式上看，XML 流就是由一个开始标签（<stream>）和一个对应的结束标签（</stream>）组成的 XML 数据。在流的生命周期内，发起方实体可以通过这个流发送不限数量的 XML 元素，这些元素或用来协商这个流（例如，完成 TLS 协商或 SASL 协商），或用于 XML 节。

（6）XML 节

XML 流传递 XML 节（XML stanzas）数据，这些 XML 节是一些分散的信息单元。XML 节是 XMPP 中的一个基本语义单位。一个节就是一个<stream>标签下的第一层元素，这些元素包括<message/>、<presence/>和<iq/>。一个 XML 节包含一个或多个必要的子元素（以及相关的属性、元素和 XML 字符串数据）。

一旦建立了一个 XML 流，就可以通过流发送无限数量的 XML 节。下面的例子说明了一个简单的 XMPP 实体间通信的数据，包括流和节之间的交互。以 C 开头的表示客户端发送出去的 XML 节，以 S 开头的表示服务器端传递进来的 XML 节。

```
C: <stream:stream>
C:  <presence/>
C:  <iq type="get">
        <query xmlns="jabber:iq:hello"/>
```

```
    </iq>
S:  <iq type="result">
        <query xmlns="jabber:iq:hello">
            <item jid="alpha@niwei.study.cn/>
            <item jid="beta@niwei.study.cn"/>
            <item jid="gamma@niwei.study.cn"/>
        </query>
    </iq>
C:  <message from="alpha@niwei.study.cn" to="beta@niwei.study.cn">
        <body>Hello World !</body>
    </message>
S:  <message from="zhangsan@niwei.study.cn" to="lisi@niwei.study.cn">
        <body>Welcome!</body>
    </message>
C:  <presence type="unavailable"/>
C:  </stream:stream>
```

可以看出，客户端与服务器的通信过程是异步交换 XML 元素数据的，这使得 XMPP 中的客户端可以在等待回复的同时发送多个没有堵塞的请求，一旦请求被响应，服务器将动态地返回这些回复。

2. 通信过程

从上面的网络架构图中可以看出，XMPP 实体间的直接网络通信发生在客户端和服务器、服务器和服务器之间。不同客户端之间的通信需要通过服务器中转。

（1）从客户端到服务器

一个客户端连接到服务器的流程如下：

① 确定要连接的 IP 地址和端口号。

② 打开一个 TCP 连接。

③ 打开一个 XML 流。

④ 最好使用 TLS 来进行通道加密。

⑤ 进行简单验证和使用安全层 SASL 机制来验证。

⑥ 绑定一个资源到这个流上。

⑦ 和网络上的其他实体交换不限数量的 XML 节。

⑧ 关闭 XML 流。

⑨ 关闭 TCP 连接。

（2）服务器与服务器

在 XMPP 中可以有选择地将一台服务器连接到另一台服务器，以激活域间或服务器间的通信。此时在两台服务器之间需要建立一个连接，然后交换 XML 节。在这个过程中所做的事情如下：

① 确定要连接的 IP 地址和端口号。

② 打开一个 TCP 连接。

③ 打开一个 XML 流。

④ 最好使用 TLS 来进行通道加密。

⑤ 进行简单验证和使用安全层 SASL 机制来验证。

⑥ 交换不限数量的 XML 节，可以在服务器之间直接交换，也可以代表每台服务器上的相关实体来交换，例如，那些连接到服务器的客户端。

⑦ 关闭 XML 流。

⑧ 关闭 TCP 连接。

3. 通信过程示例

从 XML 流数据的角度来看，实体间的通信过程共分三步：打开流、流协商和关闭流，其中最复杂的是流协商的过程。从发起方实体的角度来看，流程图如图 2-17 所示。

下面用一个例子来展示客户端和服务器协商 XML 流、交换 XML 节数据和关闭已协商的流的过程。服务器是 im.example.com，该服务器要求使用 TLS，客户端验证使用 SASL SCRAM-SHA-1 机制。客户端账号是 juliet@im.example.com，密码是 r0m30myr0m30，客户端在这个流上提交了一个资源绑定请求。C 表示客户端，S 表示服务器端。

（1）TLS

① 客户端初始化流到服务器。

```
C: <stream:stream
     from='juliet@im.example.com'
     to='im.example.com'
     version='1.0'
     xml:lang='en'
     xmlns='jabber:client'
     xmlns:stream='http://etherx.jabber.org/streams'>
```

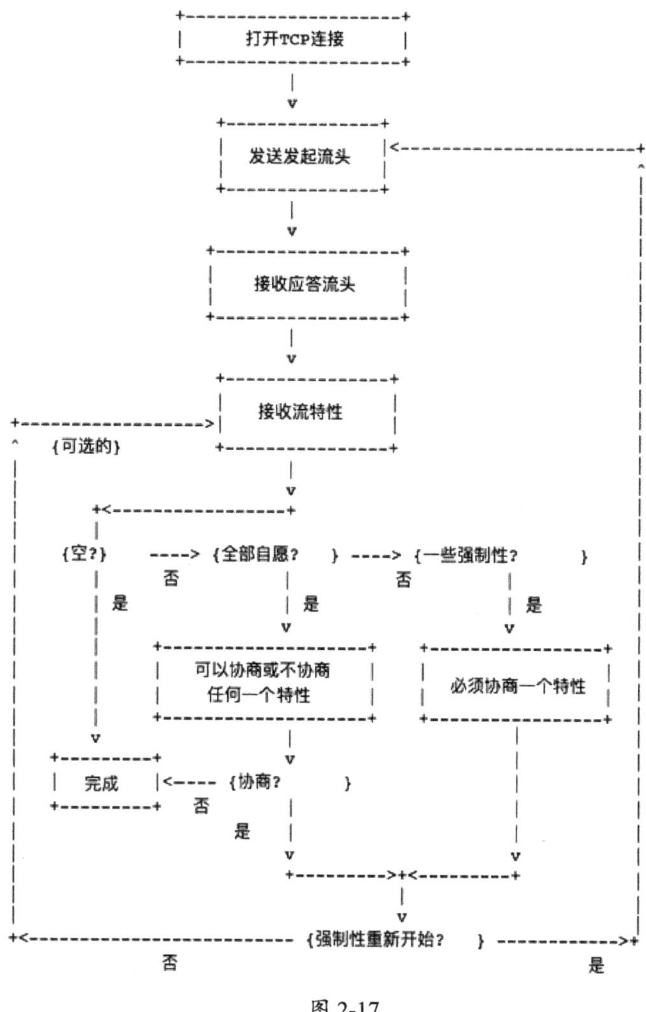

图 2-17

② 服务器发送一个应答流头给客户端来应答。

```
S: <stream:stream
     from='im.example.com'
     id='t7AMCin9zjMNwQKDnplntZPIDEI='
     to='juliet@im.example.com'
     version='1.0'
     xml:lang='en'
     xmlns='jabber:client'
     xmlns:stream='http://etherx.jabber.org/streams'>
```

③ 服务器发送流特性给客户端。

```
S: <stream:features>
     <starttls xmlns='urn:ietf:params:xml:ns:xmpp-tls'>
       <required/>
     </starttls>
   </stream:features>
```

④ 客户端发送 STARTTLS 命令给服务器。

```
C: <starttls xmlns='urn:ietf:params:xml:ns:xmpp-tls'/>
```

⑤ 服务器通知客户端允许继续。

```
S: <proceed xmlns='urn:ietf:params:xml:ns:xmpp-tls'/>
```

⑥ 客户端和服务器尝试通过现有的 TCP 连接完成 TLS 协商。

⑦ 如果 TLS 协商成功，则客户端通过 TLS 保护的 TCP 连接初始化一个新的流到服务器。

```
C: <stream:stream
     from='juliet@im.example.com'
     to='im.example.com'
     version='1.0'
     xml:lang='en'
     xmlns='jabber:client'
     xmlns:stream='http://etherx.jabber.org/streams'>
```

（2）SASL

① 服务器发送流头给客户端并带上任何可用的流特性来应答。

```
S: <stream:stream
     from='im.example.com'
     id='vgKi/bkYME8OAj4rlXMkpucAqe4='
     to='juliet@im.example.com'
     version='1.0'
     xml:lang='en'
     xmlns='jabber:client'
     xmlns:stream='http://etherx.jabber.org/streams'>

S: <stream:features>
     <mechanisms xmlns='urn:ietf:params:xml:ns:xmpp-sasl'>
```

```
    <mechanism>SCRAM-SHA-1-PLUS</mechanism>
    <mechanism>SCRAM-SHA-1</mechanism>
    <mechanism>PLAIN</mechanism>
  </mechanisms>
</stream:features>
```

② 客户端选择一种验证机制（本例中是 SCRAM-SHA-1），包含初始化应答数据。

```
C: <auth xmlns="urn:ietf:params:xml:ns:xmpp-sasl"
       mechanism="SCRAM-SHA-1">
   biwsbj1qdWxpZXQscj1vTXNUQUF3QUFBQU1BQUFBTlAwVEFBQUFBQUJQVTBBQQ==
  </auth>
```

解码之后的 base 64 数据是 n，n=juliet，r=oMsTAAwAAAAMAAAANP0TAAAAAABPU0AA

③ 服务器发送 challenge。

```
S: <challenge xmlns="urn:ietf:params:xml:ns:xmpp-sasl">
   cj1vTXNUQUF3QUFBQU1BQUFBTlAwVEFBQUFBQUJQVTBBQWUxMjQ2OTViLTY5Y
   TktNGRlNi05YzMwLWI1MWIzODA4YzU5ZSxzPU5qaGtZVE0wTURndE5HWTBaaT
   AwTmpkbUxUa3hNbVV0TkRsbU5UTm1ORE5rTURNeixpPTQwOTY=
  </challenge>
```

解码后的 base 64 数据是 r=oMsTAAwAAAAMAAAANP0TAAAAAABPU0AAe124695b-69a9-4de6-9c30-b51b3808c59e，s=NjhkYTM0MDgtNGY0Zi00NjdmLTkxMmUtNDlmNTNmNDNkMDMz，i=4096。

④ 客户端发送一个应答。

```
C: <response xmlns="urn:ietf:params:xml:ns:xmpp-sasl">
   Yz1iaXdzLHI9b01zVEFBd0FBQUFNQUFBQU5QMFRBQUFBQUFCUFUwQUF1MTI0N
   jk1Yi02OWE5LTRkZTYtOWMzMC1iNTFiMzgwOGM1OWUscD1VQTU3dE0vU3ZwQV
   RCa0gyRlhzMFdEWHZKWXc9
  </response>
```

解码后的 base 64 数据是 c=biws，r=oMsTAAwAAAAMAAAANP0TAAAAAABPU0 AAe124695b-69a9-4de6-9c30-b51b3808c59e，p=UA57tM/SvpATBkH2FXs0WDXvJYw=。

⑤ 服务器通知客户端成功并且包含了额外的数据。

```
S: <success xmlns='urn:ietf:params:xml:ns:xmpp-sasl'>
   dj1wTk5ERlZFUXh1WHhDb1NFaVc4R0VaKzFSU289
  </success>
```

解码后的 base 64 数据是 v=pNNDFVEQxuXxCoSEiW8GEZ+1RSo=。

⑥ 客户端初始化一个新的流到服务器。

```
C: <stream:stream
     from='juliet@im.example.com'
     to='im.example.com'
     version='1.0'
     xml:lang='en'
     xmlns='jabber:client'
     xmlns:stream='http://etherx.jabber.org/streams'>
```

（3）资源绑定

① 服务器发送一个流头到客户端并带上所支持的特性（本例中是资源绑定）。

```
S: <stream:stream
     from='im.example.com'
     id='gPybzaOzBmaADgxKXu9UClbprp0='
     to='juliet@im.example.com'
     version='1.0'
     xml:lang='en'
     xmlns='jabber:client'
     xmlns:stream='http://etherx.jabber.org/streams'>

S: <stream:features>
     <bind xmlns='urn:ietf:params:xml:ns:xmpp-bind'/>
   </stream:features>
```

在被通知资源绑定是强制协商之后，客户端需要绑定一个资源到流。

② 客户端绑定一个资源。

```
C: <iq id='yhc13a95' type='set'>
     <bind xmlns='urn:ietf:params:xml:ns:xmpp-bind'>
       <resource>balcony</resource>
     </bind>
   </iq>
```

③ 服务器接收提交的资源绑定，并通知客户端资源绑定成功。

```
S: <iq id='yhc13a95' type='result'>
     <bind xmlns='urn:ietf:params:xml:ns:xmpp-bind'>
```

```
      <jid>
        juliet@im.example.com/balcony
      </jid>
    </bind>
  </iq>
```

（4）节交换

现在客户端被允许通过协商好的流发送 XML 节了。

```
C: <message from='juliet@im.example.com/balcony'
          id='ju2ba41c'
          to='romeo@example.net'
          type='chat'
          xml:lang='en'>
    <body>Art thou not Romeo, and a Montague?</body>
  </message>
```

接着由指定的接收者做出响应，并且响应消息被传递回客户端。

```
E: <message from='romeo@example.net/orchard'
          id='ju2ba41c'
          to='juliet@im.example.com/balcony'
          type='chat'
          xml:lang='en'>
    <body>Neither, fair saint, if either thee dislike.</body>
  </message>
```

然后，客户端可以通过这个流继续发送和接收不限数量的 XML 节数据来完成自己的业务。

（5）关闭

如果客户端不想发送更多的消息，则可以关闭它到服务器的流，不再等待来自服务器的消息数据。

```
C: </stream:stream>
```

而服务器则可能发送额外的数据给客户端，然后才关闭到该客户端的流。

```
S: </stream:stream>
```

4. 小结

XMPP 是由一系列协议文档组成的技术规范，在描述 XMPP 核心概念的 RFC 6120 中还包括国际化、安全性、错误处理等内容，本节重点是阐述 XMPP 的基本概念和大概通信过程，关于更详细的描述读者可以参考官网 https://xmpp.org 中的技术文档等。

2.5 JMS

JMS（Java Message Service）即 Java 消息服务应用程序接口，是 Java 平台中面向消息中间件的一套规范的 Java API 接口，用于在两个应用程序之间或分布式系统中发送消息，进行异步通信。这套规范由 SUN 提出，目前主要使用的版本有两个：一个是 2002 年发布的 1.1 版；一个是 2013 年发布的 2.0 版。不同于本章上面所介绍的 AMQP、MQTT、STOMP、XMPP 等协议，JMS 并不是消息队列协议的一种，更不是消息队列产品，它是与具体平台无关的 API，目前市面上的绝大多数消息中间件厂商都支持 JMS 接口规范。换句话说，你可以使用 JMS API 来连接支持 AMQP、STOMP 等协议的消息中间件产品（比如 ActiveMQ、RabbitMQ 等），在这一点上它与 Java 中的 JDBC 的作用很像，我们可以用 JDBC API 来访问具体的数据库产品（比如 Oracle、MySQL 等）。

JMS 2.0 于 2013 年 4 月发布，是自 2002 年发布 1.1 版之后对 JMS 规范的第一次更新。很多人对 API 这么长时间没有变化感到奇怪，其实如果按不同实现的数量来判断一个 API 标准是否成功的话，则 JMS 是现有最成功的 API 之一。我的理解是，2.0 版相对 1.1 版来说主要是 API 的简化和在消息使用场景中新增了一些特性，其核心模型并没有特别大的变动。所以下面主要介绍 1.1 版的内容，然后将 2.0 版中的不同之处与之进行对比。

1. 体系架构

在 JMS 之前，大部分消息队列产品都支持**点对点**和**发布/订阅**两种方式来传递消息。基于此，JMS 将这两种消息模型抽象成两类规范，它们相互独立，由 JMS 的提供商（即消息队列产品的具体厂商）自己选择实现其中的一种还是两种模型。JMS 的作用是提供通用接口保证基于 JMS API 编写的程序适用于任何一种模型，使得在更换消息队列提供商的情况下应用程序相关代码也不需要做太大的改动。

（1）点对点模型

在点对点（Point to Point）模型中，应用程序由队列（Queue）、发送者（Sender）和接收者（Receiver）组成。每条消息都被发送到一个特定的队列中，接收者从队列中获取消息（见图 2-18）。队列中一直保留着消息，直到它们被接收或超时。点对点模型的特点如下：

- 每条消息只有一个接收者，消息一旦被接收就不再保留在消息队列中了。
- 发送者和接收者之间在时间上没有依赖。也就是说，当消息被发送之后，不管接收者有没有在运行，都不会影响消息被发送到队列中。

- 每条消息仅会被传送给一个接收者。也就是说，一个队列中可能会有多个接收者在监听，但是消息只能被队列中的一个接收者接收。
- 消息存在先后顺序。一个队列会按照消息服务器将消息放入队列中的顺序把它们传送给接收者。当消息已经被接收时就会从队列头部将它们删除（除非使用了消息优先级）。
- 当接收者收到消息时，会发送确认收到通知。

所以，一般情况下，如果希望所发送的每条消息都能被成功处理，则需要使用点对点模型。

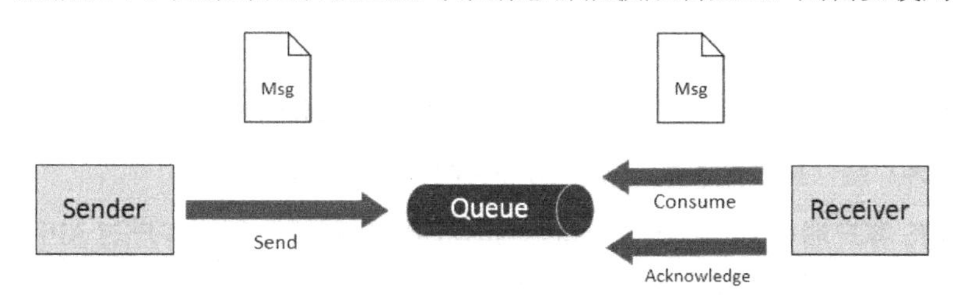

图 2-18

（2）发布/订阅模型

在发布/订阅（Pub/Sub）模型中，应用程序由主题（Topic）、发布者（Publisher）和订阅者（Subscriber）组成。发布者发布一条消息，该消息通过主题传递给所有的订阅者（见图 2-19）。在这种模型中，发布者和订阅者彼此不知道对方，它们是匿名的并且可以动态发布和订阅主题。主题用于保存和传递消息，并且会一直保存消息直到消息被传递给订阅者。

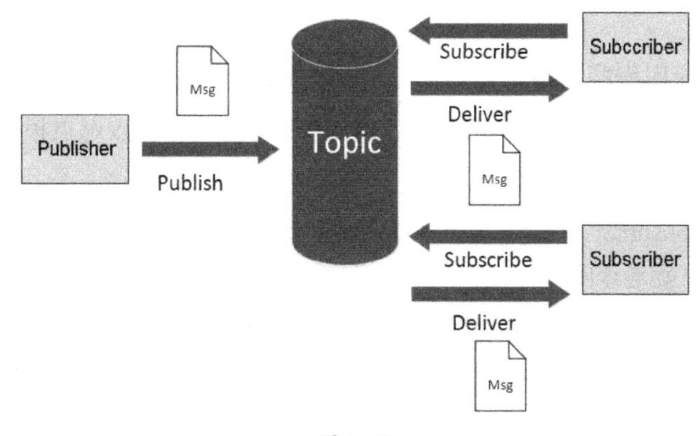

图 2-19

发布/订阅模型的特点如下：

- 每条消息可以有多个订阅者。
- 发布者和订阅者之间有时间上的依赖。一般情况下，某个主题的订阅者需要在创建了订阅之后才能接收到消息，而且为了接收消息订阅者必须保持运行的状态。

- JMS 允许订阅者创建一个可持久化的订阅，这样即使订阅者没有运行也能接收到所订阅的消息。
- 每条消息都会传送给该主题下的所有订阅者。
- 通常发布者不会知道也意识不到哪一个订阅者正在接收消息。

所以，如果希望所发送的消息不被做任何处理或者被一个或多个订阅者处理，则可以使用发布/订阅模型。

2. 基本概念

按照 JMS 规范中所说的，一个 JMS 应用由如下几个部分组成。

- JMS 客户端（JMS Client）：指发送和接收消息的 Java 程序。
- 非 JMS 客户端（Non-JMS Client）：指使用消息系统原生的客户端 API 代替 JMS 的客户端。如果应用程序在 JMS 规范前就已存在，则它可能同时包含 JMS 客户端和非 JMS 客户端。
- 消息（Message）：每个应用都定义了一组消息，用于多个客户端之间的消息通信。
- JMS 提供商（JMS Provider）：指实现了 JMS API 的实际消息系统。
- 受管对象（Administered Object）：指由管理员创建，并预先配置好给客户端使用的 JMS 对象。JMS 中的受管对象分为两种，即 ConnectionFactory（客户端使用这个对象来创建到提供者的连接）和 Destination（客户端使用这个对象来指定发送或接收消息的目的地）。

而具体到 JMS 应用程序，则主要涉及以下基本概念。

- 生产者（Producer）：创建并发送消息的 JMS 客户端，在点对点模型中就是发送者，在发布/订阅模型中就是发布者。
- 消费者（Consumer）：接收消息的 JMS 客户端，在点对点模型中就是接收者，在发布/订阅模型中就是订阅者。
- 客户端（Client）：生产或消费消息的基于 Java 的应用程序或对象。
- 队列（Queue）：一个容纳被发送的等待阅读的消息的区域。它是点对点模型中的队列。
- 主题（Topic）：一种支持发送消息给多个订阅者的机制。它是发布/订阅模型中的主题。
- 消息（Message）：在 JMS 客户端之间传递的数据对象。JMS 消息又包括消息头、属性和消息体三部分。消息头是指所有消息都支持的相同的头字段集，它包含了客户端和 JMS 提供商都要使用的用于标识和路由消息的值。属性是指除标准的头字段外，消息接口还包含了一种支持属性值的内建机制。实际上，这也是为消息提供了一种添加可选的消息头字段的机制。消息属性包括应用专有属性、标准属性、提供商专有属性。JMS 定义了几种消息体类型，这些类型覆盖了当前使用的大部分消息风格。消息体就是指实际的消息内容。关于 JMS 消息的这三部分的具体描述，请参见 JMS 规范中的第 3 章，不再赘述。

3. 编程接口

（1）ConnectionFactory 接口（连接工厂）

ConnectionFactory 是创建 Connection 对象的工厂，根据不同的消息类型用户可选择用队列连接工厂或者主题连接工厂，分别对应 QueueConnectionFactory 和 TopicConnectionFactory。可以通过 JNDI 来查找 ConnectionFactory 对象。

（2）Destination 接口（目的地）

Destination 是一个包装了消息目的地标识符的受管对象。消息目的地是指消息发布和接收的地点，消息目的地要么是队列要么是主题。对于消息生产者来说，它的 Destination 是某个队列或某个主题；对于消息消费者来说，它的 Destination 也是某个队列或主题（即消息来源）。所以 Destination 实际上就是两种类型的对象：Queue 和 Topic，可以通过 JNDI 来查找 Destination。

（3）Connection 接口（连接）

Connection 表示在客户端和 JMS 系统之间建立的连接（实际上是对 TCP/IP Socket 的包装）。Connection 可以产生一个或多个 Session，跟 ConnectionFactory 一样，Connection 也有两种类型：QueueConnection 和 TopicConnection。

（4）Session 接口（会话）

Session 是实际操作消息的接口，表示一个单线程的上下文，用于发送和接收消息。因为会话是单线程的，所以消息是按照发送的顺序一个个接收的。可以通过 Session 创建生产者、消费者、消息等。在规范中 Session 还提供了事务的功能。Session 也分为两种类型：QueueSession 和 TopicSession。

（5）MessageProducer 接口（消息生产者）

消息生产者由 Session 创建并用于将消息发送到 Destination。消费者可以同步（阻塞模式）或异步（非阻塞模式）接收队列和主题类型的消息。消息生产者有两种类型：QueueSender 和 TopicPublisher。

（6）MessageConsumer 接口（消息消费者）

消息消费者由 Session 创建，用于接收被发送到 Destination 的消息。消息消费者有两种类型：QueueReceiver 和 TopicSubscriber。

（7）Message 接口（消息）

消息是在消费者和生产者之间传送的对象，即将消息从一个应用程序发送到另一个应用程序。

（8）MessageListener（消息监听器）

如果注册了消息监听器，那么当消息到达时将自动调用监听器的 onMessage 方法。

4. JMS 1.1 示例

下面看一下在 ActiveMQ 中基于点对点模型使用 JMS 1.1 API 的一个例子。

（1）引入依赖

首先，在工程中需要引入 ActiveMQ 包的依赖。

```
<dependency>
   <groupId>org.apache.activemq</groupId>
   <artifactId>activemq-all</artifactId>
   <version>5.15.3</version>
</dependency>
```

（2）消息生产者

消息生产者的代码如下：

```
package org.study.mq.myMq.activeMq;

import org.apache.activemq.ActiveMQConnection;
import org.apache.activemq.ActiveMQConnectionFactory;

import javax.jms.*;

public class QueueProducer {
    /**
     * 默认用户名
     */
    public static final String USERNAME = ActiveMQConnection.DEFAULT_USER;
    /**
     * 默认密码
     */
    public static final String PASSWORD = ActiveMQConnection.DEFAULT_
PASSWORD;
    /**
     * 默认连接地址
     */
```

```
        public static final String BROKER_URL = ActiveMQConnection.DEFAULT_
BROKER_URL;

        public static void main(String[] args) {
            // 创建连接工厂
            ConnectionFactory connectionFactory = new ActiveMQConnectionFactory
(USERNAME, PASSWORD, BROKER_URL);
            try {
                // 创建连接
                Connection connection = connectionFactory.createConnection();
                // 启动连接
                connection.start();
                // 创建会话
                Session session = connection.createSession(true, Session.AUTO_
ACKNOWLEDGE);
                // 创建队列，需要指定队列名称，消息生产者和消费者将根据它来发送、接收对应的
                // 消息
                Queue myTestQueue = session.createQueue("activemq-queue-test1");
                // 消息生产者
                MessageProducer producer = session.createProducer(myTestQueue);
                // 创建一个消息对象
                TextMessage message = session.createTextMessage("测试点对点的一条
消息");
                // 发送一条消息
                producer.send(message);
                // 提交事务
                session.commit();
                // 关闭资源
                session.close();
                connection.close();
            } catch (JMSException e) {
                e.printStackTrace();
            }
        }

    }
```

基本步骤就是首先通过设置消息队列厂商提供的参数创建连接工厂，接下来创建连接、创建会话、创建队列、创建消息对象，然后将消息发送到相应的队列对象中，最后关闭资源连接。

（3）消息消费者

消息消费者的代码如下：

```
package org.study.mq.myMq.activeMq;

import org.apache.activemq.ActiveMQConnection;
import org.apache.activemq.ActiveMQConnectionFactory;

import javax.jms.*;

public class QueueConsumer {
    /**
     * 默认用户名
     */
    public static final String USERNAME = ActiveMQConnection.DEFAULT_USER;
    /**
     * 默认密码
     */
    public static final String PASSWORD = ActiveMQConnection.DEFAULT_
PASSWORD;
    /**
     * 默认连接地址
     */
    public static final String BROKER_URL = ActiveMQConnection.DEFAULT_
BROKER_URL;

    public static void main(String[] args) {
        // 创建连接工厂
        ConnectionFactory connectionFactory = new ActiveMQConnectionFactory
(USERNAME, PASSWORD, BROKER_URL);
        try {
            // 创建连接
            Connection connection = connectionFactory.createConnection();
            // 开启连接
            connection.start();
            // 创建会话
            final Session session = connection.createSession(true, Session.
AUTO_ACKNOWLEDGE);
```

```
            // 创建队列，作为消费者消费消息的目的地
            Queue    myTestQueue    =    session.createQueue("activemq-queue-
test1");
            // 消息消费者
            MessageConsumer consumer = session.createConsumer(myTestQueue);
            // 消费者实现监听接口消费消息
            consumer.setMessageListener(new MessageListener() {
               public void onMessage(Message message) {
                  try {
                     TextMessage textMessage = (TextMessage) message;
                     System.out.println(textMessage.getText());
                  } catch (JMSException e1) {
                     e1.printStackTrace();
                  }
                  try {
                     session.commit();
                  } catch (JMSException e) {
                     e.printStackTrace();
                  }

               }
            });

            // 让主线程休眠100秒，使消息消费者对象能继续存活一段时间，从而能监听到消息
            Thread.sleep(100 * 1000);
            // 关闭资源
            session.close();
            connection.close();
         } catch (JMSException e) {
            e.printStackTrace();
         }
      }
   }
```

各种组件的创建步骤同上面的消息生产者，不同的是在消费消息时注册了消息监听器，通过这种方式来消费消息。

这样，一个简单的基于点对点模型的代码编写工作就完成了。在这个例子中，我们可以看到在 ActiveMQ 中是如何通过 JMS 的 API 来完成消息的发送和接收功能的。由于上面代码是基

于 JMS 规范的，所以若换成使用其他消息中间件产品，只要该产品支持 JMS，那么只需要做很少的改动就可以继续使用该段代码（即修改连接工厂初始化的代码，因为该代码和具体的消息产品提供商相关）。这也是 JMS 的优势之一。

5. JMS 2.0 概述

在 JMS 2.0 中主要进行了易用性方面的改进，这样可以帮助开发者减少代码的编写量。新的 API 被称作简化的 API（Simplified API），其比 JMS 1.1 API 更简单易用；后者被称作经典 API（Classic API）。

简化的 API 由三个新接口构成：JMSContext、JMSProducer 和 JMSConsumer。

- JMSContext：用于替换经典 API 中单独的 Connection 和 Session。
- JMSProducer：用于替换经典 API 中的 MessageProducer，其支持以链式操作（方法链）方式配置消息传递选项、消息头和消息属性。
- JMSConsumer：用于替换经典 API 中的 MessageConsumer，其使用方式与 JMSProducer 类似。

简化的 API 不仅提供了经典 API 的所有特性，还增加了一些其他特性。经典 API 并没有被弃用，而是作为 JMS 的一部分被保留下来。下面通过发送文本消息的例子来看一下两者之间的区别。

在经典 API 中，一般需要通过下面几个步骤来发送文本消息。

```
public void sendMessageJMS11(ConnectionFactory connectionFactory, Queue 
queueString text) {
    try {
        Connection connection = connectionFactory.createConnection();
        try {
            Session session =connection.createSession(false,Session.AUTO_
ACKNOWLEDGE);
            MessageProducer messageProducer = session.createProducer(queue);
            TextMessage textMessage = session.createTextMessage(text);
            messageProducer.send(textMessage);
        } finally {
            connection.close();
        }
    } catch (JMSException ex) {
        // handle exception (details omitted)
    }
}
```

而用简化的 API 实现这个功能的代码如下：

```
    public void sendMessageJMS20(ConnectionFactory connectionFactory, Queue
queueString text) {
        try (JMSContext context = connectionFactory.createContext();){
            context.createProducer().send(queue, text);
        } catch (JMSRuntimeException ex) {
            // handle exception (details omitted)
        }
    }
```

可以看到，要编写的代码量减少了很多，具体包括：

- 只需创建一个 JMSContext 对象，而不是创建单独的 Connection 和 Session 对象。
- 在 JMS 1.1 中，使用 Connection 后需要用一个 finally 语句块来关闭 Connection 对象。而在 JMS 2.0 中，JMSContext 对象也有一个需要在使用后调用的 close 方法，但不需要在代码中显式调用该方法。因为 JMSContext 实现了 Java 7 的 java.lang.AutoCloseable 接口，所以如果在 try-with-resources 语句块中创建了 JMSContext，则会在语句块的结尾处自动调用 close 方法，而无须在代码中显式调用。
- 在 JMS 1.1 中，创建 Session 对象时需要传入参数（false 和 Session.AUTO_ACKNOWLEDGE），指明希望创建一个非事务性会话，在该会话中收到的所有消息都将被自动确认。而在 JMS 2.0 中，这些都是默认设置的，无须指定任何参数。如果希望指定其他会话模式（本地事务、CLIENT_ACKNOWLEDGE 或 DUPS_OK_ACKNOWLEDGE），只需传入一个参数即可，而不是两个参数。
- 无须创建一个 TextMessage 对象并将其设置为指定字符串，只需将字符串传入 send 方法即可，由 JMS 提供商自动创建一个 TextMessage 对象并将其设置为所提供的字符串。
- 在 JMS 1.1 中，几乎所有方法都会抛出 JMSException，由于该异常是已检查异常，所以必须调用方法捕获它，或者自己抛出该异常。而在 JMS 2.0 中，抛出的异常是 JMSRuntimeException，该异常是运行时异常，所以无须通过调用方法来显式捕获它，也不必在其 throws 子句中声明。

在 JMS 2.0 中对其他 API 的简化包括直接从消息提取正文的新方法、直接接收消息正文的方法、创建会话的新方法、通过多种方式简化资源配置、设置传递延迟、异步发送消息、对于同一个主题订阅允许有多个使用者等。如果读者感兴趣，则可以参考 Oracle 网站上的两个文档（http://www.oracle.com/technetwork/cn/articles/java/jms20-1947669-zhs.html 和 http://www.oracle.com/technetwork/cn/articles/java/jms2messaging-1954190-zhs.html。这两篇文章对这些新特性介绍得很详细，这里不再赘述。

6. 小结

对于 Java 系的技术人员，在使用消息队列时肯定需要了解 JMS，该规范实际上是对 AMQP、MQTT、STOMP、XMPP 等消息通信协议的更高一层的抽象。从消息队列使用者的角度来看，JMS 对所需要处理的常规问题都已经提供了相关支持。理解了这些内容，将使你在消息队列产品选型、架构设计等方面更加得心应手。

本章介绍了与消息队列相关的一些通信协议，后续章节将逐步介绍市面上一些常见的消息队列产品，以及它们在实际场景中的使用。

第 3 章 RabbitMQ

3.1 简介

1. RabbitMQ 特点

RabbitMQ 是一个由 Erlang 语言开发的基于 AMQP 标准的开源实现。RabbitMQ 最初起源于金融系统，用于在分布式系统中存储转发消息，在易用性、扩展性、高可用性等方面表现不俗。其具体特点包括：

- 保证可靠性（Reliability）。RabbitMQ 使用一些机制来保证可靠性，如持久化、传输确认、发布确认等。
- 具有灵活的路由（Flexible Routing）功能。在消息进入队列之前，是通过 Exchange（交换器）来路由消息的。对于典型的路由功能，RabbitMQ 已经提供了一些内置的 Exchange 来实现。针对更复杂的路由功能，可以将多个 Exchange 绑定在一起，也可以通过插件机制来实现自己的 Exchange。
- 支持消息集群（Clustering）。多台 RabbitMQ 服务器可以组成一个集群，形成一个逻辑 Broker。
- 具有高可用性（Highly Available）。队列可以在集群中的机器上进行镜像，使得在部分节点出现问题的情况下队列仍然可用。
- 支持多种协议（Multi-protocol）。RabbitMQ 除支持 AMQP 协议之外，还通过插件的方式支持其他消息队列协议，比如 STOMP、MQTT 等。

- 支持多语言客户端（Many Client）。RabbitMQ 几乎支持所有常用的语言，比如 Java、.NET、Ruby 等。
- 提供管理界面（Management UI）。RabbitMQ 提供了一个易用的用户界面，使得用户可以监控和管理消息 Broker 的许多方面。
- 提供跟踪机制（Tracing）。RabbitMQ 提供了消息跟踪机制，如果消息异常，使用者可以查出发生了什么情况。
- 提供插件机制（Plugin System）。RabbitMQ 提供了许多插件，从多方面进行扩展，也可以编写自己的插件。

2. RabbitMQ 基本概念

RabbitMQ 是 AMQP 协议的一个开源实现，所以其基本概念也就是第 2 章介绍的 AMQP 协议中的基本概念。如图 3-1 所示是 RabbitMQ 的整体架构图。

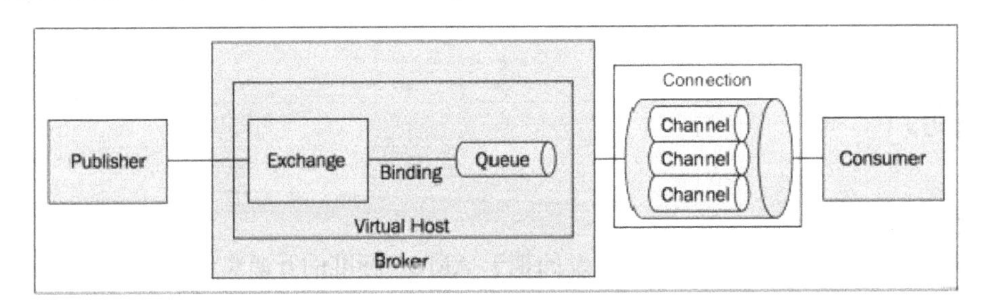

图 3-1

- Message（消息）：消息是不具名的，它由消息头和消息体组成。消息体是不透明的，而消息头则由一系列可选属性组成，这些属性包括 routing-key（路由键）、priority（相对于其他消息的优先级）、delivery-mode（指出该消息可能需要持久化存储）等。
- Publisher（消息生产者）：一个向交换器发布消息的客户端应用程序。
- Exchange（交换器）：用来接收生产者发送的消息，并将这些消息路由给服务器中的队列。
- Binding（绑定）：用于消息队列和交换器之间的关联。一个绑定就是基于路由键将交换器和消息队列连接起来的路由规则，所以可以将交换器理解成一个由绑定构成的路由表。
- Queue（消息队列）：用来保存消息直到发送给消费者。它是消息的容器，也是消息的终点。一条消息可被投入一个或多个队列中。消息一直在队列里面，等待消费者连接到这个队列将其取走。
- Connection（网络连接）：比如一个 TCP 连接。

- Channel（信道）：多路复用连接中的一条独立的双向数据流通道。信道是建立在真实的 TCP 连接内的虚拟连接，AMQP 命令都是通过信道发送出去的，不管是发布消息、订阅队列还是接收消息，这些动作都是通过信道完成的。因为对于操作系统来说，建立和销毁 TCP 连接都是非常昂贵的开销，所以引入了信道的概念，以复用一个 TCP 连接。
- Consumer（消息消费者）：表示一个从消息队列中取得消息的客户端应用程序。
- Virtual Host（虚拟主机，在 RabbitMQ 中叫 vhost）：表示一批交换器、消息队列和相关对象。虚拟主机是共享相同的身份认证和加密环境的独立服务器域。本质上每个 vhost 就是一台缩小版的 RabbitMQ 服务器，它拥有自己的队列、交换器、绑定和权限机制。vhost 是 AMQP 概念的基础，必须在连接时指定，RabbitMQ 默认的 vhost 是“/”。
- Broker：表示消息队列服务器实体。

（1）AMQP 中的消息路由

AMQP 中的消息路由过程和 Java 开发者熟悉的 JMS 存在一些差别，在 AMQP 中增加了 Exchange 和 Binding 的角色。生产者需要把消息发布到 Exchange 上，消息最终到达队列并被消费者接收，而 Binding 决定交换器上的消息应该被发送到哪个队列中（见图 3-2）。

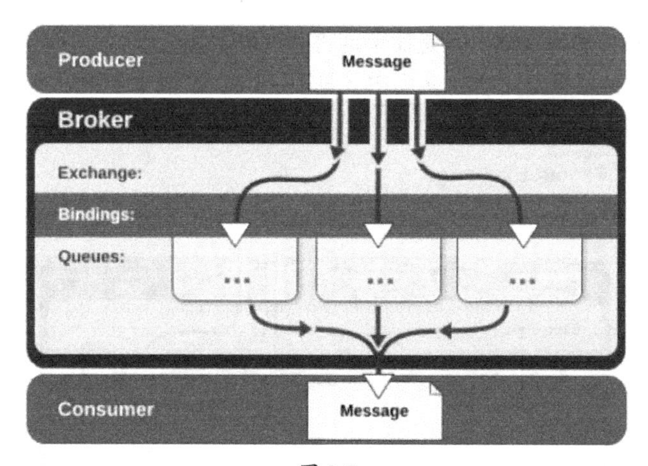

图 3-2

（2）交换器类型

不同类型的交换器分发消息的策略也不同，目前交换器有 4 种类型：Direct、Fanout、Topic、Headers。其中 Headers 交换器匹配 AMQP 消息的 Header 而不是路由键。此外，Headers 交换器和 Direct 交换器完全一致，但性能相差很多，目前几乎不用了，所以下面我们看另外三种类型。

■ Direct 交换器

如果消息中的路由键（routing key）和 Binding 中的绑定键（binding key）一致，交换器就将消息发送到对应的队列中（见图 3-3）。路由键与队列名称要完全匹配，如果将一个队列绑定到交换机要求路由键为“dog”，则只转发 routing key 标记为“dog”的消息，不会转发“dog.puppy”消息，也不会转发 “dog.guard “消息等。Direct 交换器是完全匹配、单播的模式。

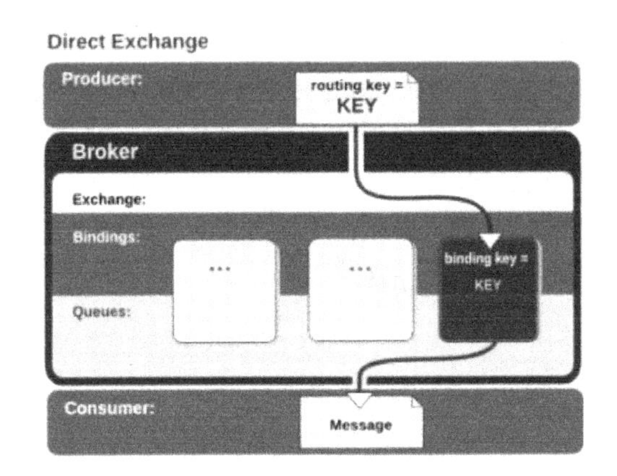

图 3-3

■ Fanout 交换器

Fanout 交换器不处理路由键，只是简单地将队列绑定到交换器，发送到交换器的每条消息都会被转发到与该交换器绑定的所有队列中（见图 3-4）。这很像子网广播，子网内的每个主机都获得了一份复制的消息。通过 Fanout 交换器转发消息是最快的。

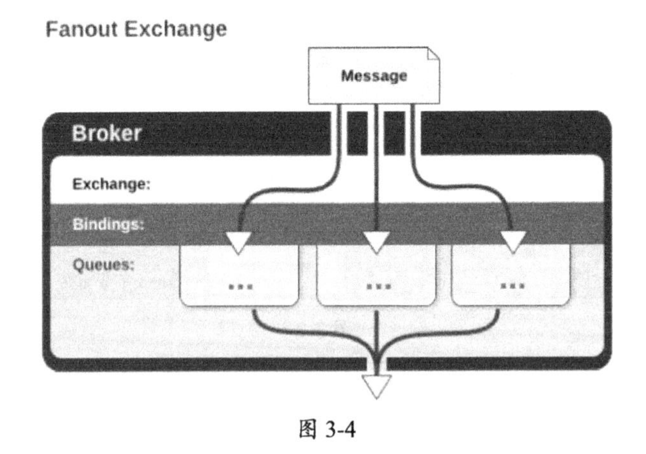

图 3-4

■ Topic 交换器

Topic 交换器通过模式匹配分配消息的路由键属性，将路由键和某种模式进行匹配，此时队列需要绑定一种模式。Topic交换器将路由键和绑定键的字符串切分成单词，这些单词之间用点“.”隔开（见图3-5）。该交换器会识别两个通配符：“#”和“*”，其中“#”匹配0个或多个单词，“*”匹配不多不少一个单词。

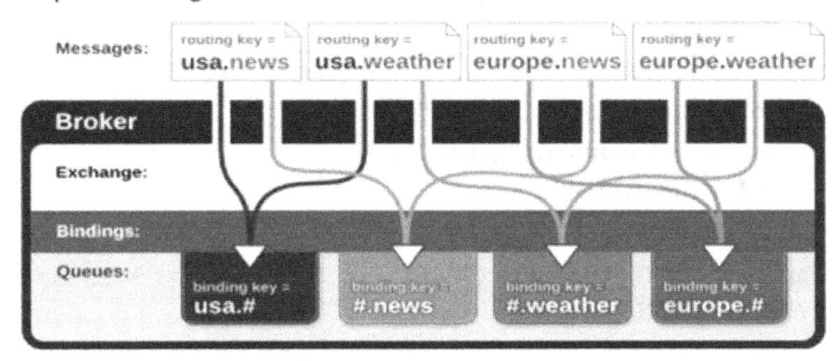

图3-5

3.2 工程实例

3.2.1 Java访问RabbitMQ实例

RabbitMQ支持多种语言访问，下面看一下在Java中使用RabbitMQ的例子。

1. 在Maven工程中添加依赖

```
<dependency>
    <groupId>com.rabbitmq</groupId>
    <artifactId>amqp-client</artifactId>
    <version>4.1.0</version>
</dependency>
```

2. 消息生产者

```
package org.study.mq.rabbitMQ.java;

import com.rabbitmq.client.Channel;
import com.rabbitmq.client.Connection;
import com.rabbitmq.client.ConnectionFactory;
import java.io.IOException;
import java.util.concurrent.TimeoutException;
```

```java
public class Producer {

    public static void main(String[] args) throws IOException, TimeoutException {
        // 创建连接工厂
        ConnectionFactory factory = new ConnectionFactory();
        factory.setUsername("guest");
        factory.setPassword("guest");
        // 设置 RabbitMQ 地址
        factory.setHost("localhost");
        factory.setVirtualHost("/");
        // 建立到代理服务器的连接
        Connection conn = factory.newConnection();
        // 创建信道
        Channel channel = conn.createChannel();
        // 声明交换器
        String exchangeName = "hello-exchange";
        channel.exchangeDeclare(exchangeName, "direct", true);

        String routingKey = "testRoutingKey";
        // 发布消息
        byte[] messageBodyBytes = "quit".getBytes();
        channel.basicPublish(exchangeName, routingKey, null, messageBodyBytes);

        // 关闭信道和连接
        channel.close();
        conn.close();
    }
}
```

首先创建一个连接工厂，再根据连接工厂创建连接，之后从连接中创建信道，接着声明一个交换器和指定路由键，然后才发布消息，最后将所创建的信道、连接等资源关闭。代码中的ConnectionFactory、Connection、Channel 都是 RabbitMQ 提供的 API 中最基本的类。ConnectionFactory 是 Connection 的制造工厂，Connection 代表 RabbitMQ 的 Socket 连接，它封装了 Socket 操作的相关逻辑。Channel 是与 RabbitMQ 打交道的最重要的接口，大部分业务操作都是在 Channel 中完成的，比如定义队列、定义交换器、队列与交换器的绑定、发布消息等。

3. 消息消费者

```
package org.study.mq.rabbitMQ.java;

import com.rabbitmq.client.*;
import java.io.IOException;
import java.util.concurrent.TimeoutException;

public class Consumer {

    public static void main(String[] args) throws IOException, Timeout
Exception {
        ConnectionFactory factory = new ConnectionFactory();
        factory.setUsername("guest");
        factory.setPassword("guest");
        factory.setHost("localhost");
        factory.setVirtualHost("/");
        // 建立到代理服务器的连接
        Connection conn = factory.newConnection();
        // 创建信道
        final Channel channel = conn.createChannel();
        // 声明交换器
        String exchangeName = "hello-exchange";
        channel.exchangeDeclare(exchangeName, "direct", true);
        // 声明队列
        String queueName = channel.queueDeclare().getQueue();
        String routingKey = "testRoutingKey";
        // 绑定队列，通过路由键 testRoutingKey 将队列和交换器绑定起来
        channel.queueBind(queueName, exchangeName, routingKey);

        while(true) {
            // 消费消息
            boolean autoAck = false;
            String consumerTag = "";
            channel.basicConsume(queueName,autoAck,consumerTag,new
DefaultConsumer(channel) {
                @Override
                public void handleDelivery(String consumerTag,
                                           Envelope envelope,
```

```
                                    AMQP.BasicProperties properties,
                                    byte[] body) throws IOException {
                    String routingKey = envelope.getRoutingKey();
                    String contentType = properties.getContentType();
                    System.out.println("消费的路由键：" + routingKey);
                    System.out.println("消费的内容类型：" + contentType);
                    long deliveryTag = envelope.getDeliveryTag();
                    // 确认消息
                    channel.basicAck(deliveryTag, false);
                    System.out.println("消费的消息体内容：");
                    String bodyStr = new String(body, "UTF-8");
                    System.out.println(bodyStr);
                }
            });
        }
    }
}
```

消息消费者通过不断循环等待服务器推送消息，一旦有消息过来，就在控制台输出消息的相关内容。一开始的创建连接、创建信道、声明交换器的代码和发布消息时是一样的，但在消费消息时需要指定队列名称，所以这里多了绑定队列这一步，接下来是循环等待消息过来并打印消息内容。

4．启动 RabbitMQ 服务器

```
./sbin/rabbitmq-server
```

5．运行 Consumer

先运行 Consumer 的 main 方法，这样当生产者发送消息时就能在消费者后端看到消息记录。

6．运行 Producer

接下来运行 Producer 的 main 方法，发布一条消息，在 Consumer 的控制台就能看到接收到的消息（见图 3-6）。

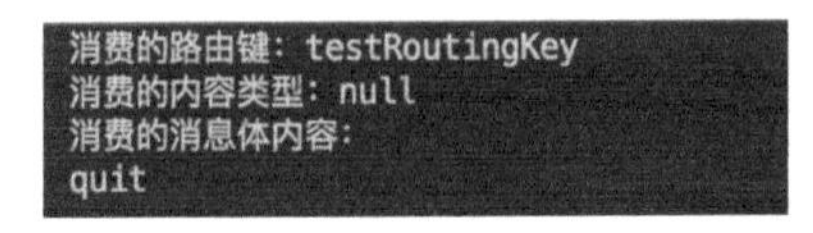

图 3-6

3.2.2 Spring 整合 RabbitMQ

从上面的 Java 访问 RabbitMQ 实例中可以看出，在消息消费者和消息生产者中有很多重复的代码，并且里面很多都是配置信息。站在使用者的角度来看，其实只关心发送消息和消费消息两件事。基于此，Spring 框架也集成了 RabbitMQ，用于简化使用 RabbitMQ 时的操作。下面看一下 Spring 整合 RabbitMQ 的例子。

1. 在 Maven 工程中添加依赖

```
<dependency>
    <groupId>org.springframework.amqp</groupId>
    <artifactId>spring-rabbit</artifactId>
    <version>2.0.2.RELEASE</version>
</dependency>
```

spring-rabbit 就是 Spring 整合了 RabbitMQ 的包。

2. Spring 配置文件

```
<?xml version="1.0" encoding="UTF-8"?>
<beans xmlns="http://www.springframework.org/schema/beans"
      xmlns:xsi="http://www.w3.org/2001/XMLSchema-instance"
      xmlns:rabbit="http://www.springframework.org/schema/rabbit"
      xsi:schemaLocation="http://www.springframework.org/schema/beans
      http://www.springframework.org/schema/beans/spring-beans.xsd
      http://www.springframework.org/schema/rabbit
      http://www.springframework.org/schema/rabbit/spring-rabbit.xsd">

    <bean id="fooMessageListener" class="org.study.mq.rabbitMQ.spring.
FooMessageListener"/>

    <!--配置连接-->
    <rabbit:connection-factory id="connectionFactory" host="127.0.0.1"
port="5672" username="guest" password="guest" virtual-host= "/"
requested-heartbeat="60"/>

    <!--配置 RabbitTemplate -->

<rabbit:template id="amqpTemplate" connection-factory= "connectionFactory"
                  exchange="myExchange" routing-key="foo.bar"/>
```

```
    <!--配置 RabbitAdmin -->
    <rabbit:admin connection-factory="connectionFactory"/>

    <!--配置队列名称-->
    <rabbit:queue name="myQueue"/>

    <!--配置 Topic 类型的交换器 -->
    <rabbit:topic-exchange name="myExchange">
        <rabbit:bindings>
            <rabbit:binding queue="myQueue" pattern="foo.*"/>
        </rabbit:bindings>
    </rabbit:topic-exchange>

    <!--配置监听器-->
    <rabbit:listener-container connection-factory="connectionFactory">
        <rabbit:listener ref="fooMessageListener" queue-names="myQueue" />
    </rabbit:listener-container>
</beans>
```

spring-rabbit 的主要 API 如下。

- MessageListenerContainer：用来监听容器，为消息入队提供异步处理。
- RabbitTemplate：用来发送和接收消息。
- RabbitAdmin：用来声明队列、交换器、绑定。

所以，与 RabbitMQ 相关的配置也会包括配置连接、配置 RabbitTemplate、配置 RabbitAdmin、配置队列名称、配置交换器、配置监听器等。

3. 发送消息

```
package org.study.mq.rabbitMQ.spring;

import org.springframework.amqp.rabbit.core.RabbitTemplate;
import org.springframework.context.support.AbstractApplicationContext;
import org.springframework.context.support.ClassPathXmlApplicationContext;

public class SendMessage {
    public static void main(final String... args) throws Exception {
        AbstractApplicationContext ctx =
```

```
                new ClassPathXmlApplicationContext("spring-context.xml");
        RabbitTemplate template = ctx.getBean(RabbitTemplate.class);
        template.convertAndSend("Hello World");
        ctx.close();
    }
}
```

在发送消息时先从配置文件中获取到 RabbitTemplate 对象，接着就调用 convertAndSend 发送消息。可以看到，这段代码比上面使用 RabbitMQ 的 Java API 简单了很多。

4．消费消息

```
package org.study.mq.rabbitMQ.spring;

import org.springframework.amqp.core.Message;
import org.springframework.amqp.core.MessageListener;

public class FooMessageListener implements MessageListener {

    public void onMessage(Message message) {
        String messageBody = new String(message.getBody());
        System.out.println("接收到消息 '" + messageBody + "'");
    }
}
```

通过实现 MessageListener 接口来监听消息的方式消费消息。注意：在配置文件中将声明 FooMessageListener 类的一个 bean，然后在 rabbit:listener 的配置中引用该 bean。

5．运行 SendMessage

运行 SendMessage 类的 main 方法，在控制台将看到打印出接收到的消息'Hello World'。

3.2.3 基于 RabbitMQ 的异步处理

以 1.2 节中的用户注册功能为例，用户注册功能的处理逻辑如下：

```
// 用户注册
public void userRegister(){
    // 校验用户填写的信息是否完整
```

```
        // 将用户及相关信息保存到数据库

        // 注册成功后发送邮件
        Mail mail = new Mail();
        mail.setTo("12345678@qq.com");
        mail.setSubject("我的一封邮件");
        mail.setContent("我的邮件内容");
        sendEmail(mail);
    }

    public void sendEmail(Mail mail){
        // 调用 JavaMail API 发送邮件
    }
```

如果前面的业务功能处理完成后没有问题，那么系统需要发送一封邮件给用户。从使用者的角度来看，在发送邮件时一般会填写发件人、收件人、邮件标题、邮件内容。所以 Mail 类的代码如下：

```
package org.study.mq.rabbitMQ.async;

public class Mail{
    private String from;// 发件人
    private String to;// 收件人
    private String subject;// 邮件标题
    private String content;// 邮件内容

    public String getFrom() {
        return from;
    }

    public void setFrom(String from) {
        this.from = from;
    }

    public String getTo() {
        return to;
    }
```

```
    public void setTo(String to) {
        this.to = to;
    }

    public String getSubject() {
        return subject;
    }

    public void setSubject(String subject) {
        this.subject = subject;
    }

    public String getContent() {
        return content;
    }

    public void setContent(String content) {
        this.content = content;
    }

    @Override
    public String toString() {
        return "Mail{" +
                "from='" + from + '\'' +
                ", to='" + to + '\'' +
                ", subject='" + subject + '\'' +
                ", content='" + content + '\'' +
                '}';
    }
}
```

使用 JavaMail 发送邮件的细节不再展示，发送邮件功能一般基于 JavaMail 的 API 来实现。可以看出，这里的处理流程是同步的，业务方法需要等到发送完邮件后才会返回（主要邮件数据在业务系统与电子邮件服务器之间的传递处理）。我们可以通过消息队列来异步发送邮件，下面看一下基于 Spring 框架改造发送邮件代码的例子。

1. 在 Maven 工程中添加依赖

```
<dependency>
    <groupId>org.springframework.amqp</groupId>
    <artifactId>spring-rabbit</artifactId>
    <version>2.0.2.RELEASE</version>
</dependency>
```

工程依赖与 3.2.2 节一致。

2. Spring 配置文件

```
<?xml version="1.0" encoding="UTF-8"?>
<beans xmlns="http://www.springframework.org/schema/beans"
       xmlns:xsi="http://www.w3.org/2001/XMLSchema-instance"
       xmlns:rabbit="http://www.springframework.org/schema/rabbit"
       xsi:schemaLocation="http://www.springframework.org/schema/beans
       http://www.springframework.org/schema/beans/spring-beans.xsd
       http://www.springframework.org/schema/rabbit
       http://www.springframework.org/schema/rabbit/spring-rabbit.xsd">

    <bean  id="mailMessageListener"  class="org.study.mq.rabbitMQ.async.
MailMessageListener"/>

    <!--配置连接-->
    <rabbit:connection-factory  id="connectionFactory"  host="127.0.0.1"
port="5672" username="guest" password="guest" virtual-host= "/"
requested-heartbeat="60"/>

    <bean id="jsonMessageConverter" class="org.springframework.amqp.
support.converter.Jackson2JsonMessageConverter"/>

    <!--配置 RabbitTemplate -->
    <rabbit:template id="amqpTemplate" connection-factory=
"connectionFactory" exchange="mailExchange" routing-key="mail.test" message-
converter= "jsonMessageConverter"/>

    <!--配置 RabbitAdmin -->
    <rabbit:admin connection-factory="connectionFactory"/>
```

```
    <!--配置队列名称-->
    <rabbit:queue name="mailQueue"/>

    <!--配置交换器-->
    <rabbit:topic-exchange name="mailExchange">
        <rabbit:bindings>
            <rabbit:binding queue="mailQueue" pattern="mail.*"/>
        </rabbit:bindings>
    </rabbit:topic-exchange>

    <!--配置监听器-->
    <rabbit:listener-container connection-factory="connectionFactory">
        <rabbit:listener ref="mailMessageListener" queue-names="mailQueue"/>
    </rabbit:listener-container>
</beans>
```

与 3.2.2 节中的 Spring 配置不同的是，这里增加了一个消息转换器的配置，因为需要发送一条自定义类型的对象消息，所以使用 Jackson2JsonMessageConverter 将对象转换成 JSON 格式来传递。

3. 发送消息

```
package org.study.mq.rabbitMQ.async;

import org.springframework.amqp.rabbit.core.RabbitTemplate;
import org.springframework.context.support.AbstractApplicationContext;
import org.springframework.context.support.ClassPathXmlApplicationContext;

public class Business {

    // 用户注册
    public void userRegister(){
        // 校验用户填写的信息是否完整

        // 将用户及相关信息保存到数据库

        // 注册成功后发送一条消息表示要发送邮件
        AbstractApplicationContext ctx =
                new ClassPathXmlApplicationContext("async-context.xml");
```

```
        RabbitTemplate template = ctx.getBean(RabbitTemplate.class);
        Mail mail = new Mail();
        mail.setTo("12345678@qq.com");
        mail.setSubject("我的一封邮件");
        mail.setContent("我的邮件内容");
        template.convertAndSend(mail);
        ctx.close();
    }

    public static void main(final String... args) throws Exception {
        Business business = new Business();
        business.userRegister();
    }
}
```

发送消息就是把上面注册成功后发送邮件的代码改成了发送一条消息的代码。

4. 消费消息

```
package org.study.mq.rabbitMQ.async;

import com.fasterxml.jackson.databind.ObjectMapper;
import org.springframework.amqp.core.Message;
import org.springframework.amqp.core.MessageListener;

import java.io.IOException;

public class MailMessageListener implements MessageListener {

    public void onMessage(Message message) {
        String body = new String(message.getBody());
        ObjectMapper mapper = new ObjectMapper();
        try {
            Mail mail = mapper.readValue(body, Mail.class);
            System.out.println("接收到邮件消息: " + mail);

            sendEmail(mail);
        } catch (IOException e) {
```

```
            e.printStackTrace();
        }
    }

    public void sendEmail(Mail mail) {
        // 调用 JavaMail API 发送邮件
    }
}
```

把上面实际发送邮件的代码挪到了消费消息这里，只有收到了邮件消息才会实际发送邮件。

5. 运行 Business

运行 Business 类的 main 方法，在控制台将看到打印出接收到的邮件消息：Mail{from='null', to='12345678@qq.com', subject='我的一封邮件', content='我的邮件内容'}，这样就将原先同步调用的代码通过使用消息队列改成了异步处理的方式。

3.2.4 基于 RabbitMQ 的消息推送

推送通知是与用户互动的有效方式之一，当用户留存率过低时，高质量的消息推送是提高留存率的有效措施。研究表明，它可以显著提高用户留存率，吸引大部分第一周的用户，内容丰富的个性化推送通知还可以获得更高的留存率。棘手的是应该推送什么样的通知，因为不当的消息推送很可能会导致用户将网址从收藏夹删除、卸载应用等，所以应尽可能推送有价值的信息，比如购物类网站提醒用户经常浏览的类别中有哪些打折的商品，音乐类应用则通知用户最喜欢的歌手刚刚发布了一个新专辑等。这种推送通知的场景正是消息队列的用武之地。下面以电商网站用户收到消息提醒为例，演示通过使用 RabbitMQ 达到推送通知的效果。在实际场景中消息可能会被推送给多种终端，比如浏览器页面、安卓客户端、iPhone 客户端、平板电脑等。为了将实现重点聚焦在消息处理上，就以浏览器页面接收消息为例，看一下在浏览器中是如何接收通知的。

以前，浏览器中的推送功能都是通过轮询来实现的。所谓轮询是指以特定时间间隔（如每隔 1s）由浏览器向服务器发出请求，然后服务器返回最新的数据给浏览器。但这种模式的缺点是浏览器需要不断地向服务器发出请求，每次请求中的绝大部分数据都是相同的，里面包含的有效数据可能只是很小的一部分，这导致占用很多的带宽，而且不断地连接将大量消耗服务器资源。为改善这种状况，HTML 5 定义了 WebSocket，它能够实现浏览器与服务器之间全双工通信。其优点有两个：一是服务器与客户端之间交换的标头信息很小；二是服务器可以主动传送数据给客户端。

目前的主流浏览器都已支持 WebSocket，而服务器端消息队列选用 RabbitMQ，则是因为 RabbitMQ 有丰富的第三方插件，用户可以在 AMQP 协议的基础上自己扩展应用。针对 WebSocket 通信 RabbitMQ 提供了 Web STOMP 插件，它是一个实现了 STOMP 协议的插件，可以将该插件理解为 WebSocket 与 STOMP 协议间的桥接，目的是让浏览器能够使用 RabbitMQ，当 RabbitMQ 启用了 Web STOMP 插件后，浏览器就可以使用 WebSocket 与之通信了。当有新消息需要发布时，系统后台将消息数据发送到 RabbitMQ 中，再通过 WebSocket 将数据推送给浏览器。关于 STOMP 协议的内容在第 2 章中已经介绍过了，如果在前端页面中直接使用 STOMP，则需要做很多协议文本解析的工作，值得庆幸的是，在这方面国外已经有人提供了 JS 库简化操作，这个库叫作 stomp.js，读者可到 GitHub 上下载该文件（项目地址是：https://github.com/jmesnil/stomp-websocket/，JS 文件地址是 https://github.com/jmesnil/stomp-websocket/blob/master/lib/stomp.js）。

由于本例是向用户广播推送优惠打折商品，属于一个生产者、多个消费者的模式，所以采用 Topic 交换器，这样一个由生产者指定了确定路由键的消息将会被推送给所有与之绑定的消费者。下面看一下这个例子的相关代码。

1．启用 Web STOMP 插件

安装 RabbitMQ 后，在 sbin 目录下执行以下命令：

```
./rabbitmq-plugins enable rabbitmq_web_stomp
```

2．发布消息

为了模拟服务器端产生消息，我们写一个 main 函数向指定的队列中发布消息。

```
package org.study.mq.rabbitMQ.java;

import com.rabbitmq.client.Channel;
import com.rabbitmq.client.Connection;
import com.rabbitmq.client.ConnectionFactory;

public class StompProducer {

    public static void main(String[] args) throws Exception {
        // 创建连接工厂
        ConnectionFactory factory = new ConnectionFactory();
        factory.setUsername("guest");
        factory.setPassword("guest");
        // 设置 RabbitMQ 地址
```

```
        factory.setHost("localhost");
        factory.setVirtualHost("/");
        // 建立到代理服务器的连接
        Connection conn = factory.newConnection();
        // 创建信道
        Channel channel = conn.createChannel();
        String exchangeName = "exchange-stomp";
        // 声明 Topic 类型的交换器
        channel.exchangeDeclare(exchangeName, "topic");
        String routingKey = "shopping.discount";

        String message = "<a href=\"https://www.baidu.com\" target=
\"_black\">微醺好时光，美酒 3 件 7 折，抢购猛戳</a>";
        // 发布消息
        channel.basicPublish(exchangeName, routingKey, null, message.
getBytes());

        channel.close();
        conn.close();
    }
}
```

创建连接和创建信道与 3.2.1 节部分相同，不同的是声明交换器时指定的是 Topic 类型。

3. Web 页面接收消息通知

```
<html>
<head>
    <meta charset="UTF-8">
    <title>rabbitMQ 消息提醒示例</title>
    <link rel="stylesheet" type="text/css" href="default.css">
    <link rel="stylesheet" type="text/css" href="jquery.notify.css">

    <script type="text/javascript" src="stomp.js"></script>
    <script type="text/javascript" src="jquery.min.js"></script>
    <script type="text/javascript" src="jquery.notify.js"></script>
</head>
<script type="text/javascript">
    $(function () {
```

```
        // 设置消息提醒声音
        $.notifySetup({sound: 'jquery.notify.wav'});

        // 创建客户端
        var client = Stomp.client("ws://localhost:15674/ws");
        // 定义连接成功时回调函数
        var onConnect = function () {
            // 订阅消息
            client.subscribe("/exchange/exchange-stomp/shopping.discount",
function (message) {
                // 弹出业务消息提醒，并停留10秒
                $("<p>" + message.body + "</p>").notify({stay: 10000});
            });

        };
        // 定义错误时回调函数
        var onError = function (msg) {
            $("<p>服务器错误：" + msg + "</p>").notify("error");
        };
        // 连接服务器
        client.connect("guest", "guest", onConnect, onError);
        client.heartbeat.incoming = 5000;
        client.heartbeat.outgoing = 5000;

    });

</script>

<body>

</body>
</html>
```

为了展示消息提醒效果，我们使用了 jQuery 的 Notify 插件。在 JavaScript 中与 STOMP 服务器通信，首先要创建一个 STOMP 客户端对象，这就需要调用 Stomp.client(URL)函数，该函数的参数表示服务器的 WebSocket Endpoint 的 URI，在 stomp.js 中使用 ws://URL 格式。例子中的 localhost 是 RabbitMQ 服务器的地址，在实际使用时可以改成服务器的 IP 地址，Web STOMP

插件默认监听 15674 端口。

有了客户端对象，接着就是连接服务器，在 stomp.js 中用 connect 函数连接服务器，该函数的前两个参数是登录 RabbitMQ 的用户名和密码，默认都是 guest；后两个参数是回调函数，前一个用于连接成功后回调，后一个用于连接服务器出错时回调。示例中将这两个回调函数用变量都先定义好了，即 onConnect 和 onError。在连接成功后的回调函数中用 subscribe()订阅消息，这个方法有两个必需参数，即目的地（destination）和回调函数（callback），还有一个可选参数 headers。这里订阅的消息队列格式是/queue/stomp-queue，stomp-queue 就是上面发布消息时指定的队列名称。

如果 STOMP Broker 支持 STOMP 1.1 版本，则会默认启用心跳检测功能，其中 incoming 表示接收频率，outgoing 表示发送频率，改变 incoming 和 outgoing 可以更改客户端的心跳频率（默认为 10000 ms）。

4. 运行示例

启动 RabbitMQ 服务器，在 sbin 目录下执行如下命令：

```
./rabbitmq-server
```

如果看到“completed with 7 plugins”信息，则表示启动成功。接着执行 StompProducer 的 main 函数向 RabbitMQ 中创建交换器、发送消息，然后打开页面，最后可以多次执行 StompProducer 类，将在页面中看到消息提醒框（见图 3-7）

图 3-7

可以打开多个浏览器页面，会看到每个页面中都收到了消息提醒，代表每个关心该品类的用户都收到了推送通知（见图 3-8）。

以上是基于浏览器实现的接收推送通知的示例，感兴趣的读者可以尝试在 Android 和 iOS 等手持设备上实现通知功能，虽然可能需要借助的开发库各不相同，但底层都可以基于 STOMP 协议通信，其原理是相通的。

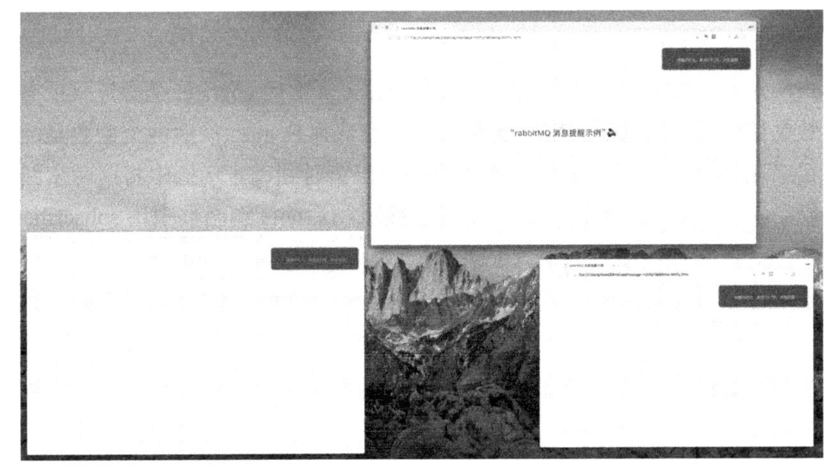

图 3-8

3.3 RabbitMQ 实践建议

3.3.1 虚拟主机

虚拟主机（Virtual Host，在 RabbitMQ 中叫作 vhost）是 AMQP 协议里的一个基本概念，客户端在连接消息服务器时必须指定一个虚拟主机。从本质上讲，虚拟主机就是一台缩小版的 RabbitMQ 服务器，其内部拥有自己的队列、交换器、绑定等，比较特别的是 RabbitMQ 中的权限控制是以 vhost 为单位的。也就是说，消息客户端在访问时不能把 vhost A 中的交换器绑定到 vhost B 的队列中，这是 RabbitMQ 里的一个很重要的设计。因此，在实际场景中可以用一台 RabbitMQ 服务器服务多个不同的应用，应用间通过不同虚拟主机的划分提供访问消息时逻辑上的隔离，从而为应用程序提供安全访问。这种方式既能把同一台 RabbitMQ 服务器的不同业务应用区分开，又可以避免其内部队列、交换器的命名冲突。

从前面的 Java 代码使用 RabbitMQ 的示例中可以看到，RabbitMQ 有一个默认的 vhost，它的值是“/”，用户名和密码都是 guest，从安全角度考虑，在实际生产中一般会修改默认值。当在 RabbitMQ 集群上创建 vhost 时，整个集群上的实例都会创建该 vhost，vhost 不仅消除了为基础架构中的每一层都运行一台 RabbitMQ 服务器的需要，而且避免了为每一层都创建不同的集群。建议在使用 RabbitMQ 时仔细梳理系统中的不同业务功能，并给它们分配各自的 vhost。

可以通过 RabbitMQ 提供的 rabbitmqctl 工具管理 vhost：

```
# 创建虚拟主机 test
rabbitmqctl add_vhost test
```

```
# 删除虚拟主机 test
rabbitmqctl delete_vhost test

# 查询当前 RabbitMQ 服务器中的所有虚拟机
rabbitmqctl list_vhosts
```

3.3.2 消息保存

RabbitMQ 对于 Queue 中消息的保存方式有 disk 和 RAM 两种。disk 就是写入磁盘，也就是通常所理解的持久化，这种方式的好处是当发生系统意外宕机的情况时，原来的消息数据可以在系统重启之后恢复。根据官网介绍，RabbitMQ 在两种情况下会将消息数据写入磁盘，一是在发布消息时指明需要写入磁盘；二是当消息服务器内存紧张时会将部分内存中的消息转移到磁盘。采用 disk 方式，消息数据会被保存在以.rdq 后缀命名的文件中，当文件达到一定大小（默认是 16777216 字节，即 16MB）时会生成一个新的文件，当文件中的已经被删除的消息比例大于阈值时会触发文件合并操作，以提高磁盘利用率。而采用 RAM 方式，只是在 RAM 中保存内部数据库表数据，而不会保存消息、消息存储索引、队列索引和其他节点状态等数据，所以必须在启动时从集群中的其他节点同步原来的消息数据，这也就意味着集群中必须包含至少一个 disk 方式的节点。正因为这样，所以不能手工删除集群中的最后一个 disk 节点。在绝大部分情况下，对消息相关数据的保存采用 disk 方式，如果有其他高可用手段保证，则可以选用 RAM 方式，以提高消息队列的工作效率。

消息持久化涉及 Queue、Message、Exchange 三部分，下面以 Java 客户端访问为例看一下是如何设置持久化的。

1. Queue 持久化

Queue 持久化是通过设置 durable 为 true 来实现的，我们看一下在 com.rabbitmq.client.Channel 接口中声明队列的几种方法。

```
Queue.DeclareOk queueDeclare() throws IOException;

/**
 * exclusive 表示是否为排他队列，为 true 表示是排他队列，只会对首次声明该队列时
 * 使用的连接可见，并在连接断开时自动删除
 * autoDelete 表示是否自动删除，为 true 表示队列会在没有任何订阅的消费者时被自动
 * 删除。常见于需要临时队列的场景中
 */
```

```
Queue.DeclareOk queueDeclare(String queue, boolean durable, boolean exclusive, boolean autoDelete, Map<String, Object> arguments) throws IOException;

void queueDeclareNoWait(String queue, boolean durable, boolean exclusive, boolean autoDelete, Map<String, Object> arguments) throws IOException;

Queue.DeclareOk queueDeclarePassive(String queue) throws IOException;
```

可以通过第二种和第三种方法，把入参中的 durable 设置为 true 将 Queue 持久化。

2. Message 持久化

把 Queue 的 durable 设置为 true 只是表示持久化了队列，服务器重启后 Queue 会继续存在，但并不保证 Queue 里面的消息也继续存在。如果想要重启后 Queue 里面还没发出去的消息也继续存在，就需要设置消息的持久化标识。我们看一下发送消息时使用的 com.rabbitmq.client.Channel 接口中的 basicPublish 方法定义。

```
void basicPublish(String exchange, String routingKey, BasicProperties props, byte[] body) throws IOException;

void basicPublish(String exchange, String routingKey, boolean mandatory, BasicProperties props, byte[] body)throws IOException;

void basicPublish(String exchange, String routingKey, boolean mandatory, boolean immediate, BasicProperties props, byte[] body)throws IOException;
```

使用第一种方法发送消息时用到的第三个入参 BasicProperties，RabbitMQ 在 com.rabbitmq.client.MessageProperties 中预定义了 BasicProperties 类型的常量用于选择，包括 MINIMAL_BASIC、MINIMAL_PERSISTENT_BASIC、BASIC、PERSISTENT_BASIC、TEXT_PLAIN、PERSISTENT_TEXT_PLAIN，可以使用 PERSISTENT_TEXT_PLAIN 表示发送的是需要持久化的消息。如果看过源码就会发现，其实设置消息持久化就是把 BasicProperties 中的 deliveryMode 设置为 2。

3. Exchange 持久化

同样，如果不设置 Exchange 持久化，则消息服务器重启之后 Exchange 就不存在了，所以一般建议在将消息持久化时也要设置 Exchange 持久化。方法同样在 com.rabbitmq.client.Channel 接口中，在声明 Exchange 时使用支持 durable 入参的方法，将其设置为 true 即可。

在实际使用时应该采用哪种方式呢？从消息安全性考虑，当然所有消息都被持久化到硬盘最放心了，但这样做是有代价的，最大的代价是影响性能，写入磁盘的速度要比写入内存的速度慢得多，这将极大影响消息服务器的吞吐量。一般情况下要仔细分析业务场景中使用消息队列时的性能需求，如果使用了持久化机制之后实际的消息服务器吞吐量远达不到目标，这时就需要权衡看是否需要该特性。这里说的仔细分析还包括分析业务场景中的本质需求，假如只是为了能够保证消息投递，其实也可换种思路解决，比如生产者在另外单独的信道上监听消息响应队列，在发送的消息中包含响应队列名称，这样消费者就可以回发应答以确认是否接收到消息，如果在一定时间内没收到回复，生产者则重发消息。

需要多说一句的是，即使对以上三种组件都设置了持久化，也不能保证消息在使用过程中完全不会丢失。例如，如果消息消费者在收到消息时 autoAck 为 true，但消费端还没处理完成服务器就崩溃了，在这种情况下消息数据还是丢失了。在这种场景下需要把 autoAck 设为 false，并在消费逻辑完成之后再手动去确认。其实可靠性是一个很庞大复杂的问题，需要结合具体的使用场景来考虑，这里只是给出在使用消息系统时需要考虑的点供参考。可靠性不仅跟消息持久化机制相关，还有其他问题需要考虑，例如消息确认模式。

3.3.3 消息确认模式

在默认情况下，生产者把消息发送出去之后，Broker 是不会返回任何信息给生产者的，也就是说，生产者也不知道消息有没有正确到达 Borker。如果在消息到达 Borker 前发生了宕机，或者当 Broker 接收到消息但在写入磁盘时发生了宕机，这样消息就丢失了，而作为消息生产者又不知道，这该怎么办呢？显然上面介绍的消息持久化机制是没法解决这个问题的，为此 RabbitMQ 提供了两种解决方式，一是通过 AMQP 协议中的事务机制；二是把信道设置成确认模式。

不要把 AMQP 协议中的事务和数据库里的事务概念混淆了，在 AMQP 中当把信道设置成事务模式后，生产者和 Broker 之间会有一种发送/响应机制判断当前命令操作是否可以继续。不过，由于事务模式需要生产者应用同步等待 Broker 的执行结果，在性能上会极大降低消息服务器的吞吐量，解决方案偏重了点，所以一般不建议使用事务模式，而是采用性能更好的发送方确认（Publisher Confirm）模式来保障消息投递。

发送方确认模式是 RabbitMQ 对 AMQP 的扩展实现，在 2.3.1 及更高版本中可用。把信道设置成确认模式之后，在该信道上发布的所有消息都会被分配一个唯一 ID，一旦消息被投递到所有匹配的队列中，该信道就会向生产者发送确认消息，在确认消息中包含了之前的唯一 ID，从而让生产者知道消息已到达目的队列。发送方确认模式的最大优势是异步，生产者发送完一条消息后可继续发送下一条消息，当生产者收到确认消息后调用回调方法处理。由于没有事务回滚的概念，这种方式比事务模式轻了许多，其对 Broker 的性能影响相对来说也小了很多。

设置确认模式可以调用信道的 confirmSelect 方法。不过，如果信道已经是事务模式，则不能再设置成确认模式，因为这两种模式是不能并存的。细分起来，设置生产者确认模式有三种途径。

- 普通确认：每发送完一条消息后，就调用 waitForConfirms 方法等待 Broker 的确认消息，本质上这就是串行方式确认。
- 批量确认：每发送完一批消息后，再调用 waitForConfirms 方法等待 Broker 的确认。
- 异步确认：通过调用 addConfirmListener 方法注册回调，在 Broker 确认了一条或多条消息之后由客户端回调该方法。

从编程的复杂度来看，普通确认模式最简单，只需要考虑 Broker 返回 false 或者方法超过给定的时间未返回，客户端进行重传即可。批量确认模式需要考虑在异常情况下整个批次的消息全部重发，这会带来明显的重复消息，而且如果消息经常丢失的话，这种模式反而不如普通模式。异步确认模式实现最复杂，需要为每个信道都维护一个尚未确认的消息集合，每次发布消息时尚未确认的消息总数加 1，执行回调时再减去相应的已经收到确认的消息数量。不管哪种确认模式，通过调整客户端线程数都可达到比较大的吞吐量，无非是实现的代价不同，比如异步确认模式只需要少量线程即可，而普通确认模式则需要更多的线程。总的来说，还是要根据应用场景和开发人员的水平，最后结合实际压测结果来权衡使用哪种模式。

3.3.4 消费者应答

消息确认模式解决的是发送方确认消息发送到 Broker 的问题，很多时候消息生产者不止关心消息有没有发送到消息服务器，还想知道消息消费者的消费是成功的还是失败的。这就涉及 RabbitMQ 中的另一个概念：消费者回执（Consumer Acknowledgement）。在实际应用中可能会发生消费者接收到消息，但是还没有处理完就宕机的情况，这将会导致消息丢失。为了避免这种情况，可以要求消费者在消费完消息后发送一个回执给 RabbitMQ 服务器，RabbitMQ 收到消息回执后再将该消息从其队列中删除，如果没有收到回执并且检测到消费者与 RabbitMQ 服务器的连接断开了，则由 RabbitMQ 服务器负责把消息发送给其他消费者（如果有多个消费者的话）进行处理。RabbitMQ 里的消息是不会过期的，除非发生消费者与 RabbitMQ 服务器的连接断开的情况；否则，不管消费者执行消费逻辑的时间有多长，都不会让消息被发送给其他消费者。

1. 两种消息回执模式

在 AMQP 协议中定义了两种消息回执模式，其中一种是自动回执；另一种是手动回执。在自动回执模式下，当 Broker 成功发送消息给消费者后就会立即把此消息从队列中删除，而不用等待消费者回送确认消息。而在手动回执模式下，当 Broker 发送消息给消费者后并不会立即把此消息删除，而是要等收到消费者回送的确认消息后才会删除。因此，在手动回执模式下，当消费者收到消息并处理完成后需要向 Broker 显式发送 ACK（在 RabbitMQ 中 ACK 是 acknowledgement 的简写，中文意思是消息应答或确认）指令，如果消费者因为意外崩溃而没有发送 ACK 指令，那么 Broker 就会把该消息转发给其他消费者（如果此时没有其他消费者，则 Broker 会缓存此消息，直到有新的消费者注册）。

是否开启自动回执模式，由消费消息时调用的 basicConsume 方法的入参 autoAck 决定。

```
String basicConsume(String queue, boolean autoAck, String consumerTag,
Consumer callback) throws IOException
```

由于 com.rabbitmq.client.Channel 接口中的 basicConsume 方法定义比较多，这里仅举一例，当 autoAck 为 true 时表示采用自动回执模式，如果为 false 则表示采用手动回执模式。手动回执模式需要在消费者处理完消息后由程序返回应答状态，例如：

```
// 默认消费者实现
final Consumer consumer = new DefaultConsumer(channel) {
    @Override
    public void handleDelivery(String consumerTag, Envelope envelope,
AMQP.BasicProperties properties, byte[] body) throws IOException {
        String message = new String(body, "UTF-8");
        logger.info(" [WorkQueuesRecv-" +id+ "] Received '" + message + "'");
        try {
            doBusiness(message);
        } finally {
            logger.info(" [WorkQueuesRecv-" +id+ "] Done");
            // 对处理好的消息进行应答
            channel.basicAck(envelope.getDeliveryTag(), false);
        }
    }
};

// 消费消息
channel.basicConsume(TASK_QUEUE_NAME, false, consumer);
```

2. 拒绝消息

当消费者处理消息失败或者当前不能处理该消息时，可以给 Broker 发送一个拒绝消息的指令，并且可要求 Broker 将该消息丢弃或重新放入队列中。拒绝消息有两种方式，一是拒绝一条消息；二是拒绝多条消息。它们都被定义在 com.rabbitmq.client.Channel 接口中。

```
/**
 * 只支持对一条消息进行拒绝
 *
 * @param deliveryTag 发布的每一条消息都会获得一个唯一的 deliveryTag，它在
 * channel 范围内是唯一的
 * @param requeue 表示如何处理这条消息，为 true 表示重新放入 RabbitMQ 的发送队列
 * 中，为 false 表示通知 RabbitMQ 销毁该消息
 */
void basicReject(long deliveryTag, boolean requeue) throws IOException;

/**
 * 一次拒绝多条消息
 *
 * @param deliveryTag 发布的每一条消息都会获得一个唯一的 deliveryTag，它在
 * channel 范围内是唯一的
 * @param multiple 批量确认标志，为 true 表示包含当前消息在内的所有比该消息的
 * deliveryTag值小的消息都被拒绝（除了已经被应答的消息），为 false 则表示只拒绝本条消息
 * @param requeue 表示如何处理这条消息，为 true 表示重新放入 RabbitMQ 的发送队列
 * 中，为 false 表示通知 RabbitMQ 销毁该消息
 */
void basicNack(long deliveryTag, boolean multiple, boolean requeue) throws
IOException;
```

需要注意的是，当队列中只有一个消费者时，需要确认不会因为拒绝消息并选择重新放入队列中而导致消息在同一个消费者上发生死循环。

3. 消息预取

在实际场景中，如果对每条消息的处理时间不同，则可能导致有些消费者一直很忙，而有些消费者处理很快并一直空闲。这时可通过设置预取数量（Prefetch Count）限制每个消费者在收到下一个确认回执前一次最多可以接收多少条消息。例如，设置 prefetchCount 为 1，则表示 RabbitMQ 服务器每次给每个消费者发送一条消息，在收到该消息的消费者 ACK 指令之前 RabbitMQ 不会再向该消费者发送新的消息。可以通过 com.rabbitmq.client.Channel 接口中的 basicQos 方法设置预取数量。

```
void basicQos(int prefetchSize, int prefetchCount, boolean global) throws
IOException;
```

```
void basicQos(int prefetchCount, boolean global) throws IOException;

void basicQos(int prefetchCount) throws IOException;
```

不要设置无限制的预取数量，这将导致消费者接收所有的消息，耗尽内存并崩溃，然后所有的消息又被重新发送。

3.3.5 流控机制

RabbitMQ 可以对内存和磁盘的使用量设置阈值，当达到阈值后生产者将被阻塞，直到对相应资源的使用恢复正常。除设置这两个阈值之外，RabbitMQ 还用流控（Flow Control）机制来确保稳定性。由于 Erlang 进程之间并不共享内存（binaries 类型除外），而是通过传递消息来通信的，所以每个进程都有自己的进程邮箱（mailbox）。因为 Erlang 默认不会对 mailbox 的大小设限，所以，如果有大量消息持续发往某个进程，将会导致该 mailbox 过大，最终内存溢出、进程崩溃。在 RabbitMQ 中如果生产者持续高速发送消息，而消费者消费的速度又低于生产者发送的速度，若没有流控很快就会使内部 mailbox 达到阈值限制，从而阻塞生产者的操作（因为有 Block 机制，所以进程不会崩溃），然后 RabbitMQ 会进行换页操作，把内存中的数据持久化到磁盘上。

为了解决这个问题，RabbitMQ 使用了一种基于信用证的流控机制，在消息处理进程内部有一个信用组(InitialCredit，MoreCreditAfter)，表示在生产者进程中对应于某个消费者的初始 credit 和该消费者要返回给生产者的 credit。例如，生产者进程 A 向消费者进程 B 发送消息，每发送一条消息都会使 A 中 B 的 credit 减 1，如果 A 中的 credit 降到 0 就会被阻塞。B 收到消息后会向 A 做出应答，每次应答都会使 A 中 B 的 credit 增加 MoreCreditAfter 个，当生产者进程的 credit 大于 0 时生产者就可继续向消费者发送消息了。实质上 RabbitMQ 就是通过监控每个进程的 mailbox，当有进程负载过高来不及接收消息时，该进程的 mailbox 就会开始堆积消息，当堆积到一定量时就会阻塞上游进程使其不得接收新消息，从而慢慢地上游进程的 mailbox 也会开始堆积消息，到一定量之后又会阻塞上游的上游进程接收消息，最后就会使得负责网络数据包接收的进程被阻塞，暂停接收数据。这有点像一个多级的水库，当下游水库压力过大时上游水库就得关闭闸门，使得当前水库的压力也越来越大，累积到一定量后就需要关闭更上游水库的闸门，直到关闭最上游的那个水库的闸门。

当 RabbitMQ 服务器出现内存或磁盘等资源的使用量达到所设置的阈值情况时，就会触发流控机制，从而阻塞消息生产端的连接，阻止生产者继续发送消息，直到资源不足的警告解除。触发流控机制后 RabbitMQ 服务器端接收消息的速率会变慢，从而使进入队列的消息减少，同时 RabbitMQ 服务器端的消息推送也受到极大的影响，有测试发现服务器端推送消息的频率会大幅下降，下一次推送的时间有时会等 1min、5min 甚至 30min。所以一旦触发流控机制，就将导致 RabbitMQ 性能恶化，推送消息也会变得非常缓慢。因此，要做好数据设计使发送速率和接收速率保持平衡，而不至于引起服务器堆积大量消息进而引发流控。

3.3.6 通道

消息客户端和消息服务器之间的通信是双向的，不管是对客户端还是服务器来说，保持它们之间的网络连接是很耗费资源的。为了在不占用大量 TCP/IP 连接的情况下也能有大量的逻辑连接，AMQP 增加了通道（Channel）的概念，RabbitMQ 支持并鼓励在一个连接中创建多个通道，因为相对来说创建和销毁通道的代价会小很多。需要提醒的是，作为经验法则，应该尽量避免在线程之间共享通道，你的应用应该使用每个线程单独的通道，而不是在多个线程上共享同一个通道，因为大多数客户端不会让通道线程安全（因为这将对性能产生严重的负面影响）。

3.3.7 总结

个人认为，RabbitMQ 最大的优势在于提供了比较灵活的消息路由策略、高可用性、可靠性，以及丰富的插件、多种平台支持和完善的文档。不过，由于 AMQP 协议本身导致它的实现比较重量，从而使得与其他 MQ（比如 Kafka）对比其吞吐量处于下风。在选择 MQ 时关键还是看需求——是更看重消息的吞吐量、消息堆积能力还是消息路由的灵活性、高可用性、可靠性等方面，先确定场景，再对不同产品进行有针对性的测试和分析，最终得到的结论才能作为技术选型的依据。

第 4 章 ActiveMQ

4.1 简介

1. ActiveMQ 特点

ActiveMQ 是由 Apache 出品的一款开源消息中间件，旨在为应用程序提供高效、可扩展、稳定、安全的企业级消息通信。它的设计目标是提供标准的、面向消息的、多语言的应用集成消息通信中间件。ActiveMQ 实现了 JMS 1.1 并提供了很多附加的特性，比如 JMX 管理、主从管理、消息组通信、消息优先级、延迟接收消息、虚拟接收者、消息持久化、消息队列监控等。其主要特性有：

- 支持 Java、C、C++、C#、Ruby、Perl、Python、PHP 等多种语言的客户端和协议，如 OpenWire、STOMP、AMQP、MQTT 协议。
- 提供了像消息组通信、消息优先级、延迟接收消息、虚拟接收者、消息持久化之类的高级特性。
- 完全支持 JMS 1.1 和 J2EE 1.4 规范（包括持久化、分布式事务消息、事务）。
- 支持 Spring 框架，ActiveMQ 可以通过 Spring 的配置文件方式很容易嵌入 Spring 应用中。
- 通过了常见的 J2EE 服务器测试，比如 TomEE、Geronimo、JBoss、GlassFish、WebLogic。
- 连接方式多样化，ActiveMQ 提供了多种连接模式，例如 in-VM、TCP、SSL、NIO、UDP、多播、JGroups、JXTA。

- 支持通过使用 JDBC 和 Journal 实现消息的快速持久化。
- 为高性能集群、客户端-服务器、点对点通信等场景而设计。
- 提供了技术和语言中立的 REST API 接口。
- 支持以 AJAX 方式调用 ActiveMQ。
- ActiveMQ 可以轻松地与 CXF、Axis 等 Web Service 技术整合，以提供可靠的消息传递。
- 可以被作为内存中的 JMS 提供者，非常适合 JMS 单元测试。

2. ActiveMQ 基本概念

因为 ActiveMQ 是完整支持 JMS 1.1 的，所以从 Java 使用者的角度来看，其基本概念与 JMS 1.1 规范是一致的。

（1）消息传送模型

- 点对点（Point to Point）模型。使用队列作为消息通信载体，满足生产者与消费者模式，一条消息只能被一个消费者所使用，未被消费的消息在队列中保留直到被消费或超时。
- 发布/订阅（Pub/Sub）模型。使用主题作为消息通信载体，类似于广播模式，发布者发布一条消息，该消息通过主题传递给所有的订阅者，在一条消息被广播之后才订阅的用户是收不到该条消息的。

（2）基本组件

ActiveMQ 的基本组件与 JMS 相同，如下所示。

- Broker（消息代理）：表示消息队列服务器实体，接收客户端连接，提供消息通信的核心服务。
- Producer（消息生产者）：业务的发起方，负责生产消息并传递给 Broker。
- Consumer（消息消费者）：业务的处理方，负责从 Broker 获取消息并进行业务逻辑处理。
- Topic（主题）：在发布/订阅模式下消息的统一汇集地，不同的生产者向 Topic 发送消息，由 Broker 分发给不同的订阅者，实现消息的广播。
- Queue（队列）：在点对点模式下特定生产者向特定队列发送消息，消费者订阅特定队列接收消息并进行业务逻辑处理。
- Message（消息）：根据不同的通信协议定义的固定格式进行编码的数据包，封装业务数据，实现消息的传输。

这些概念在 JMS 中已介绍过，这里不再详细介绍。

（3）连接器

ActiveMQ Broker 的主要作用是为客户端应用提供一种通信机制，为此 ActiveMQ 提供了一种连接机制，并用连接器（Connector）来描述这种连接机制。在 ActiveMQ 中连接器有两种：一种是用于在客户端与消息代理服务器（Client-to-Broker）之间通信的传输连接器（Transport Connector）；一种是用于在消息代理服务器之间（Broker-to-Broker）通信的网络连接器（Network Connector）。连接器使用 URI（统一资源定位符）来表示，URI 的格式为：<schema name>:<hierarchical part>[?<query>][#<fragment>]，schema name 表示协议，例如 foo://username:password@example.com:8042/over/there/index.dtb?type=animal&name=narwhal#nose。其中 schema name 是 foo，hierarchical part 是 username:password@example.com:8042/over/there/index.dtb，query 是 type=animal&name=narwhal，fragment 是 nose。

- 传输连接器

为了交换消息，消息生产者和消息消费者（统称为客户端）都需要连接到消息代理服务器，这种客户端和消息代理服务器之间的通信就是通过传输连接器完成的。在很多情况下，用户连接消息代理服务器的需求侧重点不同，有的更关注性能，有的更注重安全性，因此 ActiveMQ 提供了一系列连接协议供选择，来覆盖这些使用场景。从消息代理的角度来看，传输连接器就是用来处理和监听客户端连接的。查看 ActiveMQ 示例的配置文件（/examples/conf/activemq-demo.xml），传输连接器的相关配置如下：

```
    <transportConnectors>
        <transportConnector name="openwire" uri="tcp://localhost:61616"
discoveryUri="multicast://default"/>
        <transportConnector name="ssl" uri="ssl://localhost:61617"/>
        <transportConnector name="stomp" uri="stomp://localhost:61613"/>
        <transportConnector name="ws" uri="ws://localhost:61614/" />
    </transportConnectors>
```

传输连接器被定义在<transportConnectors>元素中，一个<transportConnector>元素定义一个特定的连接器，一个连接器必须有自己唯一的名字和 URI 属性，但 discoveryUri 属性是可选的。目前在 ActiveMQ 5.15 版本中常用的传输连接器协议有 VM、TCP、UDP、Multicast、NIO、SSL、HTTP、HTTPS、WebSocket、AMQP、MQTT、STOMP 等。

- VM：允许客户端和消息服务器直接在 VM 内部通信，采用的不是 Socket 连接，而是直接的虚拟机本地方法调用，从而避免网络传输开销。应用场景仅限于服务器和客户端在同一个 JVM 中。
- TCP：客户端通过 TCP 连接到远程的消息服务器。
- UDP：客户端通过 UDP 连接到远程的消息服务器。

- Multicast：允许使用组播传输的方式连接到消息服务器。
- NIO：NIO 和 TCP 的作用一样，只不过 NIO 使用了 Java 的 NIO 包，这可能在某些场景下能够提供更好的性能。
- SSL：SSL 允许用户在 TCP 的基础上使用 SSL。
- HTTP 和 HTTPS：允许客户端使用 REST 或 AJAX 的方式进行连接，这意味着可以直接使用 JavaScript 向 ActiveMQ 发送消息。
- WebSocket：允许客户端通过 HTML 5 中的 WebSocket 方式连接到消息服务器。
- AMQP：从 ActiveMQ 5.8 版本开始支持。
- MQTT、STOMP：从 ActiveMQ 5.6 版本开始支持。

每种协议的具体配置见官网（http://activemq.apache.org/uri-protocols.html）。除以上这些基本协议之外，ActiveMQ 还支持一些高级协议，也可以通过 URI 的方式进行配置，比如 Failover 和 Fanout。

- Failover 是一种重新连接的机制，工作于上面介绍的连接协议的上层，用于建立可靠的传输。其配置语法允许指定任意多个复合的 URI，它会自动选择其中的一个 URI 来尝试建立连接，如果该连接没有成功，则会继续选择其他的 URI 进行尝试。配置语法：failover:(tcp://localhost:61616,tcp://remotehost:61616)?initialReconnectDelay=100。
- Fanout 是一种重新连接和复制的机制，它也工作于其他连接协议的上层，采用复制的方式把消息复制到多台消息服务器上。配置语法：fanout:(tcp://localhost:61629,tcp://localhost:61639,tcp://localhost:61649)。

在第 2 章的使用 ActiveMQ 的 JMS 例子中，我们使用的默认连接地址是 ActiveMQConnection.DEFAULT_BROKER_URL，实际上它的值就是 failover://tcp://localhost:61616，所以客户端默认使用的是基于 TCP 的 Failover 连接协议。

■ 网络连接器

在很多情况下，我们要处理的数据可能是海量的，对于这种场景单台服务器很难支撑，这就要用到集群功能，为此 ActiveMQ 提供了网络连接模式。简单地说，就是通过把多个消息服务器实例连接在一起作为一个整体对外提供服务，从而提高整体对外的消息服务能力。通过这种方式连接在一起的服务器实例之间可共享队列和消费者列表，从而达到分布式队列的目的，网络连接器就是用来配置服务器之间的通信的。

如图 4-1 所示，服务器 S1 和 S2 通过 NewworkConnector 连接，生产者 P1 发送的消息，消费者 C3 和 C4 都可以接收到，而生产者 P3 发送的消息，消费者 C1 和 C2 也可以接收到。

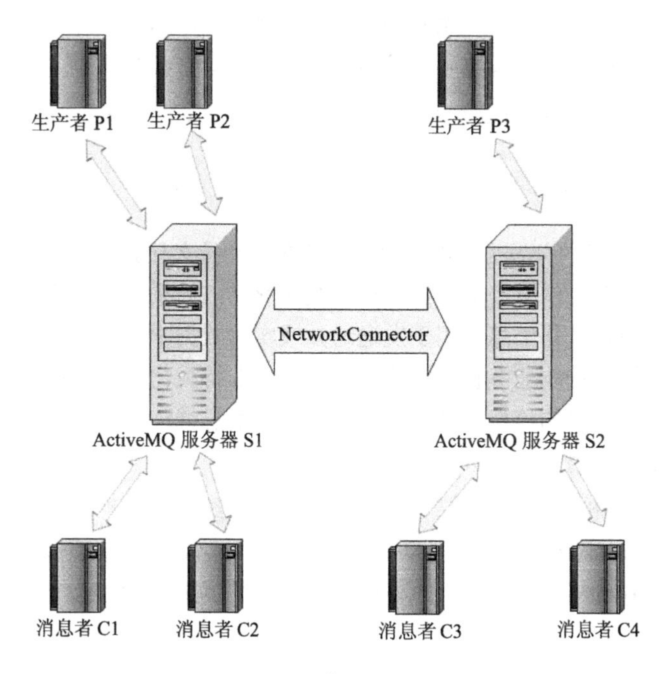

图 4-1

如果要使用网络连接器的功能，则需要在服务器 S1 的 activemq.xml 中的 broker 节点下添加如下配置（假设 192.168.11.23:61617 为 S2 的地址）：

```
<networkConnectors>
    <networkConnector uri="static:(tcp://192.168.11.23:61617)"/>
</networkConnectors>
```

如果只是这样，服务器 S1 可以将消息发送到 S2，但这只是单方向的通信，发送到 S2 上的的消息还不能发送到 S1 上。如果想让 S1 也接收到从 S2 发来的消息，则需要在 S2 的 activemq.xml 中的 broker 节点下也添加如下配置（假设 192.168.11.45:61617 为 S1 的地址）：

```
<networkConnectors>
    <networkConnector uri="static:(tcp://192.168.11.45:61617)"/>
</networkConnectors>
```

这样，服务器 S1 和 S2 就可以双向通信了。目前在 ActiveMQ 5.15 版本中常用的网络连接器协议有 static 和 multicast 两种。

- static（静态协议）：用于为一个网络中的多个代理创建静态配置，这种配置协议支持复合的 URI（即包含其他 URI 的 URI）。例如 static://(tcp://ip:61616,tcp://ip2:61616)。

- multicast（多点传送协议）：消息服务器会广播自己的服务，也会定位其他代理。这种方式用于在服务器之间实现动态识别，而不是配置静态的 IP 组。

对这块内容感兴趣的读者，可以参阅官方文档：http://activemq.apache.org/networks-of-brokers.html。

（4）消息存储

在 JMS 规范中对消息的分发方式有两种：非持久化和持久化。对于非持久化消息，JMS 实现者须保证尽最大努力分发消息，但消息不会持久化存储；而采用持久化方式分发的消息则必须进行持久化存储。非持久化消息常用于发送通知或实时数据中，当你比较看重系统性能并且即使丢失一些消息也不会影响业务正常运作时，可选择非持久化消息。持久化消息被发送到消息服务器后，如果当前消息的消费者并没有运行，则该消息继续存在，只有等到消息被处理并被消息消费者确认之后，消息才会被从消息服务器中删除。

对以上两种方式 ActiveMQ 都支持，并且还支持通过缓存在内存中的中间状态消息的方式来恢复消息。概括起来，ActiveMQ 的消息存储有三种：存储到内存、存储到文件、存储到数据库。在具体使用上，ActiveMQ 提供了一种插件式的消息存储机制，类似于消息的多点传播，主要实现了如下几种方式。

- AMQ：ActiveMQ 5.0 及以前版本默认的消息存储方式。它是一个基于文件并支持事务的消息存储解决方案，在此方案中消息本身以日志的形式实现持久化，存放在 Data Log 中。并且还对日志中的消息做了引用索引，方便快速取回消息。
- KahaDB：一种基于文件并支持事务的消息存储方式。从 ActiveMQ 5.3 开始推荐使用 KahaDB 存储消息，它提供了比 AMQ 消息存储更好的可扩展性和可恢复性。
- JDBC：基于 JDBC 方式将消息存储在数据库中。相对来说，将消息存储到数据库比较慢，所以 ActiveMQ 建议结合 Journal 来存储，它使用了快速的缓存写入技术，大大提高了性能。
- 内存存储：将所有要持久化的消息都放到内存中。因为这里没有动态缓存，所以需要注意设置消息服务器的 JVM 和内存大小。
- LevelDB：在 ActiveMQ 5.6 版本之后推出了 LevelDB 的持久化引擎，它使用自定义的索引代替了常用的 BTree 索引，其持久化性能高于 KahaDB。虽然默认的持久化方式还是 KahaDB，但是使用 LevelDB 将是一个趋势。在 ActiveMQ 5.9 版本中还提供了基于 LevelDB 和 ZooKeeper 的数据复制方式，作为 Master-Slave 方式的首选数据复制方案。

4.2 工程实例

4.2.1 Java 访问 ActiveMQ 实例

在第 2 章中介绍 JMS 时就以 ActiveMQ 为例介绍过 Java 访问代码，不过那个例子是基于队列模式传递消息的。我们知道，在 JMS 规范中传递消息的方式有两种，其中一种是点对点模型的队列方式；另一种是发布/订阅模型的主题方式。下面看一下使用 ActiveMQ 以主题方式传递消息的 Java 实例。

1. 引入依赖

在 Java 工程中需要引入 ActiveMQ 包的依赖，JAR 包的版本与所安装的 ActiveMQ 版本一致即可。

```
<dependency>
    <groupId>org.apache.activemq</groupId>
    <artifactId>activemq-all</artifactId>
    <version>5.15.2</version>
</dependency>
```

2. 消息生产者

```
package org.study.mq.activeMQ;

import org.apache.activemq.ActiveMQConnection;
import org.apache.activemq.ActiveMQConnectionFactory;

import javax.jms.*;

public class TopicPublisher {

    /**
     * 默认用户名
     */
    public static final String USERNAME = ActiveMQConnection.DEFAULT_USER;
    /**
     * 默认密码
     */
```

```
        public static final String PASSWORD = ActiveMQConnection.DEFAULT_
PASSWORD;
        /**
         * 默认连接地址
         */
        public static final String BROKER_URL = ActiveMQConnection.DEFAULT_
BROKER_URL;

        public static void main(String[] args) {
            // 创建连接工厂
            ConnectionFactory connectionFactory = new ActiveMQConnectionFactory
(USERNAME, PASSWORD, BROKER_URL);
            try {
                // 创建连接
                Connection connection = connectionFactory.createConnection();
                // 开启连接
                connection.start();
                // 创建会话，不需要事务
                Session session = connection.createSession(false, Session.AUTO_
ACKNOWLEDGE);
                // 创建主题，用作消费者订阅消息
                Topic myTestTopic = session.createTopic("activemq-topic-test1");
                // 消息生产者
                MessageProducer producer = session.createProducer(myTestTopic);

                for (int i = 1; i <= 3; i++) {
                    TextMessage message = session.createTextMessage("发送消息 " + i);
                    producer.send(myTestTopic, message);
                }

                // 关闭资源
                session.close();
                connection.close();
            } catch (JMSException e) {
                e.printStackTrace();
            }
        }
    }
```

在主题模式下消息生产者是用来发布消息的，其绝大部分代码与队列模式相似，不同的是本例中基于Session创建的是主题，该主题作为消费者消费消息的目的地。

3. 消息消费者

```
package org.study.mq.activeMQ;

import org.apache.activemq.ActiveMQConnection;
import org.apache.activemq.ActiveMQConnectionFactory;

import javax.jms.*;

public class TopicSubscriber {

    /**
     * 默认用户名
     */
    public static final String USERNAME = ActiveMQConnection.DEFAULT_USER;
    /**
     * 默认密码
     */
    public static final String PASSWORD = ActiveMQConnection.DEFAULT_
PASSWORD;
    /**
     * 默认连接地址
     */
    public static final String BROKER_URL = ActiveMQConnection.DEFAULT_
BROKER_URL;

    public static void main(String[] args) {
        // 创建连接工厂
        ConnectionFactory connectionFactory = new ActiveMQConnectionFactory
(USERNAME, PASSWORD, BROKER_URL);
        try {
            // 创建连接
            Connection connection = connectionFactory.createConnection();
            // 开启连接
            connection.start();
            // 创建会话，不需要事务
```

```
            Session session = connection.createSession(false, Session.AUTO_
ACKNOWLEDGE);
            // 创建主题
            Topic myTestTopic = session.createTopic("activemq-topic-test1");

            MessageConsumer messageConsumer = session.createConsumer
(myTestTopic);
            messageConsumer.setMessageListener(new MessageListener() {
                @Override
                public void onMessage(Message message) {
                    try {
                        System.out.println("消费者1接收到消息:" + ((TextMessage)
message).getText());
                    } catch (JMSException e) {
                        e.printStackTrace();
                    }
                }
            });

            MessageConsumer messageConsumer2 = session.createConsumer
(myTestTopic);
            messageConsumer2.setMessageListener(new MessageListener() {
                @Override
                public void onMessage(Message message) {
                    try {
                        System.out.println("消费者2接收到消息:" + ((TextMessage)
message).getText());
                    } catch (JMSException e) {
                        e.printStackTrace();
                    }
                }
            });

            MessageConsumer messageConsumer3 = session.createConsumer
(myTestTopic);
            messageConsumer3.setMessageListener(new MessageListener() {
                @Override
                public void onMessage(Message message) {
```

```
                    try {
                        System.out.println("消费者 3 接收到消息：" + ((TextMessage)
message).getText());
                    } catch (JMSException e) {
                        e.printStackTrace();
                    }
                }
            });

            // 让主线程休眠100s，使消息消费者对象能继续存活一段时间，从而能监听到消息
            Thread.sleep(100 * 1000);
            // 关闭资源
            session.close();
            connection.close();
        } catch (Exception e) {
            e.printStackTrace();
        }
    }
}
```

为了展示在主题模式下消息广播给多个订阅者的功能，这里创建了三个消费者对象并订阅了同一个主题。比较特殊的是最后让主线程休眠了一段时间，这么做的目的是让消费者对象能继续存活，从而使控制台能打印出监听到的消息内容。

4. 启动 ActiveMQ 服务器

在 ActiveMQ 的 bin 目录下直接执行 activemq start 命令即可启动 ActiveMQ 服务器。

5. 运行 TopicSubscriber

需要先运行 TopicSubscriber 类的 main 方法，这样发布者发布消息时订阅者才能接收到消息，如果将运行顺序倒过来，消息先被发布出去，但没有任何订阅者在运行，则将看不到消息被消费。

6. 运行 TopicPublisher

接着运行 TopicPublisher 类的 main 方法，向主题中发布三条消息，然后就可以在 TopicSubscriber 后台看到所接收到的消息内容（见图 4-2）。

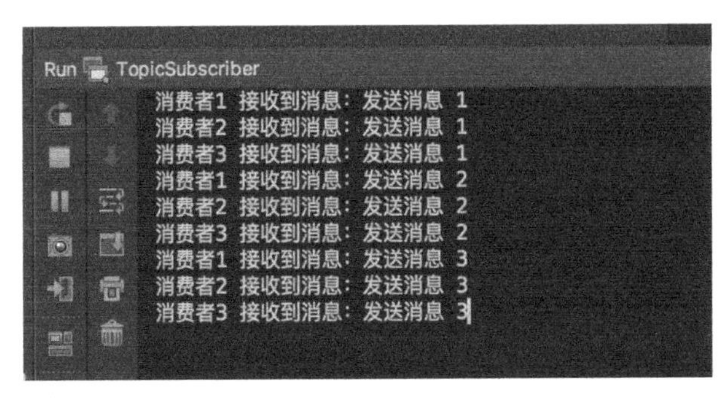

图 4-2

4.2.2 Spring 整合 ActiveMQ

在实际项目中，如果使用原生的 ActiveMQ API 开发显然比较啰唆，这中间创建连接工厂、创建连接之类的代码完全可以抽取出来由框架统一做，这些事情 Spring 也想到了并帮我们做了。ActiveMQ 完全支持基于 Spring 的方式配置 JMS 客户端和服务器。下面的例子展示了在 Spring 中如何使用队列模式和主题模式传递消息。

1. 引入依赖

```
<dependency>
    <groupId>org.apache.activemq</groupId>
    <artifactId>activemq-all</artifactId>
    <version>5.15.2</version>
</dependency>

<dependency>
    <groupId>org.springframework</groupId>
    <artifactId>spring-jms</artifactId>
    <version>4.3.10.RELEASE</version>
</dependency>

<dependency>
    <groupId>org.apache.activemq</groupId>
    <artifactId>activemq-pool</artifactId>
    <version>5.15.0</version>
</dependency>
```

在工程中除 activemq 的包之外，还要添加 Spring 支持 JMS 的包。由于连接、会话、消息生产者的创建会消耗大量系统资源，为此这里使用**连接池**来复用这些资源，所以还要添加activemq-pool的依赖。

2. Spring配置文件

```
<?xml version="1.0" encoding="UTF-8"?>
<beans xmlns="http://www.springframework.org/schema/beans"
        xmlns:xsi="http://www.w3.org/2001/XMLSchema-instance"
        xmlns:context="http://www.springframework.org/schema/context"
        xsi:schemaLocation="
         http://www.springframework.org/schema/beans
         http://www.springframework.org/schema/beans/spring-beans-3.0.xsd
         http://www.springframework.org/schema/context
         http://www.springframework.org/schema/context/spring-context-
3.0.xsd">
    <context:component-scan base-package="org.study.mq.activeMQ.spring"/>

    <bean id="jmsFactory" class="org.apache.activemq.pool.Pooled
ConnectionFactory" destroy-method="stop">
        <property name="connectionFactory">
            <bean class="org.apache.activemq.ActiveMQConnectionFactory">
                <property name="brokerURL">
                    <value>tcp://localhost:61616</value>
                </property>
            </bean>
        </property>
        <property name="maxConnections" value="100"></property>
    </bean>
    <bean id="cachingConnectionFactory" class="org.springframework.jms.
connection.CachingConnectionFactory">
        <property name="targetConnectionFactory" ref="jmsFactory"/>
        <property name="sessionCacheSize" value="1"/>
    </bean>
    <bean id="jmsTemplate" class="org.springframework.jms.core.
JmsTemplate">
        <property name="connectionFactory" ref="cachingConnection
Factory"/>
        <property name="messageConverter">
            <bean class="org.springframework.jms.support.converter.
```

```
SimpleMessageConverter"/>
            </property>
        </bean>

        <bean id="testQueue" class="org.apache.activemq.command.
ActiveMQQueue">
            <constructor-arg name="name" value="spring-queue"/>
        </bean>
        <bean id="testTopic" class="org.apache.activemq.command.
ActiveMQTopic">
            <constructor-arg index="0" value="spring-topic"/>
        </bean>

        <bean id="queueListener" class="org.study.mq.activeMQ.spring.
QueueListener"/>
        <bean id="topic1Listener" class="org.study.mq.activeMQ.spring.
Topic1Listener"/>
        <bean id="topic2Listener" class="org.study.mq.activeMQ.spring.
Topic2Listener"/>

        <bean id="queueContainer"
              class="org.springframework.jms.listener.DefaultMessageListener
Container">
            <property name="connectionFactory" ref="cachingConnection
Factory"/>
            <property name="destination" ref="testQueue"/>
            <property name="messageListener" ref="queueListener"/>
        </bean>
        <bean id="topic1Container"
              class="org.springframework.jms.listener.DefaultMessage
ListenerContainer">
            <property name="connectionFactory" ref="cachingConnection
Factory"/>
            <property name="destination" ref="testTopic"/>
            <property name="messageListener" ref="topic1Listener"/>
        </bean>
        <bean id="topic2Container"
              class="org.springframework.jms.listener.DefaultMessage
```

```
ListenerContainer">
            <property name="connectionFactory" ref="cachingConnection
Factory"/>
            <property name="destination" ref="testTopic"/>
            <property name="messageListener" ref="topic2Listener"/>
        </bean>

    </beans>
```

在下面的项目示例中 Java 代码采用了注解的方式，这也是现在很多程序员的习惯用法，所以在配置文件的一开始就定义了注解扫描包路径 org.study.mq.activeMQ.spring，你可以根据自己的实际情况修改包名称，本例中的所有 Java 代码都放在该包之下。

接着定义了一个 JMS 工厂 bean，采用的是池化连接工厂类 org.apache.activemq.pool.PooledConnectionFactory，实际上就是对内部的 ActiveMQ 连接工厂增加了连接池的功能，从其内部配置可以看出，它就是对 org.apache.activemq.ActiveMQConnectionFactory 的功能封装。而对于 ActiveMQConnectionFactory 类大家都比较熟悉了，它就是在 Java 访问 ActiveMQ 实例中一开始创建连接工厂时使用的类。brokerURL 属性配置的就是连接服务器的协议和服务器地址。接下来的 cachingConnectionFactory 是实际项目代码中常用的，是对连接工厂的又一层增强，使用连接的缓存功能来提升效率，读者可酌情选择使用。

jmsTemplate 就是 Spring 用来解决 JMS 访问时代码冗长和重复的方案，它需要配置的两个主要属性是 connectionFactory 和 messageConverter，通过 connectionFactory 获取连接、会话等对象，messageConverter 则用于配置消息转换器，因为通常消息在发送前和接收后都需要进行一个前置和后置处理，转换器便是做这个工作的。这样实际代码直接通过 jmsTemplate 来发送和接收消息，而每次发送和接收消息时创建连接工厂、创建连接、创建会话等工作都由 Spring 框架做了。

有了 JMS 模板，还需要知道队列和主题作为实际发送和接收消息的目的地，所以接下来定义了 testQueue 和 testTopic 作为两种模式的实例。而异步接收消息时需要提供 MessageListener 的实现类，所以定义了 queueListener 作为队列模式下异步接收消息的监听器，定义了 topic1Listener 和 topic2Listener 作为主题模式下异步接收消息的监听器，主题模式用两个监听器是为了演示有多个消费者时它们都能收到消息。最后的 queueContainer、topic1Container、topic2Container 用于将消息监听器绑定到具体的消息目的地。

3. 消息生产者

下面是使用 JMS 模板处理消息的消息生产者。

```
package org.study.mq.activeMQ.spring;
```

```java
import org.springframework.jms.core.JmsTemplate;
import org.springframework.jms.core.MessageCreator;
import org.springframework.stereotype.Service;

import javax.annotation.Resource;
import javax.jms.*;

@Service
public class MessageService {

    @Resource(name = "jmsTemplate")
    private JmsTemplate jmsTemplate;

    @Resource(name = "testQueue")
    private Destination testQueue;

    @Resource(name = "testTopic")
    private Destination testTopic;

    // 向队列发送消息
    public void sendQueueMessage(String messageContent) {
        jmsTemplate.send(testQueue, new MessageCreator() {
            @Override
            public Message createMessage(Session session) throws JMSException {
                TextMessage msg = session.createTextMessage();
                // 设置消息内容
                msg.setText(messageContent);
                return msg;
            }
        });

    }

    // 向主题发送消息
    public void sendTopicMessage(String messageContent) {
        jmsTemplate.send(testTopic, new MessageCreator() {
            @Override
```

```
            public Message createMessage(Session session) throws JMSException {
                TextMessage msg = session.createTextMessage();
                // 设置消息内容
                msg.setText(messageContent);
                return msg;
            }
        });

    }
}
```

@Service 将该类声明为一个服务，在实际项目中很多服务代码也是类似的。通过@Resource 注解直接将上面配置文件中定义的 jmsTemplate 引入 MessageService 类中就可以直接使用了，testQueue 和 testTopic 也是类似的，在服务类中直接引入在配置文件中定义好的队列和主题。重点是下面的两个发送消息的方法，sendQueueMessage 向队列发送消息，sendTopicMessage 向主题发送消息，这两种模式都使用了 jmsTemplate 的 send 方法，该方法的第一个参数是 javax.jms.Destination 类型，表示消息目的地。由于 javax.jms.Queue 和 javax.jms.Topic 都继承了 javax.jms.Destination 接口，所以该方法对队列模式和主题模式都适用。第二个参数是 org.springframework.jms.core.MessageCreator，这里使用了匿名内部类的方式创建对象，从所支持的 Session 对象中创建文本消息，这样就可以发送消息了。可以看到，无论是队列还是主题，通过 Spring 框架发送消息的代码比之前的 Java 代码简洁了很多。

4. 消息消费者

```
package org.study.mq.activeMQ.spring;

import javax.jms.JMSException;
import javax.jms.Message;
import javax.jms.MessageListener;
import javax.jms.TextMessage;

public class QueueListener implements MessageListener {
    @Override
    public void onMessage(Message message) {
        if (message instanceof TextMessage) {
            try {
                TextMessage txtMsg = (TextMessage) message;
                String messageStr = txtMsg.getText();
```

```
                System.out.println("队列监听器接收到文本消息: " + messageStr);
            } catch (JMSException e) {
                e.printStackTrace();
            }
        } else {
            throw new IllegalArgumentException("只支持 TextMessage 类型消息!");
        }
    }
}
```

队列消息监听器在接收到消息时校验是否是文本消息类型，如果是则打印出内容。

```
package org.study.mq.activeMQ.spring;

import javax.jms.JMSException;
import javax.jms.Message;
import javax.jms.MessageListener;
import javax.jms.TextMessage;

public class Topic1Listener implements MessageListener {
    @Overridc
    public void onMessage(Message message) {
        if (message instanceof TextMessage) {
            try {
                TextMessage txtMsg = (TextMessage) message;
                String messageStr = txtMsg.getText();
                System.out.println("主题监听器 1 接收到文本消息: " + messageStr);
            } catch (JMSException e) {
                e.printStackTrace();
            }
        } else {
            throw new IllegalArgumentException("只支持 TextMessage 类型消息!");
        }
    }
}
package org.study.mq.activeMQ.spring;

import javax.jms.JMSException;
import javax.jms.Message;
```

```
import javax.jms.MessageListener;
import javax.jms.TextMessage;

public class Topic2Listener implements MessageListener {
    @Override
    public void onMessage(Message message) {
        if (message instanceof TextMessage) {
            try {
                TextMessage txtMsg = (TextMessage) message;
                String messageStr = txtMsg.getText();
                System.out.println("主题监听器 2 接收到文本消息：" + messageStr);
            } catch (JMSException e) {
                e.printStackTrace();
            }
        } else {
            throw new IllegalArgumentException("只支持 TextMessage 类型消息！");
        }
    }
}
```

主题监听器的代码与队列监听器的类似，只是在打印时通过不同字符串来表示当前是不同监听器接收的消息。

5. 启动应用

为了演示功能，这里写了一个 StartApplication 类，在 main 方法中加载 Spring，获取到 MessageService 服务之后调用 sendQueueMessage 和 sendTopicMessage 方法发送消息。

```
package org.study.mq.activeMQ.spring;

import org.springframework.context.ApplicationContext;
import org.springframework.context.support.ClassPathXmlApplicationContext;

public class StartApplication {
    public static void main(String[] args) {
        ApplicationContext ctx = new ClassPathXmlApplicationContext
("spring-context.xml");
        MessageService messageService = (MessageService) ctx.getBean
("messageService");
```

```
        messageService.sendQueueMessage("我的测试消息 1");
        messageService.sendTopicMessage("我的测试消息 2");
        messageService.sendTopicMessage("我的测试消息 3");
    }

}
```

启动 activeMQ 服务后运行 StartApplication 类，将看到在控制台接收到文本消息(见图 4-3)。

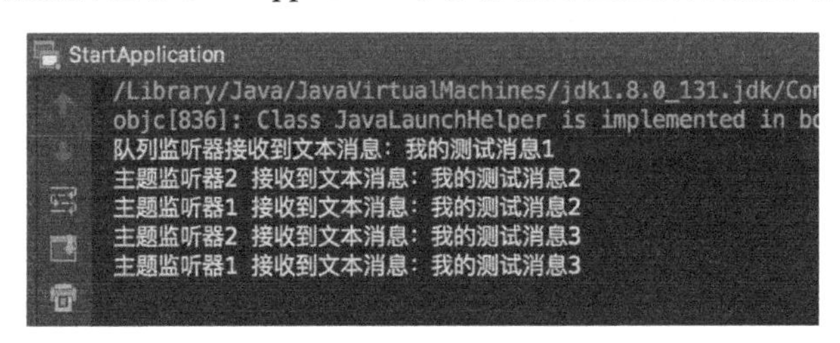

图 4-3

队列监听器监听到了一条消息，两个主题监听器分别监听到了两条消息。

4.2.3 基于 ActiveMQ 的消息推送

在第 3 章中讲过基于 RabbitMQ 的消息推送的例子，其原理是利用 RabbitMQ 提供的 WebSTOMP 插件，让浏览器能够使用 WebSocket 和 RabbitMQ 接收或发送消息。由于 ActiveMQ 也支持 STOMP 协议和 WebSocket，所以消息推送同样也可以用 ActiveMQ 来实现，其原理与 RabbitMQ 相同，由服务器端向 ActiveMQ 发送 STOMP 消息，而浏览器作为客户端基于 stomp.js 利用 WebSocket 与之通信，订阅并接收消息通知。

1. 服务器端发送消息

```
package org.study.mq.activeMQ;

import org.apache.activemq.ActiveMQConnection;
import org.apache.activemq.transport.stomp.StompConnection;

public class StompProducer {
    public static void main(String[] args) throws Exception {
        StompConnection connection = new StompConnection();
        connection.open("localhost", 61613);
```

```
            // 建立到代理服务器的连接
            connection.connect(ActiveMQConnection.DEFAULT_USER,
ActiveMQConnection.DEFAULT_PASSWORD);

            String message = "<a href=\"https://www.baidu.com\" target=\"_
black\">微醺好时光，美酒 3 件 7 折，抢购猛戳</a>";
            // 使用 STOMP 发送消息
            connection.send("/topic/shopping-discount", message);

            connection.disconnect();
            connection.close();
        }
    }
```

和常规的使用消息队列的模式差不多，也是一开始先建立连接，设置地址、端口号、用户名、用户密码等，接着就发送消息数据，最后断开连接释放资源。由于该示例采用的是服务器端向消息队列发送一条消息，所有订阅的客户端都能收到该消息的主题模式，所以发送消息时的 URL 前缀是/topic，表示该消息采用发布/订阅的主题消息传送模型。

2. 浏览器端接收消息

```
<html>
<head>
    <meta charset="UTF-8">
    <title>activeMQ 消息提醒示例</title>
    <link rel="stylesheet" type="text/css" href="default.css">
    <link rel="stylesheet" type="text/css" href="jquery.notify.css">

    <script type="text/javascript" src="stomp.js"></script>
    <script type="text/javascript" src="jquery.min.js"></script>
    <script type="text/javascript" src="jquery.notify.js"></script>
</head>
<script type="text/javascript">
    $(function () {
        $.notifySetup({sound: 'jquery.notify.wav'});

        // 创建客户端
        var client = Stomp.client("ws://localhost:61614/");
        // 定义连接成功回调函数
```

```
        var onConnect = function () {
            // 订阅消息
            client.subscribe("/topic/shopping-discount", function (message) {
                // 弹出业务消息提醒，并停留 10 秒
                $("<p>" + message.body + "</p>").notify({stay: 10000});
            });

        };
        // 定义错误时回调函数
        var onError = function (msg) {
            $("<p>服务器错误：" + msg + "</p>").notify("error");
        };
        // 连接服务器
        client.connect("guest", "guest", onConnect, onError);
        client.heartbeat.incoming = 5000;
        client.heartbeat.outgoing = 5000;

    });

</script>

<body>

</body>
</html>
```

浏览器端的代码与第 3 章中的代码类似，不同的地方有两处：一是创建客户端时的 URI 地址；二是订阅消息的目的地址。客户端连接时的 URI 地址取决于 ActiveMQ 服务器的配置，因为本例中浏览器与 ActiveMQ 之间是采用 WebSocket 通信的，而在 ActiveMQ 中 WebSocket 的传输连接器默认配置端口是 61614，所以连接的 URI 是 ws://localhost:61614/。在 ActiveMQ 中默认的传输连接器配置如下：

```
<transportConnectors>
    <!-- DOS protection, limit concurrent connections to 1000 and frame size
to 100MB -->
    <transportConnector  name="openwire"  uri="tcp://0.0.0.0:61616?maximum
Connections=1000&amp;wireFormat.maxFrameSize=104857600"/>
    <transportConnector   name="amqp"   uri="amqp://0.0.0.0:5672?maximum
```

```
Connections=1000&amp;wireFormat.maxFrameSize=104857600"/>
        <transportConnector  name="stomp"  uri="stomp://0.0.0.0:61613?maximum
Connections=1000&amp;wireFormat.maxFrameSize=104857600"/>
        <transportConnector   name="mqtt"   uri="mqtt://0.0.0.0:1883?maximum
Connections=1000&amp;wireFormat.maxFrameSize=104857600"/>
        <transportConnector    name="ws"    uri="ws://0.0.0.0:61614?maximum
Connections=1000&amp;wireFormat.maxFrameSize=104857600"/>
    </transportConnectors>
```

而在订阅消息时采用主题模式，其订阅地址与服务器端发送时的地址相同：/topic/shopping-discount。

3. 运行结果

先启动 ActiveMQ 服务器，在 bin 目录下执行如下命令：

```
./activemq start
```

接下来打开页面，可以看到 ActiveMQ 会自动新建一个 shopping-discount 主题（见图 4-4）。

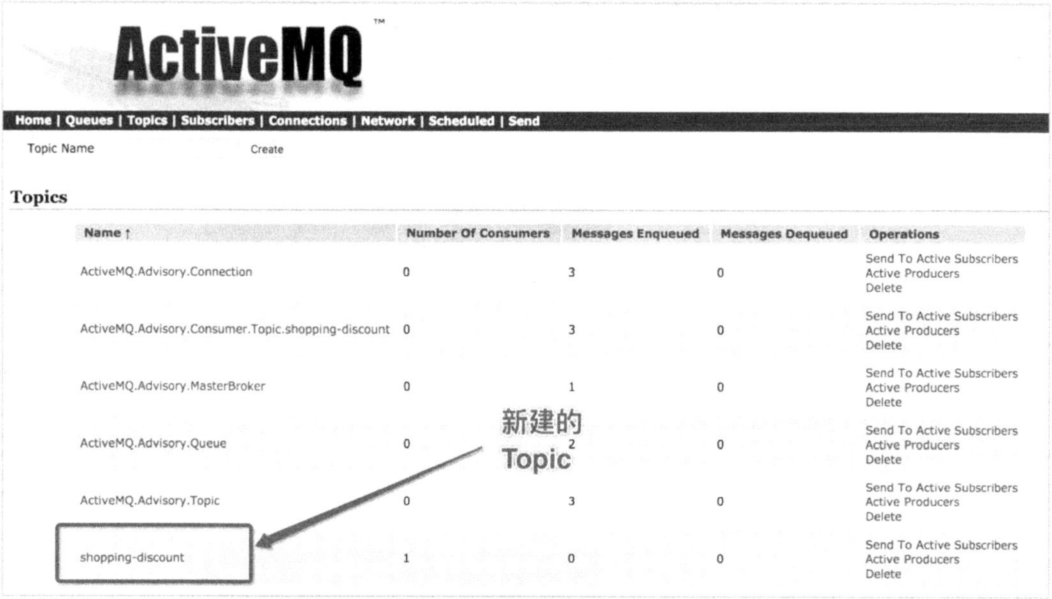

ActiveMQ™

Home | Queues | Topics | Subscribers | Connections | Network | Scheduled | Send

Topic Name Create

Topics

Name ↑	Number Of Consumers	Messages Enqueued	Messages Dequeued	Operations
ActiveMQ.Advisory.Connection	0	3	0	Send To Active Subscribers Active Producers Delete
ActiveMQ.Advisory.Consumer.Topic.shopping-discount	0	3	0	Send To Active Subscribers Active Producers Delete
ActiveMQ.Advisory.MasterBroker	0	1	0	Send To Active Subscribers Active Producers Delete
ActiveMQ.Advisory.Queue	0	2	0	Send To Active Subscribers Active Producers Delete
ActiveMQ.Advisory.Topic	0	3	0	Send To Active Subscribers Active Producers Delete
shopping-discount	1	0	0	Send To Active Subscribers Active Producers Delete

新建的 Topic

图 4-4

最后运行 StompProducer 类，将在页面中看到消息提醒框（见图 4-5）。

图 4-5

打开多个浏览器页面，会看到在每个页面中都将收到消息提醒，相当于每个关心该品类的用户都收到了推送通知（见图 4-6）。

图 4-6

4.2.4 基于 ActiveMQ 的分布式事务

我们曾在本书 1.2 节简要介绍过分布式事务，在微服务已大行其道的当下，分布式事务也是微服务理念在落地过程中最具挑战性又不得不面对的技术难题之一，目前常见的解决分布式事务问题的方案有：两阶段提交（2PC）、补偿事务（TCC）、本地事件表加消息队列、MQ 事务消息等。本书内容聚焦于消息中间件的应用，所以下面将介绍本地事件表加消息队列的方案。

以用户注册场景为例，需求是新用户注册之后给该用户新增一条积分记录。假设有用户和积分两个服务，用户服务使用数据库 DB1，积分服务使用数据库 DB2。服务调用者只需使用新增用户服务，由该服务内部保证既在 DB1 新增了用户记录，又在 DB2 新增了积分记录。显然这是一个分布式事务的问题。下面看看如何使用本地事件表加消息队列来实现这个需求。

其实这个问题的核心是 DB1 中的事务完成之后需要协调通知 DB2 执行事务，这可以通过消息队列来实现。比如在用户服务成功保存用户记录之后向消息队列的某个主题中发送一条用户创建消息，积分系统需要监听该主题，一旦接收到用户创建的消息，积分系统就在 DB2 中为该用户创建一条积分记录。这个思路看起来挺简单，但是如何保证每一步操作的原子性呢？考虑下面两个场景。

- 用户服务在保存用户记录后还没来得及向消息队列发送消息就宕机了，如何保证新增了用户记录后一定有消息发送到消息队列呢？
- 积分服务接收到消息后还没来得及保存积分记录就宕机了，如何保证系统重启后不丢失积分记录呢？

其实这两个问题的本质都是如何让数据库和消息队列的操作是一个原子操作，这就需要用到事件表了。先来看一下事件表（t_event）的定义（见表 4-1）。

表 4-1

字 段 名	字 段 类 型	描 述
id	int(11)	主键
type	varchar(30)	事件类型，比如新增用户、新增积分
process	varchar(30)	表示事件进行到的环节，比如新建、已发布、已处理
content	text	事件内容，用于保存该事件发生时需要传递的数据
create_time	datetime	创建时间
update_time	datetime	修改时间

需要在 DB1 和 DB2 中都新建 t_event 表，这能保证每个数据库中的业务数据和事件表的操作都在同一个事务中。假设在 DB1 中用户表是 t_user，在 DB2 中积分表是 t_point，新增用户服务的具体步骤如下。

① 用户服务接收到请求后在 t_user 表中创建一条用户记录，并在 t_event 表中新增一条 process 为 NEW 的事件记录，同时要创建的积分数据以 JSON 字符串的形式保存到 t_event 表的 content 中，提交事务。

② 在用户系统中开启一个定时任务定时查询 t_event 表中所有 process 为 NEW 的记录，一旦有记录则向消息队列（这里使用 ActiveMQ）发送消息，消息的内容就是 t_event 表的 content，消息发送成功后把 process 改为 PUBLISHED，提交事务。

③ 积分系统接收到消息后在 DB2 的 t_event 表中新增一条 process 为 PUBLISHED 的记录，content 保存接收到的消息内容，保存 t_event 成功后返回，提交事务。

④ 在积分系统中开启一个定时任务定时查询 t_event 表中所有 process 为 PUBLISHED 的记录，拿到表记录后将其 content 字段的内容转换成积分对象，保存积分记录，保存成功后修改 t_event 的 process 为 PROCESSED，提交事务。

整个操作步骤如图 4-7 所示。我们在用户服务中把创建事件和发布事件分成了两步操作，如果在第 1 步时宕机，因为新增事件和业务操作在一个数据库事务中，其业务操作也会失败。如果在第 2 步时宕机，则系统重启后定时任务会重新对之前没有发布成功的事件记录继续发送消息。在积分服务中把接收事件和处理事件也分成了两步操作，如果在第 3 步时宕机，即在接收事件时宕机了，消息还没接收完成，则由消息队列的特性保证重新将事件发送给对应服务。如果在第 4 步时宕机，即事件接收成功但在处理时宕机了，则系统重启后定时任务会重新对之前没有处理成功的事件进行处理。

这样就保证了两个数据源之间数据状态的最终一致性，话不多说，下面看一下例子中的相关代码。

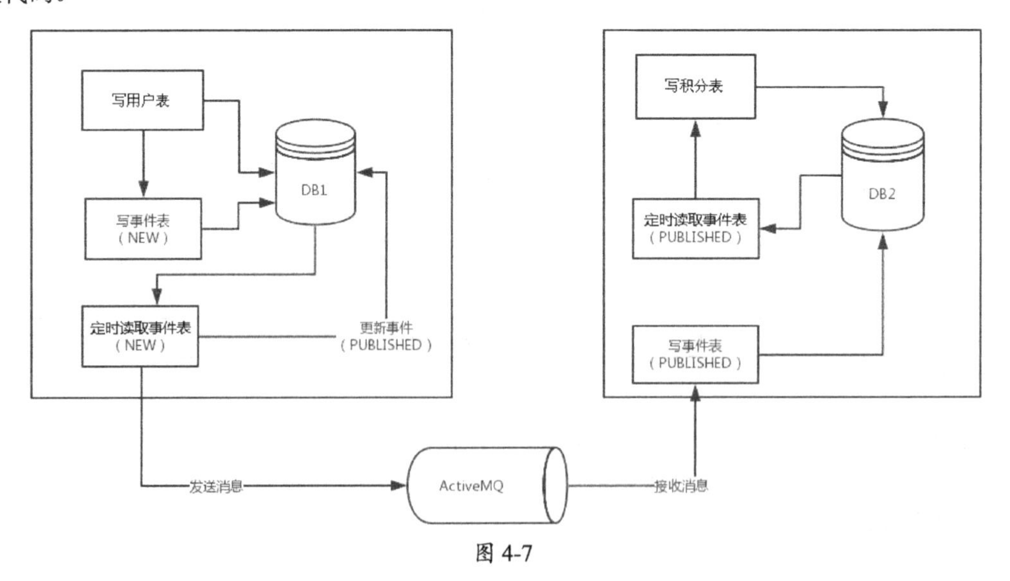

图 4-7

1. 相关表结构定义

为了演示分布式事务，本例中需要一次请求操作两个数据库的数据，所以将建立两个数据库，在 DB1 中存放用户表和事件表，在 DB2 中存放积分表和事件表，数据库采用 MySQL。

DB1 中的表：

```
CREATE TABLE t_user (
  id varchar(50) NOT NULL,
  user_name varchar(100) DEFAULT NULL COMMENT '用户名',
  PRIMARY KEY (id)
) ENGINE=InnoDB DEFAULT CHARSET=utf8;

CREATE TABLE t_event (
  id int(11) NOT NULL AUTO_INCREMENT,
  type varchar(30) DEFAULT NULL COMMENT '事件类型',
  process varchar(30) DEFAULT NULL COMMENT '表示事件进行到了哪个环节',
  content text COMMENT '事件包含的内容',
  create_time datetime DEFAULT NULL,
  update_time datetime DEFAULT NULL,
  PRIMARY KEY (id)
) ENGINE=InnoDB DEFAULT CHARSET=utf8
;
```

DB2 中的表：

```
CREATE TABLE t_point (
  id varchar(50) NOT NULL,
  user_id varchar(50) DEFAULT NULL COMMENT '关联的用户 ID',
  amount int(11) DEFAULT NULL COMMENT '积分金额',
  PRIMARY KEY (id)
) ENGINE=InnoDB DEFAULT CHARSET=utf8
;

CREATE TABLE t_event (
  id int(11) NOT NULL AUTO_INCREMENT,
  type varchar(30) DEFAULT NULL COMMENT '事件类型',
  process varchar(30) DEFAULT NULL COMMENT '表示事件进行到了哪个环节',
  content text COMMENT '事件包含的内容',
  create_time datetime DEFAULT NULL,
  update_time datetime DEFAULT NULL,
```

```
  PRIMARY KEY (id)
) ENGINE=InnoDB DEFAULT CHARSET=utf8
;
```

2. 添加 Maven 依赖

```
<properties>
    <project.build.sourceEncoding>UTF-8</project.build.sourceEncoding>
    <spring.version>4.3.10.RELEASE</spring.version>
</properties>

<dependencies>
    <dependency>
        <groupId>org.apache.activemq</groupId>
        <artifactId>activemq-all</artifactId>
        <version>5.15.2</version>
    </dependency>
    <dependency>
        <groupId>org.apache.activemq</groupId>
        <artifactId>activemq-pool</artifactId>
        <version>5.15.0</version>
    </dependency>

    <dependency>
        <groupId>org.springframework</groupId>
        <artifactId>spring-jms</artifactId>
        <version>${spring.version}</version>
    </dependency>
    <dependency>
        <groupId>org.springframework</groupId>
        <artifactId>spring-jdbc</artifactId>
        <version>${spring.version}</version>
    </dependency>
    <dependency>
        <groupId>org.springframework</groupId>
        <artifactId>spring-orm</artifactId>
        <version>${spring.version}</version>
    </dependency>
    <dependency>
```

```
        <groupId>mysql</groupId>
        <artifactId>mysql-connector-java</artifactId>
        <version>5.1.36</version>
    </dependency>
    <dependency>
        <groupId>commons-dbcp</groupId>
        <artifactId>commons-dbcp</artifactId>
        <version>1.4</version>
    </dependency>
    <dependency>
        <groupId>org.mybatis</groupId>
        <artifactId>mybatis</artifactId>
        <version>3.2.8</version>
    </dependency>
    <dependency>
        <groupId>org.mybatis</groupId>
        <artifactId>mybatis-spring</artifactId>
        <version>1.2.2</version>
    </dependency>
    <dependency>
        <groupId>org.springframework</groupId>
        <artifactId>spring-tx</artifactId>
        <version>${spring.version}</version>
    </dependency>
    <dependency>
        <groupId>org.aspectj</groupId>
        <artifactId>aspectjrt</artifactId>
        <version>1.8.8</version>
    </dependency>
    <dependency>
        <groupId>org.aspectj</groupId>
        <artifactId>aspectjweaver</artifactId>
        <version>1.8.8</version>
    </dependency>
    <dependency>
        <groupId>junit</groupId>
        <artifactId>junit</artifactId>
        <version>4.12</version>
```

```
    </dependency>

    <dependency>
        <groupId>com.alibaba</groupId>
        <artifactId>fastjson</artifactId>
        <version>1.1.35</version>
    </dependency>
</dependencies>
```

因为涉及ActiveMQ访问、MyBatis访问、JSON数据转换、单元测试等，所以需要集成相关类库。

3. 通用类定义

下面看一下例子中涉及的通用类定义，包括数据模型类、常量类、业务异常类等。

（1）数据模型类（User、Point、Event）

```
public class User {

    private String id;// 主键

    private String userName;// 用户名

    ... getter, setter 方法
}

public class Point {

    private String id;// 主键

    private String userId;// 用户 ID

    private Integer amount;// 积分金额

    ... getter, setter 方法
}

public class Event {
```

```
    private Integer id;// 主键

    private String type;// 事件类型

    private String process;// 事件过程

    private String content;// 事件内容

    private Date createTime;// 创建时间

    private Date updateTime;// 修改时间

    ... getter, setter 方法
}
```

(2）业务异常类

```
public class BusinessException extends RuntimeException {

    public BusinessException() {
        super();
    }

    public BusinessException(String msg) {
        super(msg);
    }

    public BusinessException(Throwable e) {
        super(e);
    }

    public BusinessException(String msg, Throwable e) {
        super(msg, e);
    }
}
```

(3）常量类（包括事件处理过程和事件类型）

```
public enum EventProcess {
```

```
    NEW("NEW", "新建"),
    PUBLISHED("PUBLISHED", "已发布"),
    PROCESSED("PROCESSED", "已处理"),
    ;

    private String value;
    private String desc;

    EventProcess(String value, String desc) {
        this.value = value;
        this.desc = desc;
    }

    public String getValue() {
        return value;
    }

    public String getDesc() {
        return desc;
    }
}

public enum EventType {

    NEW_USER("NEW_USER", "新增用户"),
    NEW_POINT("NEW_POINT", "新增积分"),
    ;

    private String value;
    private String desc;

    EventType(String value, String desc) {
        this.value = value;
        this.desc = desc;
    }

    public String getValue() {
```

```
        return value;
    }

    public String getDesc() {
        return desc;
    }
}
```

4. 数据访问对象（DAO）

DAO 就是对数据库中表的访问，所以有几个表就会有几个 DAO 类。

（1）用户表 DAO

```
import org.springframework.jdbc.core.support.JdbcDaoSupport;
import org.springframework.stereotype.Repository;

import java.sql.PreparedStatement;
import java.util.UUID;

@Repository
public class UserDao extends JdbcDaoSupport {

    public String insert(String userName) {
        String id = UUID.randomUUID().toString().replace("-", "");

        getJdbcTemplate().update("insert into t_user(id, user_name)
values(?, ?) ",
                (PreparedStatement ps) -> {
                    ps.setString(1, id);
                    ps.setString(2, userName);
                }
        );
        return id;
    }

}
```

为了演示功能，用户表需要执行插入语句以新增用户记录。

（2）积分表 DAO

```
import org.springframework.jdbc.core.support.JdbcDaoSupport;
import org.springframework.stereotype.Repository;
import org.study.mq.activeMQ.dt.model.Point;

import java.sql.PreparedStatement;
import java.util.UUID;

@Repository
public class PointDao extends JdbcDaoSupport {

    public String insert(Point point) {
        String id = UUID.randomUUID().toString().replace("-", "");

        getJdbcTemplate().update("insert into t_point(id, user_id, amount)
values(?, ?, ?) ",
                (PreparedStatement ps) -> {
                    ps.setString(1, id);
                    ps.setString(2, point.getUserId());
                    ps.setInt(3, point.getAmount());
                }

        );
        return id;
    }

}
```

为了演示功能，积分表需要执行插入语句以新增用户的积分记录。

（3）事件表 DAO

```
import org.springframework.jdbc.core.support.JdbcDaoSupport;
import org.springframework.stereotype.Repository;
import org.springframework.util.CollectionUtils;
import org.study.mq.activeMQ.dt.constant.EventProcess;
import org.study.mq.activeMQ.dt.model.Event;

import java.sql.PreparedStatement;
```

```
import java.util.ArrayList;
import java.util.List;
import java.util.Map;

public class BaseEventDao extends JdbcDaoSupport {
    public Integer insert(Event event) {
        return getJdbcTemplate().update("insert into t_event(type, process,
content, create_time, update_time) values(?, ?, ?, now(), now()) ",
                (PreparedStatement ps) -> {
                    ps.setString(1, event.getType());
                    ps.setString(2, event.getProcess());
                    ps.setString(3, event.getContent());

                });
    }

    public Integer updateProcess(Event event) {
        return getJdbcTemplate().update("update t_event set process = ?,
update_time = now() where id = ? ",
                (PreparedStatement ps) -> {
                    ps.setString(1, event.getProcess());
                    ps.setInt(2, event.getId());
                }
        );
    }

    public List<Event> getByProcess(String process) {
        List<Event> result = new ArrayList<>();
        List<Map<String, Object>> list = getJdbcTemplate().queryForList
("select id, type, process, content from t_event where process ="
                + " '" + process + "' ");
        if (!CollectionUtils.isEmpty(list)) {
            list.forEach(map -> {
                Event event = new Event();
                event.setId((Integer) map.get("id"));
                event.setType((String) map.get("type"));
                event.setProcess((String) map.get("process"));
                event.setContent((String) map.get("content"));
```

```
                result.add(event);
            });
        }

        return result;
    }
}

@Repository
public class UserEventDao extends BaseEventDao{
}

@Repository
public class PointEventDao extends BaseEventDao{
}
```

由于 t_event 表在两个数据库中都存在且表结构是一样的，所以抽象出 BaseEventDao 类，访问 DB1 的 UserEventDao 和访问 DB2 的 PointEventDao 都继承该类，在 Spring 的 DAO 配置中由不同的 jdbcTemplate 区分访问的是哪个数据库。

5. 核心处理逻辑

下面看一下整个功能的核心处理逻辑类，主要是服务类和定时任务类。从数据执行的先后顺序来看，最开始是用户服务类。

```
import com.alibaba.fastjson.JSON;
import org.springframework.stereotype.Service;
import org.springframework.transaction.annotation.Transactional;
import org.study.mq.activeMQ.dt.constant.EventProcess;
import org.study.mq.activeMQ.dt.constant.EventType;
import org.study.mq.activeMQ.dt.dao.UserDao;
import org.study.mq.activeMQ.dt.model.Point;
import org.study.mq.activeMQ.dt.model.Event;

import javax.annotation.Resource;

@Service
public class UserService {
```

```
    @Resource
    private UserDao userDao;

    @Resource
    private UserEventService userEventService;

    @Transactional
    public void newUser(String userName, Integer pointAmount) {
        // 1.保存用户
        String userId = userDao.insert(userName);

        // 2.新增事件
        Event event = new Event();
        event.setType(EventType.NEW_USER.getValue());
        event.setProcess(EventProcess.NEW.getValue());
        Point point = new Point();
        point.setUserId(userId);
        point.setAmount(pointAmount);
        // 将对象转换成 JSON 字符串保存到事件表的 content 字段中
        event.setContent(JSON.toJSONString(point));
        userEventService.newEvent(event);
    }

}
```

用户服务类作为**用户系统**对外提供实际服务的入口，调用者只需调用 newUser 方法即可完成用户记录和积分记录的保存。而在 newUser 方法内做的事情就两件，一是保存用户记录；二是构造积分数据转换成 JSON 字符串并保存到事件表的 content 字段中。

接下来在用户系统中需要有一个定时任务定时查询事件表中的记录。

```
import org.springframework.beans.factory.annotation.Autowired;
import org.springframework.scheduling.annotation.Scheduled;
import org.springframework.stereotype.Component;
import org.springframework.util.CollectionUtils;
import org.study.mq.activeMQ.dt.model.Event;
import org.study.mq.activeMQ.dt.service.UserEventService;

import java.util.List;
```

```
@Component
public class UserScheduled {

    @Autowired
    private UserEventService userEventService;

    @Scheduled(cron = "*/5 * * * * *")
    public void executeEvent() {
        List<Event> eventList = userEventService.getNewEventList();
        if (!CollectionUtils.isEmpty(eventList)) {
            System.out.println("新建用户的事件记录总数：" + eventList.size());

            for (Event event : eventList) {
                userEventService.executeEvent(event);
            }
        } else {
            System.out.println("待处理的事件总数：0");
        }

    }
}
```

每隔 5 秒查询一次事件表中是否存在处理过程为 NEW 的事件记录，如果有则执行用户事件服务类的 executeEvent 方法。

下面看一下 UserEventService 类的定义。

```
import org.springframework.jms.core.JmsTemplate;
import org.springframework.stereotype.Service;
import org.study.mq.activeMQ.dt.constant.EventProcess;
import org.study.mq.activeMQ.dt.constant.EventType;
import org.study.mq.activeMQ.dt.dao.UserEventDao;
import org.study.mq.activeMQ.dt.exception.BusinessException;
import org.study.mq.activeMQ.dt.model.Event;

import javax.annotation.Resource;
import javax.jms.Destination;
import javax.jms.Session;
```

```
import javax.jms.TextMessage;
import java.util.List;

@Service
public class UserEventService {

    @Resource
    private UserEventDao userEventDao;

    @Resource(name = "jmsTemplate")
    private JmsTemplate jmsTemplate;

    @Resource(name = "topicDistributedTransaction")
    private Destination topic;

    public int newEvent(Event event) {
        if (event != null) {
            return userEventDao.insert(event);
        } else {
            throw new BusinessException("入参不能为空! ");
        }
    }

    public List<Event> getNewEventList() {
        return userEventDao.getByProcess(EventProcess.NEW.getValue());
    }

    public void executeEvent(Event event) {
        if (event != null) {
            String eventProcess = event.getProcess();
            if ((EventProcess.NEW.getValue().equals(eventProcess))
                &&(EventType.NEW_USER.getValue().equals(event.getType()))){
                String messageContent = event.getContent();
                jmsTemplate.send(topic, (Session session) -> {
                    TextMessage msg = session.createTextMessage();
                    // 设置消息内容
                    msg.setText(messageContent);
                    return msg;
```

```
                });

                event.setProcess(EventProcess.PUBLISHED.getValue());
                userEventDao.updateProcess(event);
            }
        }
    }

}
```

该类中的 newEvent 方法用于新增事件记录，getNewEventList 方法用于查询处理过程是 NEW 的所有事件记录，如果在 executeEvent 方法中发现是新增用户事件，则将向消息队列的主题 topicDistributedTransaction 发送一条消息，消息内容就是事件表的 content，也就是积分对象的 JSON 字符串。消息发送成功后，将事件的处理过程改为 PUBLISHED 使得定时任务不再获取该记录。

发送完消息后，在**积分系统**中就需要绑定主题 topicDistributedTransaction 的消息监听器接收消息。

```
import org.springframework.util.StringUtils;
import org.study.mq.activeMQ.dt.constant.EventProcess;
import org.study.mq.activeMQ.dt.constant.EventType;
import org.study.mq.activeMQ.dt.model.Event;
import org.study.mq.activeMQ.dt.service.PointEventService;

import javax.annotation.Resource;
import javax.jms.JMSException;
import javax.jms.Message;
import javax.jms.MessageListener;
import javax.jms.TextMessage;

public class PointMessageListener implements MessageListener {
    @Resource
    private PointEventService pointEventService;

    @Override
    public void onMessage(Message message) {
        if (message instanceof TextMessage) {
            try {
```

```
                TextMessage txtMsg = (TextMessage) message;
                String eventContent = txtMsg.getText();
                System.out.println("队列监听器接收到文本消息: " + eventContent);

                if (!StringUtils.isEmpty(eventContent)) {
                    // 新增事件
                    Event event = new Event();
                    event.setType(EventType.NEW_POINT.getValue());
                    event.setProcess(EventProcess.PUBLISHED.getValue());
                    event.setContent(eventContent);
                    pointEventService.newEvent(event);
                }
            } catch (JMSException e) {
              throw new BusinessException("接收消息处理过程出错! ");
            }
        } else {
            throw new IllegalArgumentException("只支持TextMessage类型消息! ");
        }
    }
}
```

积分系统接收到消息后向DB2的事件表中新增记录，事件表的content就是消息内容。而在积分系统中也需要有定时任务来定时获取事件表中的记录进行处理。

```
import org.springframework.beans.factory.annotation.Autowired;
import org.springframework.scheduling.annotation.Scheduled;
import org.springframework.stereotype.Component;
import org.springframework.util.CollectionUtils;
import org.study.mq.activeMQ.dt.model.Event;
import org.study.mq.activeMQ.dt.service.PointEventService;

import java.util.List;

@Component
public class PointScheduled {
    @Autowired
    private PointEventService pointEventService;
```

```
    @Scheduled(cron = "*/5 * * * * *")
    public void executeEvent() {
        List<Event> eventList = pointEventService.getPublishedEventList();
        if (!CollectionUtils.isEmpty(eventList)) {
            System.out.println("已发布的积分事件记录总数：" + eventList.size());

            for (Event event : eventList) {
                pointEventService.executeEvent(event);
            }
        } else {
            System.out.println("待处理的事件总数：0");
        }

    }
}
```

每隔5秒获取一次事件表中的记录，然后调用PointEventService类的executeEvent方法。

```
import com.alibaba.fastjson.JSON;
import org.springframework.stereotype.Service;
import org.study.mq.activeMQ.dt.constant.EventProcess;
import org.study.mq.activeMQ.dt.constant.EventType;
import org.study.mq.activeMQ.dt.dao.PointEventDao;
import org.study.mq.activeMQ.dt.exception.BusinessException;
import org.study.mq.activeMQ.dt.model.Event;
import org.study.mq.activeMQ.dt.model.Point;

import javax.annotation.Resource;
import java.util.List;

@Service
public class PointEventService {
    @Resource
    private PointEventDao pointEventDao;

    @Resource
    private PointService pointService;

    public int newEvent(Event event) {
```

```
        if (event != null) {
            return pointEventDao.insert(event);
        } else {
            throw new BusinessException("入参不能为空! ");
        }
    }

    public List<Event> getPublishedEventList() {
        return pointEventDao.getByProcess(EventProcess.PUBLISHED.getValue());
    }

    public void executeEvent(Event event) {
        if (event != null) {
            String eventProcess = event.getProcess();
            if ((EventProcess.PUBLISHED.getValue().equals(eventProcess))
                &&(EventType.NEW_POINT.getValue().equals(event.getType()))){
                Point point = JSON.parseObject(event.getContent(), Point.
class);
                pointService.newPoint(point);

                event.setProcess(EventProcess.PROCESSED.getValue());
                pointEventDao.updateProcess(event);
            }
        }
    }
}
```

PointEventService 类的 newEvent 和 getPublishedEventList 方法的作用与 UserEventService 类的相似，executeEvent 方法则将事件表的 content 转换成 Point 对象并保存，最后将事件的处理过程改为 PROCESSED。

至此，用户注册流程的整个执行过程就介绍完了。当然，整个应用还需要在 Spring 配置文件中配置好相应 bean 之间的关系。

```
<?xml version="1.0" encoding="UTF-8"?>
<beans xmlns="http://www.springframework.org/schema/beans"
       xmlns:xsi="http://www.w3.org/2001/XMLSchema-instance"
       xmlns:context="http://www.springframework.org/schema/context"
       xmlns:task="http://www.springframework.org/schema/task"
```

```
        xsi:schemaLocation="http://www.springframework.org/schema/beans
                            http://www.springframework.org/schema/beans/
spring-beans.xsd
                            http://www.springframework.org/schema/context
                            http://www.springframework.org/schema/context/
spring-context-3.0.xsd
                            http://www.springframework.org/schema/task
                            http://www.springframework.org/schema/task/
spring-task-3.1.xsd
                            ">
    <context:annotation-config />
    <context:component-scan base-package="org.study.mq.activeMQ.dt"/>
    <task:annotation-driven />

    <!--DB1 访问的相关配置-->
    <bean id="dataSource" class="org.apache.commons.dbcp.BasicDataSource"
destroy-method="close">
        <property name="driverClassName" value="com.mysql.jdbc.Driver"/>
        <property name="url" value="jdbc:mysql://127.0.0.1:3306/dt1"/>
        <property name="username" value="root"/>
        <property name="password" value="123456"/>
    </bean>
    <bean id="jdbcTemplate" class="org.springframework.jdbc.core.
JdbcTemplate">
        <property name="dataSource">
            <ref bean="dataSource"></ref>
        </property>
    </bean>
    <bean id="userDao" class="org.study.mq.activeMQ.dt.dao.UserDao">
        <property name="jdbcTemplate">
            <ref bean="jdbcTemplate"></ref>
        </property>
    </bean>
    <bean id="userEventDao" class="org.study.mq.activeMQ.dt.dao.
UserEventDao">
        <property name="jdbcTemplate">
            <ref bean="jdbcTemplate"></ref>
        </property>
    </bean>
```

```
        <!--DB2 访问的相关配置-->
        <bean id="dataSource2" class="org.apache.commons.dbcp.BasicData
Source" destroy-method="close">
            <property name="driverClassName" value="com.mysql.jdbc.Driver"/>
            <property name="url" value="jdbc:mysql://127.0.0.1:3306/dt2"/>
            <property name="username" value="root"/>
            <property name="password" value="123456"/>
        </bean>
        <bean id="jdbcTemplate2" class="org.springframework.jdbc.core.
JdbcTemplate">
            <property name="dataSource">
                <ref bean="dataSource2"></ref>
            </property>
        </bean>
        <bean id="pointDao" class="org.study.mq.activeMQ.dt.dao.PointDao">
            <property name="jdbcTemplate">
                <ref bean="jdbcTemplate2"></ref>
            </property>
        </bean>
        <bean id="pointEventDao" class="org.study.mq.activeMQ.dt.dao.
PointEventDao">
            <property name="jdbcTemplate">
                <ref bean="jdbcTemplate2"></ref>
            </property>
        </bean>

        <!--JMS 相关配置-->
        <bean id="activeMQConnectionFactory" class="org.apache.activemq.
ActiveMQConnectionFactory">
            <property name="brokerURL" value="tcp://localhost:61616"/>
        </bean>
        <bean id="cachedConnectionFactory" class="org.springframework.jms.
connection.CachingConnectionFactory">
            <property  name="targetConnectionFactory"  ref="activeMQConnection
Factory"/>
            <property name="sessionCacheSize" value="10"/>
        </bean>
        <bean id="topicDistributedTransaction" class="org.apache.activemq.
command.ActiveMQTopic">
            <constructor-arg index="0" value="topic-distributed-transaction"/>
```

```
        </bean>
        <bean id="jmsTemplate" class="org.springframework.jms.core.
JmsTemplate">
            <property name="connectionFactory" ref="cachedConnectionFactory"/>
            <property name="defaultDestination" ref="topicDistributed
Transaction"/>
        </bean>
        <bean id="pointMessageListener" class="org.study.mq.activeMQ.dt.
listener.PointMessageListener"/>
        <bean id="topicContainer"
              class="org.springframework.jms.listener.
DefaultMessageListenerContainer">
            <property name="connectionFactory" ref="cachedConnectionFactory"/>
            <property name="destination" ref="topicDistributedTransaction"/>
            <property name="messageListener" ref="pointMessageListener"/>
        </bean>

    </beans>
```

6. 运行结果

为了演示效果，我们写了一个单元测试类调用 UserService 的 newUser 方法。

```
    package org.study.mq.activeMQ.dt;

    import org.junit.Before;
    import org.junit.Test;
    import org.springframework.context.ApplicationContext;
    import org.springframework.context.support.ClassPathXmlApplicationContext;
    import org.study.mq.activeMQ.dt.service.UserService;

    public class TestDT {

        private ApplicationContext container;

        @Before
        public void setup() {
            container = new ClassPathXmlApplicationContext("dt/application.
xml");
        }
```

```
    @Test
    public void newUser() throws InterruptedException {
        UserService userService = (UserService) container.getBean
("userService");

        userService.newUser("测试", 1500);

        Thread.sleep(10000);
    }
}
```

最后让线程睡眠 10 秒，是为了能执行到定时任务。

启动 ActiveMQ 服务器，然后执行 TestDT 类的 JUnit 测试方法 newUser，结果如图 4-8 所示。

图 4-8

DB1 库中的 t_user 表如图 4-9 所示。

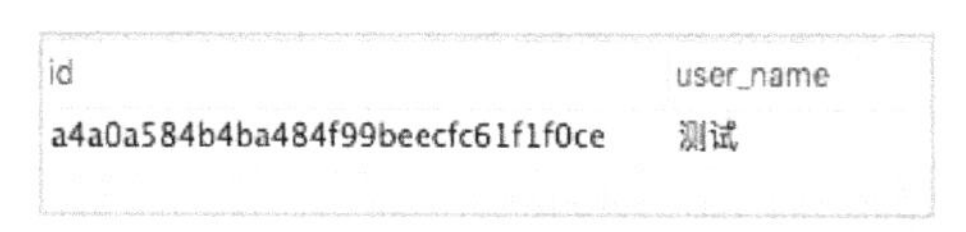

id	user_name
a4a0a584b4ba484f99beecfc61f1f0ce	测试

图 4-9

DB2 库中的 t_point 表如图 4-10 所示。

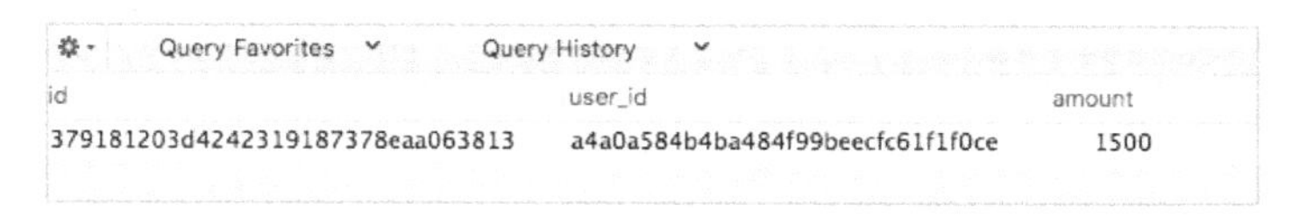

Query Favorites　Query History

id	user_id	amount
379181203d4242319187378eaa063813	a4a0a584b4ba484f99beecfc61f1f0ce	1500

图 4-10

这种事件表加消息队列的方式实际上是将事务变成了异步执行，而与 2PC 这种同步事务处理相比，该方案的优点是：

- 吞吐量大，因为不需要等待其他数据源响应。
- 容错性好，比如 A 服务在发布事件时 B 服务甚至可以不在线。

但缺点也很明显，为了协调两个系统的数据一致，会出现很多中间状态，并且编程也比较复杂。总的来说，最终一致性方案恰恰是比较适合实际业务场景的分布式事务问题的解决思路，但具体实现并不止一种，比如市面上有的消息队列产品支持事务消息的特性（如 RocketMQ），这就衍生出另一种思路，后面的第 6 章在介绍 RocketMQ 应用时会进行具体讲解。

4.3 ActiveMQ 实践建议

4.3.1 消息转发模式

ActiveMQ 支持两种消息转发模式：PERSISTENT（持久化）消息和 NON_PERSISTENT（非持久化）消息，它们也是 JMS 规范中定义的消息转发模式。如果不设置消息转发模式，ActiveMQ 会默认发送 PERSISTENT 消息，消息在被发送到 ActiveMQ 服务器端之后将被持久化（持久化的方案有多种，比如 JDBC、AMQ、KahaDB、LevelDB 等），如果消息服务器由于某种原因出现故障，它可以恢复此消息并将此消息传送至相应的消费者，所以这种模式保证消息只被传送一次和成功使用一次。而 NON_PERSISTENT 模式保证消息最多被传送一次，并且不要求消息持久化存储，所以假如消息服务器由于某种原因出现故障，这种模式不保证消息不会丢失。概括地讲，两者的区别是 PERSISTENT 模式有且只有一次转发消息；而 NON_PERSISTENT 模式最多一次转发消息。PERSISTENT 消息不会丢失，并且不会被转发两次；而 NON_PERSISTENT 消息可能会丢失，但不会被转发两次。

在 ActiveMQ 中设置消息转发模式有两种方式，一是使用 setDeliveryMode 方法，这样所有的消息都采用此传送模式；二是使用 send 方法，为每一条消息设置传送模式。这两种方式对应于 javax.jms.MessageProducer 接口中的三个方法：

```
    void setDeliveryMode(int deliveryMode) throws JMSException;

    void send(Message message, int deliveryMode, int priority, long timeToLive)
throws JMSException;

    void send(Destination destination, Message message, int deliveryMode, int
priority, long timeToLive) throws JMSException;
```

那么这两种模式在实际场景中如何取舍呢？按照 JMS 规范中的说法，这关系到性能和可靠性之间的平衡。使用 PERSISTENT 模式，表示业务场景更看重可靠性而损失了一些性能；而选择 NON_PERSISTENT 模式，则表示业务场景更看重性能。因为在 NON_PERSISTENT 模式下发送消息是异步的，Producer 不需要等待 Consumer 的 receipt 消息；而在 PERSISTENT 模式下传递消息需要先把消息存储起来，然后再传递（见图 4-11）。

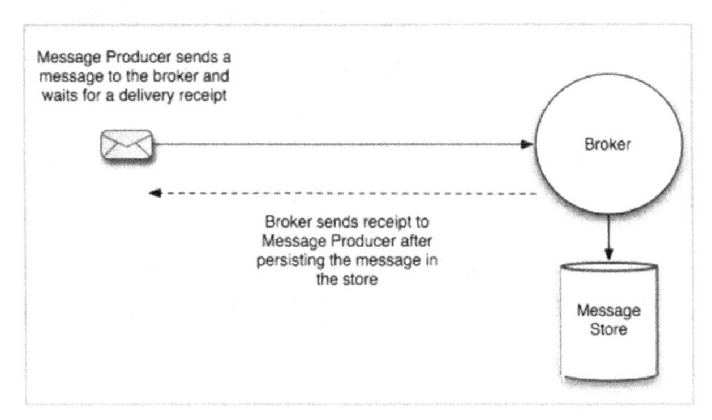

图 4-11

4.3.2 消息积压

消息积压的场景有很多，如果发送的消息没有得到及时回复，则会导致持久化消息不断积压而得不到释放，从而堵塞消息队列。对于这种情况，可以通过配置消息的过期时间和死信队列处理来预防。

1. 消息过期

在默认情况下，ActiveMQ 的消息永远不会过期。如果业务场景需要，则可以给消息指定过期时间。设置消息的过期时间有两种方式，一是使用 setTimeToLive 方法为所有的消息都设置过期时间；二是使用 send 方法为每一条消息设置过期时间。这两种方式都在 javax.jms.MessageProducer 接口中定义了。

```
    void setTimeToLive(long timeToLive) throws JMSException;

    void send(Message message, int deliveryMode, int priority, long timeToLive)
throws JMSException;

    void send(Destination destination, Message message, int deliveryMode, int
priority, long timeToLive) throws JMSException;
```

如果 timeToLive 为 0，则表示该消息永不过期。如果发送消息后，在消息过期时间到时消息还没有被发送到目的地，则该消息将被清除。

2. 死信队列

一般情况下消费消息有两种方式，一是调用 MessageConsumer 的 receive 方法，该方法是阻塞方法，在接到消息前会一直阻塞，在消息返回给方法调用者之后就会被自动确认；二是通过 MessageListener 接口注册回调函数，在有消息到达时由 ActiveMQ 调用接口中的 onMessage 方法，该方法执行完毕后消息才会被确认，如果在 onMessage 执行中抛出异常消息就不会被确认。这就产生一个问题：如果一条消息不能被处理，则会被退回服务器重新分配，假如该消息只有一个消费者，那么消息又会被重新获取继续抛出异常，这样一直反复岂不是死循环？其实 ActiveMQ 会在重试 6 次后认为这条消息是有毒的，将把它丢到死信队列里。

死信队列（Dead Letter Queue，DLQ）是用来保存处理失败或者过期的消息的。在 ActiveMQ 的开发者指南中写道：当发生以下四种情况时，消息会被再投递给客户端。

- 使用事务 Session 并调用 rollback 方法。
- 在调用 commit 方法之前关闭了事务 Session。
- 在 Session 中使用了 CLIENT_ACKNOWLEDGE 并调用 recover 方法。
- 客户端连接超时（可能正在执行的代码比配置的超时时间长）。

当消息被再投递超过配置的最多次数后（默认为 6 次）会给 Broker 发送一个毒丸信息“Poisonack”，此时 Broker 会将当前消息发送到死信队列，以便后续处理。在默认情况下死信队列是 ActiveMQ.DLQ，如果持久化消息过期，则默认会被送到死信队列，而非持久化消息默认不会被送到死信队列。当然，这些策略都可以通过配置文件（activemq.xml）来调整。所以，假如发现消息突然不见了，去 ActiveMQ.DLQ 里找找，说不定它就在那里。

3. 消息积压处理

上面的消息积压问题可以通过配置消息的过期时间和死信队列处理来预防。

```
<plugins>
  <timeStampingBrokerPlugin ttlCeiling="10000" zeroExpirationOverride=
"10000"/>
</plugins>
```

配置消息的过期时间可以使用 timeStampingBrokerPlugin 插件，ttlCeiling 表示过期时间上限（在应用中设置的消息的过期时间不能超过该值，如果超过则以此时间为准），zeroExpirationOverride 表示过期时间（给未设置过期时间的消息设置过期时间），这两个值一般会设置成一样的。通过这个配置客户端不再接收到过期的消息，按上面所说的持久化消息过期默认会进入死信队列，且不会被自动清除。对于过期的消息进入死信队列可以配置一些处理策略，比如直接抛弃死信队列、定时抛弃死信队列、设置慢消费者策略等。关于更多的信息可以参考官网说明（http://activemq.apache.org/message-redelivery-and-dlq-handling.html），这里不再赘述。

其实消息积压问题产生的原因多种多样，这里只是举了一个例子，从日常运维来看，最好定期检查消息队列数据的吞吐速度，保持生产和消费的平衡才不会出现大量积压。

4.3.3 消息事务

ActiveMQ 支持的事务（Transaction）有两种。

- JMS Transaction：使用 Session 接口的 commit 和 rollback 方法来控制，这和 JDBC connection 中的 commit 和 rollback 很像。
- XA Transaction：这是为了支持两阶段提交协议（XA），通过使用 XASession 与消息服务器通信来充当 XAResource，这和 XA 事务中的 JDBC connection 类似。

因为 XA 的性能很差，在实际场景中事务消息大多是指第一种。以消息生产者为例，如果启动了一个事务，Producer 在发送消息时就会在消息中附加一个事务号（Transaction ID），然后可以在这个事务中发送多条消息。Broker 在接收到消息后会判断是否有 Transaction ID，如果有就把消息保存在 Transaction store 中等待提交或回滚消息。可以看出，这里的事务概念并不是针对 Producer，而是针对 Broker 的，所以不管 Session 有没有提交 Broker 都会收到消息。如果在转发消息时选择了 PERSISTENT 模式并且消息过期，则默认进入死信队列，在进入死信队列之前 ActiveMQ 会删除消息中的 Transaction ID，这样过期的消息就不在事务中了。

如果场景需要，则可以使用事务来组合消息的发送和接收。事务提交表示生产的所有消息都被发送、消费的所有消息都被确认。事务回滚则表示生产的消息被销毁、消费的消息被恢复并重新提交。commit 或 rollback 方法一旦被调用，就表示一个事务结束了，另一个事务开始了。由于事务是针对 Broker 的，所以消息的生产和消费不能被包含在同一个事务中。

```
    // 创建连接工厂
    ConnectionFactory connectionFactory = new ActiveMQConnectionFactory
(USERNAME, PASSWORD, BROKER_URL);

    // 创建连接
    Connection connection = connectionFactory.createConnection();
    // 开启连接
    connection.start();
    // 创建会话，开启事务
    Session session = connection.createSession(true, Session.SESSION_
TRANSACTED);
    // 创建主题，用作消费者订阅消息
    Topic myTestTopic = session.createTopic("activemq-topic-test1");
    // 消息生产者
```

```
MessageProducer producer = session.createProducer(myTestTopic);

for (int i = 1; i <= 100; i++) {
    TextMessage message = session.createTextMessage("发送消息 " + i);
    producer.send(myTestTopic, message);

    // 每发送 10 条提交一次事务
    if((i%10) == 0){
        session.commit();
    }
}

// 关闭资源
session.close();
connection.close();
```

从性能上看，生产者使用事务会提高入队列的性能，消费者启动事务则会显著影响数据的消费速度，这就是消息服务器性能调优中的又一个权衡点。我们需要分析业务场景，看看是否需要使用事务来组合消息的发送和接收。

4.3.4 消息应答模式

对于消息消费者，除可以用事务的方式来告知 Broker 一批消息已成功处理之外，实际上更常用的是设置消息应答模式。在 javax.jms.Session 接口中预定义了四种模式：

```
static final int SESSION_TRANSACTED = 0;

static final int AUTO_ACKNOWLEDGE = 1;

static final int CLIENT_ACKNOWLEDGE = 2;

static final int DUPS_OK_ACKNOWLEDGE = 3;
```

对于一条消息何时和如何应答取决于消息会话的设置，SESSION_TRANSACTED 表示事务消息，上面已经介绍过了，下面看一下其他几种模式。

- AUTO_ACKNOWLEDGE（自动确认）：当消费者通过 receive 或 onMessage 方法成功返回消息之后，Session 自动签收这条消息，表示消费者对消息的处理是成功的。

- CLIENT_ACKNOWLEDGE（客户端手动确认）：当消费者通过 receive 或 onMessage 方法成功返回消息之后，必须显式调用 javax.jms.Message 接口中的 acknowledge 方法签收消息，否则这条消息对 ActiveMQ 来说并没有处理成功。
- DUPS_OK_ACKNOWLEDGE（自动批量确认）：消费者按照一定的策略向 Broker 发送一个 ack 标识，表示一批消息处理完成。这种模式可能会引起消息的重复，但是降低了 Session 的开销，所以只有能容忍消息重复的业务才可以使用该模式。
- INDIVIDUAL_ACKNOWLEDGE（单条消息确认）：这是 ActiveMQ 另外补充的一种模式，其常量定义在 org.apache.activemq.ActiveMQSession 中。采用这种模式消费者将会逐条向 Broker 发送 ack 标识，所以其性能很差，除非业务特别需要，否则一般不建议使用。

设置消息应答模式一般是在调用 Connection 接口的 createSession 方法创建会话对象时作为入参传进去的。

```
    Session createSession(boolean transacted, int acknowledgeMode) throws
JMSException;
```

一般情况下优先考虑使用 AUTO_ACKNOWLEDGE 模式确认消息，其作用是延迟确认，消费者在处理完消息后暂不会发送 ack 标识，而是会缓存在 Session 中，等到这些消息的数量达到一定阈值时，再发送一个 ack 指令告知一批消息处理完成。

4.3.5 消息发送优化

1. 异步发送

ActiveMQ 支持以同步或异步模式向消息服务器发送消息，所采用的模式对调用消息方法的延迟有很大的影响。通常延迟是影响消息生产者吞吐量的一个重要因素，如果消费消息的速度比较慢，使用同步模式发送消息可能出现消息生产者堵塞的情况，从而影响生产者的吞吐量。所以，一般情况下，如果消费消息的速度比较快，则建议使用同步模式；如果消费消息的速度比较慢，则建议使用异步的消息传递模式（这样可以避免同步和上下文切换额外增加的队列堵塞花费）。

配置异步发送有多种方式：

```
    // 1.通过 Connection URI 配置
    new ActiveMQConnectionFactory("tcp://locahost:61616?jms.useAsyncSend=
true");
```

```
// 2.通过 ConnectionFactory 配置
((ActiveMQConnectionFactory)connectionFactory).setUseAsyncSend(true);

// 3.通过 Connection 配置
((ActiveMQConnection)connection).setUseAsyncSend(true);
```

在大多数情况下，AcitveMQ 默认就是以异步模式发送消息的。例外情况是，在没有使用事务时，生产者以 PERSISTENT 模式传送消息，此时 send 方法是同步的，它会一直阻塞直到 ActiveMQ 发回确认消息，并且确认消息已经被存储。这种确认机制是为了保证消息不会丢失，但会造成生产者阻塞，从而影响调用 send 方法执行的时间。

2. 生产者流量控制

生产者流量控制（Producer Flow Control）主要是指在消息积压并超过限制大小的情况下，如何进行消息生产者端的限流。简单地讲，就是如果消息积压并超过限制大小，想要继续发送消息时 ActiveMQ 会让消息生产者进入等待状态或者直接抛出 JMSException。具体配置在 activemq.xml 文件中：

```
<destinationPolicy>
  <policyMap>
    <policyEntries>
      <policyEntry queue=">" producerFlowControl="true" memoryLimit="100mb">
    </policyEntries>
  </policyMap>
</destinationPolicy>
```

以上配置表示为所有 Queue 模式的队列启用生产者流量控制（producerFlowControl），并限制每个队列的最大内存存储（memoryLimit）为 100MB。

4.3.6 消息消费优化

1. 消息预取

假设有这样一种情况，消费者接收到消息后，如果其消费逻辑执行时间较长，将会使 Broker 不能很快收到消息确认反馈，此时如果 Broker 又收到了新的消息需要发送给消费者，那么 Broker 是继续发送新消息还是等待前一条消息的确认反馈呢？很明显这又是一个影响消息处理性能的地方。为了提高消息分发的效率，ActiveMQ 引入了消息预取（prefetch）机制。Broker 在没有收到消费者的消息反馈前会继续发送新消息给它，除非消费者的消息缓存区满了，或者未收到反馈的消息数量达到了预取数量的上限值。这个限制值就是 prefetchSize，对于不同类型的队列

ActiveMQ 默认的预取数量也不同（见表 4-2）。

表 4-2

转 发 模 式	队 列 类 型	prefetchSize
PERSISTENT	Queue	1000
NON_PERSISTENT	Queue	1000
PERSISTENT	Topic	100
NON_PERSISTENT	Topic	32766

一般情况下，这些默认的预取数量不需要改变。如果想要改善性能，可以加大预取数量的限制。如非必要，预取数量不要设置为 1，因为这将导致一条一条地取数据；也不要设置为 0，因为这将导致关闭消息服务器的推送机制，需要消费者主动拉取数据。

配置预取数量有多种方式：

```
    // 1.通过 Connection URI 配置
    new ActiveMQConnectionFactory("tcp://localhost:61616?jms.prefetchPolicy.
queuePrefetch=1");

    // 2.通过 ActiveMQPrefetchPolicy 策略对象修改
    ActiveMQPrefetchPolicy prefetchPolicy = connectionFactory.getPrefetch
Policy();
    prefetchPolicy.setQueuePrefetch(200);// 设置队列的预取数量为 200
    connectionFactory.setPrefetchPolicy(prefetchPolicy);

    // 3.通过 Properties 属性修改
    Properties props = new Properties();
    props.setProperty("prefetchPolicy.queuePrefetch", "1000");
    props.setProperty("prefetchPolicy.topicPrefetch", "1000");
    connectionFactory.setProperties(props);
```

2. 慢速消费者

消息消费速度慢于消息生产速度的消费者称作慢速消费者（Slow Consumer）。相对来说，消息消费速度快于消息生产速度的消费者就叫作快速消费者（Fast Consumer）。生产者不断产生新消息，Broker 在将消息转发给消费者时如果发现其内部仍有大量消息没有消费完成，此时 Broker 就会认为该消费者是慢速的。在队列模式下，如果已发送（dispatched），但没有确认消费（unAck）的消息数量大于 prefetchSize，那么消费者会被标记为 Slow。在主题模式下，如果 cacheLimit 已满，但是向主题的订阅者要发送的消息数量大于 prefetchSize，那么订阅者将被标记为 Slow。简单地讲，就是快速生产者生产的消息不能被 Consumer 及时消费，导致消息积压在 Broker 中。

慢速消费者会给 Broker 带来潜在危险，因为这会使 Broker 上有大量消息驻留在内存中，一旦内存耗尽就会导致消息数据不断地从文件读取（page in）到内存，然后又被交换到文件中，从而消耗磁盘 IO。更严重的是还会拖累消息生产者，导致生产者一侧阻塞而减慢生产者发送消息的速度，从而牵连原本的快速消费者也无法获取到充足的消息消费，降低了快速消费者的速度。所以有时需要根据应用场景对慢速消费者，以及可能产生的潜在危险做一些必要的容错，目前对于这个问题 ActiveMQ 是使用等待消息限制策略（Pending Message Limit Strategy）来解决的。因此，除上面所说的预取限制之外，还要配置等待消息的上限，超过这个上限后有新消息到来时将根据不同的策略丢弃旧的消息。

（1）等待消息限制

目前等待消息限制策略有两种：constantPendingMessageLimitStrategy 和 prefetchRatePendingMessageLimitStrategy。

- constantPendingMessageLimitStrategy 策略中的限制值分三类：0，表示不额外增加预取数量大小；大于 0，表示额外增加预取数量大小；-1，表示不增加预取数量大小也不丢弃旧的消息。该策略中的限制使用常量值配置：

```
<constantPendingMessageLimitStrategy limit="50"/>
```

- prefetchRatePendingMessageLimitStrategy 策略是利用消费者设置的预取数量乘以其倍数等于实际的预取数量大小。例如：

```
<prefetchRatePendingMessageLimitStrategy multiplier="2.5"/>
```

（2）消息丢弃

目前消息丢弃策略有三种。

- oldestMessageEvictionStrategy：该策略丢弃最旧的消息。
- oldestMessageWithLowestPriorityEvictionStrategy：该策略丢弃最旧的且优先级最低的消息。
- uniquePropertyMessageEvictionStrategy：该策略根据自定义的属性来丢弃消息。

配置示例如下：

```
<destinationPolicy>
    <policyMap>
        <policyEntries>
            <policyEntry topic="PRICES.>">
                <pendingMessageLimitStrategy>
```

```
                <constantPendingMessageLimitStrategy limit="10"/>
              </pendingMessageLimitStrategy>
              <messageEvictionStrategy>
                <!-- 丢弃最旧的消息 -->
                <oldestMessageEvictionStrategy/>
              </messageEvictionStrategy>
            </policyEntry>
          </policyEntries>
            <policyEntry topic="PRICES.>">
              <pendingMessageLimitStrategy>
                <constantPendingMessageLimitStrategy limit="10"/>
              </pendingMessageLimitStrategy>
              <messageEvictionStrategy>
                <!-- 抛弃属性名称为 STOCK 的消息 -->
                <uniquePropertyMessageEvictionStrategy
propertyName="STOCK"/>
              </messageEvictionStrategy>
            </policyEntry>
          </policyEntries>
        </policyMap>
    </destinationPolicy>
```

4.3.7 消息协议

ActiveMQ 支持多种协议，比如 AMQP、MQTT、OpenWire、STOMP、WebSocket 等。这些协议都是在配置文件 activemq.xml 中的 transportConnectors 节点下配置的，例如在默认配置中支持以下协议：

```
    <transportConnectors>
        <transportConnector name="openwire" uri="tcp://0.0.0.0:61616?maximum
Connections=1000&amp;wireFormat.maxFrameSize=104857600"/>
        <transportConnector name="amqp" uri="amqp://0.0.0.0:5672?maximum
Connections=1000&amp;wireFormat.maxFrameSize=104857600"/>
        <transportConnector name="stomp" uri="stomp://0.0.0.0:61613?maximum
Connections=1000&amp;wireFormat.maxFrameSize=104857600"/>
        <transportConnector name="mqtt" uri="mqtt://0.0.0.0:1883?maximum
Connections=1000&amp;wireFormat.maxFrameSize=104857600"/>
        <transportConnector name="ws" uri="ws://0.0.0.0:61614?maximum
```

```
Connections=1000&amp;wireFormat.maxFrameSize=104857600"/>
    </transportConnectors>
```

上面配置了五种协议，其中 OpenWire 协议监听的是本机的 61616 端口（0.0.0.0 表示本机的所有 IP 设备）；AMQP 协议监听的是本机的 5672 端口；STOMP 协议监听的是本机的 61613 端口；MQTT 协议监听的是本机的 1883 端口；WebSocket 协议监听的是本机的 61614 端口。可以看到，在 uri 属性中还附加了一些参数，其中 maximumConnections 表示本端口支持的最大连接数量；wireFormat.maxFrameSize 表示协议的一条完整消息的最大数据量（单位为 byte）。uri 属性中的参数有些是各种协议都支持的，有些则是协议特定的，关于这部分的介绍可以参见官网（http://activemq.apache.org/protocols.html）。

本书第 2 章已经介绍了几种常用的协议，这里主要说一下在实际应用中可以优化的一些地方。从 ActiveMQ 5.13.0 版本开始，已经对 OpenWire、STOMP、AMQP、MQTT 四种常用协议的端口监听进行了合并，在 uri 中可以用 auto 来简化配置，ActiveMQ 将监听其端口的消息并自动适配相应的协议。

```
<transportConnector name="auto" uri="auto://0.0.0.0:5671" />
```

这种方式的数据传输默认走 TCP 连接，如果想要给网络通信提供安全支持，则可以在 uri 中使用“auto+ssl”前缀。

```
<transportConnector name="auto+ssl" uri="auto+ssl://0.0.0.0:5671"/>
```

这种 auto 配置只是让 ActiveMQ 的连接管理更简捷一点，但没有提升单个节点的处理性能，在默认情况下其端口监听处理采用的是 BIO 模型，要想提高其网络吞吐性能，则可以改成 NIO 模型。

```
<transportConnector name="auto+nio" uri="auto+nio://0.0.0.0:5671"/>
```

采用这种配置其端口既支持 NIO 又支持多种协议，其语法也很容易理解，比如想指定只用 AMQP 协议和 SSL 支持，则可以使用“amqp+ssl”前缀。当然，在生产环境中一般会附加一些属性的配置，比如最大连接数量、单条消息的最大传输值、线程池最大工作线程数等。

```
<transportConnector name="auto+nio" uri="auto+nio://0.0.0.0:61608?maximum
Connections=300&wireFormat.maxFrameSize=51200000&org.apache.activemq.transpo
rt.nio.SelectorManager.corePoolSize=50&org.apache.activemq.transport.nio.Sel
ectorManager.maximumPoolSize=100" />
```

4.3.8 消息持久化

为避免消息系统意外宕机而导致丢失消息，消息中间件一般会支持消息服务器实例重启以恢复原来的消息数据，这就涉及了消息持久化机制。ActiveMQ 支持多种方式的持久化，比如 JDBC、AMQ、KahaDB、LevelDB 等，无论哪种方式，其消息存储的逻辑都是一致的。当生产者发出消息后，Broker 首先将消息存储到文件、内存数据库或远程数据库等地方，然后再将消息发送给消费者，发送成功后则将消息从相应的存储中删除，若失败则继续尝试发送。这样 Broker 在启动时会先检查指定位置的存储，若有发送不成功的消息，则继续发送。

下面是几种常见的持久化方式。

- JDBC：基于数据库存储，这是很多企业级应用比较喜欢的存储方式。很多公司都有专门的 DBA，有这种人才储备的公司使用数据库存储相对比较放心。选择数据库存储方式，通过 SQL 就可以很方便地查看消息，这比其他方式更有优势。但是其存储性能在诸多选择中是最差的。
- AMQ：基于文件存储，在写入消息时会将消息先写入日志文件中，因为采用的是顺序追加方式，所以性能很好。通过创建消息主键索引并提供缓存机制可以进一步提升性能，当然对每个日志文件的大小都是有限制的，超过大小则新建一个文件，当所有的消息都消费完成后，系统会根据配置删除文件或者归档。这种方式的优点是性能比 JDBC 好；缺点是 AMQ 会为每个 Destination 都创建一个索引，如果系统中有大量的队列索引文件，则会占用很多磁盘空间。由于索引比较大，一旦 Broker 崩溃重建索引的过程会很慢。
- KahaDB：这是从 ActiveMQ 5.4 版本开始默认的持久化方式，其恢复时间远小于 AMQ，并且使用了更少的数据文件。其持久化机制和 AMQ 很像，也是基于日志文件、索引和缓存的。与 AMQ 不同的是，KahaDB 所有的 Destination 都用一个索引文件。ActiveMQ In Action 中说它可以支持 1 万个连接，这可以满足大部分应用场景的需求。
- LevelDB：这是在 ActiveMQ 5.6 版本中新推出的持久化方式，据说其性能比 KahaDB 还好。在 ActiveMQ 5.9 版本中又提供了基于 LevelDB 和 ZooKeeper 的数据复制方式，用于主从方式的数据复制。LevelDB 使用自定义的索引代替常用的 BTree 索引。

这里只是对几种存储方式做了简单介绍，对于每一种方式进行扩展都需要很大的篇幅。在实际使用时需要根据它们的特点和实际业务场景进行权衡，在进入生产环境前多参考一下 ActiveMQ 官网中的具体说明，多了解一下其存储机制运行原理和配置参数，这样使用 ActiveMQ 会更加游刃有余。

第 5 章 Kafka

5.1 简介

1. Kafka 特点

Kafka 最早是由 LinkedIn 公司开发的一种分布式的基于发布/订阅的消息系统，后来成为 Apache 的顶级项目。其主要特点如下：

- 同时为发布和订阅提供高吞吐量。Kafka 的设计目标是以时间复杂度为 $O(1)$的方式提供消息持久化能力的，即使对 TB 级别以上数据也能保证常数时间的访问性能，即使在非常廉价的商用机器上也能做到单机支持每秒 100K 条消息的传输。
- 消息持久化。将消息持久化到磁盘，因此可用于批量消费，例如 ETL 以及实时应用程序。通过将数据持久化到硬盘以及复制可以防止数据丢失。
- 分布式。支持服务器间的消息分区及分布式消费，同时保证每个 Partition 内的消息顺序传输。其内部的 Producer、Broker 和 Consumer 都是分布式架构，这更易于向外扩展。
- 消费消息采用 Pull 模式。消息被处理的状态是在 Consumer 端维护的，而不是由服务器端维护，Broker 无状态，Consumer 自己保存 offset。
- 支持 Online 和 Offline 场景，同时支持离线数据处理和实时数据处理。

2. 基本概念

- Broker：Kafka 集群中的一台或多台服务器。
- Topic：发布到 Kafka 的每条消息都有一个类别，这个类别就被称为 Topic（物理上，不同Topic的消息分开存储；逻辑上，虽然一个Topic的消息被保存在一个或多个Broker上，但用户只需指定消息的Topic即可生产或消费数据，而不必关心数据存于何处）。

- Partition：物理上的Topic分区，一个Topic可以分为多个Partition，每个Partition都是一个有序的队列。Partition中的每条消息都会被分配一个有序的ID（offset）。
- Producer：消息和数据的生产者，可以理解为向Kafka发消息的客户端。
- Consumer：消息和数据的消费者，可以理解为从Kafka取消息的客户端。
- Consumer Group（消费者组）：每个消费者都属于一个特定的消费者组（可为每个消费者指定组名，若不指定组名，则属于默认的组）。这是Kafka用来实现一个Topic消息的广播（发送给所有的消费者）和单播（发送给任意一个消费者）的手段。一个Topic可以有多个消费者组。Topic的消息会被复制（不是真的复制，是概念上的）到所有的消费者组中，但每个消费者组只会把消息发送给该组中的一个消费者。如果要实现广播，只要每个消费者都有一个独立的消费者组就可以了；如果要实现单播，只要所有的消费者都在同一个消费者组中就行。使用消费者组还可以对消费者进行自由分组，而不需要多次发送消息到不同的Topic。

如图5-1所示，一个典型的Kafka集群中包含若干生产者（可以是前端浏览器发起的页面访问或服务器日志等）、若干Broker（Kafka支持水平扩展，一般Broker数量越多集群吞吐率越大）、若干消费者组以及一个ZooKeeper集群。Kafka通过ZooKeeper管理集群配置、选举leader，以及当消费者组发生变化时进行Rebalance（再均衡）。生产者使用推模式将消息发布到Broker，消费者使用拉模式从Broker订阅并消费消息。

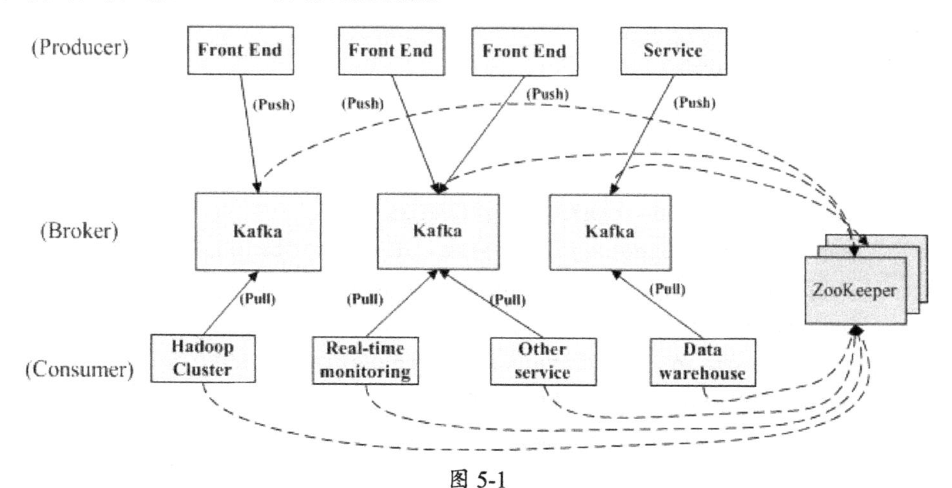

图5-1

5.2 工程实例

5.2.1 Java 访问 Kafka 实例

Kafka 作为消息系统的一种，当然可以像其他消息中间件一样作为消息数据中转的平台。下面以 Java 语言为例，看一下如何使用 Kafka 来发送和接收消息。

1. 引入依赖

```
<dependency>
    <groupId>org.apache.kafka</groupId>
    <artifactId>kafka-clients</artifactId>
    <version>0.11.0.1</version>
</dependency>
```

添加 Kafka 客户端访问支持，具体版本和本地安装的 Kafka 版本一致即可。

2. 消息生产者

```
import org.apache.kafka.clients.producer.KafkaProducer;
import org.apache.kafka.clients.producer.Producer;
import org.apache.kafka.clients.producer.ProducerRecord;

import java.util.HashMap;
import java.util.Map;

public class ProducerSample {

    public static void main(String[] args) {
        Map<String, Object> props = new HashMap<String, Object>();
        props.put("bootstrap.servers", "localhost:9092");
        props.put("key.serializer",
"org.apache.kafka.common.serialization.StringSerializer");
        props.put("value.serializer",
"org.apache.kafka.common.serialization.StringSerializer");
        props.put("key.deserializer",
"org.apache.kafka.common.serialization.StringDeserializer");
        props.put("value.deserializer",
"org.apache.kafka.common.serialization.StringDeserializer");
```

```
            props.put("zk.connect", "127.0.0.1:2181");

            String topic = "test-topic";
            Producer<String, String> producer = new KafkaProducer<String,
String>(props);
            producer.send(new ProducerRecord<String, String>(topic, "idea-key2",
"java-message 1"));
            producer.send(new ProducerRecord<String, String>(topic, "idea-key2",
"java-message 2"));
            producer.send(new ProducerRecord<String, String>(topic, "idea-key2",
"java-message 3"));

            producer.close();
        }

    }
```

示例中用 KafkaProducer 类来创建一个消息生产者，该类的构造函数入参是一系列属性值。下面看一下这些属性具体都是什么含义。

- bootstrap.servers 表示 Kafka 集群。如果集群中有多台物理服务器，则服务器地址之间用逗号分隔，比如"192.168.1.1:9092,192.168.1.2:9092"。localhost 是笔者电脑的地址，9092 是 Kafka 服务器默认监听的端口号。
- key.serializer 和 value.serializer 表示消息的序列化类型。Kafka 的消息是以键值对的形式发送到 Kafka 服务器的，在消息被发送到服务器之前，消息生产者需要把不同类型的消息序列化为二进制类型，示例中是发送文本消息到服务器，所以使用的是 StringSerializer。
- key.deserializer 和 value.deserializer 表示消息的反序列化类型。把来自 Kafka 集群的二进制消息反序列化为指定的类型，因为序列化用的是 String 类型，所以用 StringDeserializer 来反序列化。
- zk.connect 用于指定 Kafka 连接 ZooKeeper 的 URL，提供了基于 ZooKeeper 的集群服务器自动感知功能，可以动态从 ZooKeeper 中读取 Kafka 集群配置信息。

有了消息生产者之后，就可以调用 send 方法发送消息了。该方法的入参是 ProducerRecord 类型对象，ProducerRecord 类提供了多种构造函数形参，常见的有如下三种。

- ProducerRecord(topic,partition,key,value)
- ProducerRecord(topic,key,value)

- ProducerRecord(topic,value)

其中 topic 和 value 是必填的，partition 和 key 是可选的。如果指定了 partition，那么消息会被发送至指定的 partition；如果没指定 partition 但指定了 Key，那么消息会按照 hash(key)发送至对应的 partition；如果既没指定 partition 也没指定 key，那么消息会按照 round-robin 模式发送（即以轮询的方式依次发送）到每一个 partition。示例中将向 test-topic 主题发送三条消息。

3. 消息消费者

```
import org.apache.kafka.clients.consumer.Consumer;
import org.apache.kafka.clients.consumer.ConsumerRecord;
import org.apache.kafka.clients.consumer.ConsumerRecords;
import org.apache.kafka.clients.consumer.KafkaConsumer;

import java.util.Arrays;
import java.util.Properties;

public class ConsumerSample {

    public static void main(String[] args) {
        String topic = "test-topic";

        Properties props = new Properties();
        props.put("bootstrap.servers", "localhost:9092");
        props.put("group.id", "testGroup1");
        props.put("enable.auto.commit", "true");
        props.put("auto.commit.interval.ms", "1000");
        props.put("key.deserializer",
"org.apache.kafka.common.serialization.StringDeserializer");
        props.put("value.deserializer",
"org.apache.kafka.common.serialization.StringDeserializer");
        Consumer<String, String> consumer = new KafkaConsumer(props);
        consumer.subscribe(Arrays.asList(topic));
        while (true) {
            ConsumerRecords<String, String> records = consumer.poll(100);
            for (ConsumerRecord<String, String> record : records)
                System.out.printf("partition = %d, offset = %d, key = %s, value
= %s%n", record.partition(), record.offset(), record.key(), record.value());
        }

    }
}
```

和消息生产者类似，这里用 KafkaConsumer 类来创建一个消息消费者，该类的构造函数入参也是一系列属性值。

- bootstrap.servers 和生产者一样，表示 Kafka 集群。
- group.id 表示消费者的分组 ID。
- enable.auto.commit 表示 Consumer 的 offset 是否自动提交。
- auto.commit.interval.ms 用于设置自动提交 offset 到 ZooKeeper 的时间间隔，时间单位是毫秒。
- key.deserializer 和 value.deserializer 表示用字符串来反序列化消息数据。

接下来，消息消费者使用 subscribe 方法订阅了 Topic 为 test-topic 的消息。Consumer 调用 poll 方法来轮询 Kafka 集群的消息，一直等到 Kafka 集群中没有消息或达到超时时间（示例中设置超时时间为 100 毫秒）为止。如果读取到消息，则打印出消息记录的 partition、offset、key 等。

4. 启动服务器

```
#启动 ZooKeeper
zookeeper-server-start /usr/local/etc/kafka/zookeeper.properties

#启动 Kafka 服务器
kafka-server-start /usr/local/etc/kafka/server.properties
```

5. 运行 Consumer

先运行 Consumer，这样当生产者发送消息时就能在消费者后端看到消息记录。

6. 运行 Producer

再运行 Producer，发布几条消息，在 Consumer 的控制台就能看到所接收到的消息（见图 5-2）。

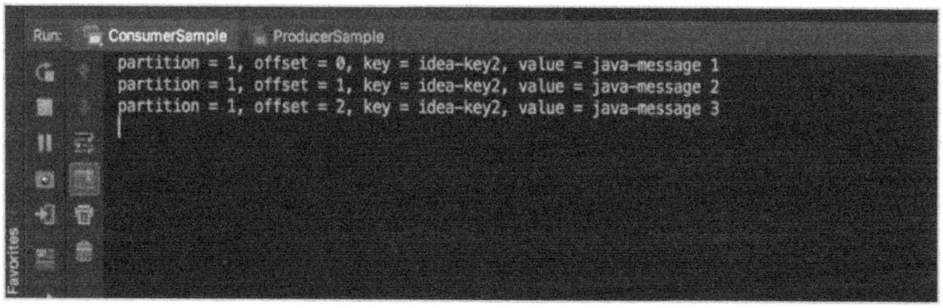

```
Run: ConsumerSample   ProducerSample
partition = 1, offset = 0, key = idea-key2, value = java-message 1
partition = 1, offset = 1, key = idea-key2, value = java-message 2
partition = 1, offset = 2, key = idea-key2, value = java-message 3
```

图 5-2

5.2.2 Spring 整合 Kafka

Spring 框架已经把 Spring 的核心概念应用到了基于 Kafka 的消息通信中，Spring 提供了一个模板类来发送消息。下面看一下在 Spring 中是如何基于 Kafka 来发送和消费消息的。

1. 引入依赖

```
<dependency>
    <groupId>org.apache.kafka</groupId>
    <artifactId>kafka-clients</artifactId>
    <version>0.11.0.1</version>
</dependency>

<dependency>
    <groupId>org.springframework.kafka</groupId>
    <artifactId>spring-kafka</artifactId>
    <version>2.0.4.RELEASE</version>
</dependency>
```

示例中除 Kafka 的客户端包之外，还要添加 Spring 支持 Kafka 的包。Spring 对于 Kafka 的集成使用有多种方式，这里介绍最简单的一种，就是直接使用 Spring for Apache Kafka 项目集成。由于 kafka-clients 包的版本不同，相应的 spring-kafka 包的版本也需要与其一致，读者在选择版本时请注意它们的兼容性（见表 5-1）。

表 5-1

Spring for Apache Kafka 版本	kafka-clients 版本
2.2.x	1.1.x
2.1.x	1.0.x, 1.1.x
2.0.x	0.11.0.x, 1.0.x
1.3.x	0.11.0.x, 1.0.x
1.2.x	0.10.2.x
1.1.x	0.10.0.x, 0.10.1.x
1.0.x	0.9.x.x
N/A*	0.8.2.2

2. Spring 配置文件

```
<?xml version="1.0" encoding="UTF-8"?>
<beans
```

```
    xmlns="http://www.springframework.org/schema/beans"
    xmlns:xsi="http://www.w3.org/2001/XMLSchema-instance"
xsi:schemaLocation="http://www.springframework.org/schema/beans
http://www.springframework.org/schema/beans/spring-beans-3.0.xsd
">

<!--生产者配置-->
<bean id="producerFactory" class="org.springframework.kafka.core.
DefaultKafkaProducerFactory">
    <constructor-arg name="configs">
        <map>
            <entry key="bootstrap.servers" value="localhost:9092"/>
            <entry key="key.serializer" value="org.apache.kafka.common.
serialization.StringSerializer"/>
            <entry key="value.serializer" value="org.apache.kafka.
common.serialization.StringSerializer"/>
            <entry key="key.deserializer" value="org.apache.kafka.
common.serialization.StringDeserializer"/>
            <entry key="value.deserializer" value="org.apache.kafka.
common.serialization.StringDeserializer"/>
        </map>
    </constructor-arg>
</bean>
<bean id="kafkaTemplate" class="org.springframework.kafka.core.
KafkaTemplate">
    <constructor-arg ref="producerFactory"/>
    <constructor-arg name="autoFlush" value="true"/>
</bean>

<!--消费者配置-->
<bean id="consumerFactory" class="org.springframework.kafka.core.
DefaultKafkaConsumerFactory">
    <constructor-arg name="configs">
        <map>
            <entry key="bootstrap.servers" value="localhost:9092"/>
            <entry key="group.id" value="testGroup2"/>
            <entry key="key.deserializer" value="org.apache.kafka.
common.serialization.StringDeserializer"/>
```

```
                <entry key="value.deserializer" value="org.apache.kafka.
common.serialization.StringDeserializer"/>
            </map>
        </constructor-arg>
    </bean>
    <bean id="consumerListener" class="org.study.mq.kafka.spring.
KafkaConsumerListener"/>
    <bean id="containerProperties_example" class="org.springframework.
kafka.listener.config.ContainerProperties">
        <constructor-arg value="kafka-topic"/>
        <property name="messageListener" ref="consumerListener"/>
    </bean>
    <bean id="messageListenerContainer_example" class="org.
springframework.kafka.listener.KafkaMessageListenerContainer">
        <constructor-arg ref="consumerFactory"/>
        <constructor-arg ref="containerProperties_example"/>
    </bean>

</beans>
```

我们首先定义了消息生产者的工厂 bean，其参数在介绍 Java 访问 Kafka 实例时已经讲过。然后定义了 kafkaTemplate，它就是 Spring 提供的用于发送消息的模板类。接着定义了消息消费者的工厂 bean，并且定义了消息消费者监听器，该监听器在接收到消息时执行相关的业务代码，containerProperties_example 用于将消息监听器和某个消息主题绑定在一起，messageListenerContainer_example 则用于将消息监听器与消息消费者工厂绑定在一起。为了简单起见，消息采用字符串格式，所以消息的序列化和反序列化都是字符串。

3. 消息生产者

下面是使用模板类发送消息的生产者类。

```
package org.study.mq.kafka.spring;

import org.springframework.context.ApplicationContext;
import org.springframework.context.support.ClassPathXmlApplication
Context;
import org.springframework.kafka.core.KafkaTemplate;

public class SpringProducer {
```

```
    public static void main(String[] args) {
        ApplicationContext ctx = new ClassPathXmlApplicationContext
("spring-kafka.xml");

        KafkaTemplate<String, String> kafkaTemplate    =    (KafkaTemplate)
ctx.getBean("kafkaTemplate");
        kafkaTemplate.send("kafka-topic", "我的测试消息 1");
        kafkaTemplate.send("kafka-topic", "我的测试消息 2");
        kafkaTemplate.send("kafka-topic", "我的测试消息 3");
    }

}
```

发送消息的例子很简单，获取到 kafkaTemplate 后调用 send 方法，该方法的第一个参数表示消息的 Topic，第二个参数就是具体的消息内容。

4．消息消费者

```
package org.study.mq.kafka.spring;

import org.apache.kafka.clients.consumer.ConsumerRecord;
import org.springframework.kafka.listener.MessageListener;

public  class  KafkaConsumerListener  implements  MessageListener<String,
String> {

    @Override
    public void onMessage(ConsumerRecord<String, String> record) {
        System.out.printf("partition = %d, offset = %d, key = %s, value = %s%n",
record.partition(), record.offset(), record.key(), record.value());
    }
}
```

如果读取到消息，则打印出消息记录的 partition、offset、key 等。

5．启动应用

启动 Kafka 服务之后运行 SpringProducer 类，在控制台将看到接收到文本消息（见图 5-3）。

```
SpringProducer
/Library/Java/JavaVirtualMachines/jdk1.8.0_131.jdk/Contents/Home/bin/ja
objc[2050]: Class JavaLaunchHelper is implemented in both /Library/Java
SLF4J: Failed to load class "org.slf4j.impl.StaticLoggerBinder".
SLF4J: Defaulting to no-operation (NOP) logger implementation
SLF4J: See http://www.slf4j.org/codes.html#StaticLoggerBinder for furth
partition = 0, offset = 19, key = null, value = 我的测试消息1
partition = 0, offset = 20, key = null, value = 我的测试消息2
partition = 0, offset = 21, key = null, value = 我的测试消息3
```

图 5-3

5.2.3 基于 Kafka 的用户行为数据采集

其实 Kafka 最早的一个使用场景就是用于重建用户行为跟踪的流水线，通过 Kafka 把用户的网页浏览行为发布到中心主题中，通常每种行为类型有一个主题。这些消息后续就可以被实时处理、实时监控或者加载到 Hadoop 集群或离线数据仓库中。每个用户浏览网页时都生成了许多活动信息，因此通常活动跟踪的数据量非常大，而 Kafka 的高吞吐量和 Pull 模式比较适合这种场景。

所谓用户行为，指的是用户与产品的交互行为，一般发生在用户使用 Android、iOS 等手持设备时以及 Web 页面上。这些交互行为有的会与后端服务通信，有的仅仅引起前端界面的变化，但是不管哪种行为都将产生一组与用户相关的属性数据。如果是与后端发生的交互行为，则通常可以从相关后端服务的日志文件、数据库中取得相关数据；如果是只发生在前端的行为，则需要前端主动将数据上报给后端才能知晓。用户行为数据采集就是指从前端采集所需的完整的用户行为信息，用于数据分析和其他业务。

用户在前端界面上的操作一般有两种：一种是打开一个页面，浏览其中的信息，然后点击感兴趣的内容进一步浏览；另一种是打开一个页面，根据界面上的提示输入相关信息，然后点击提交。因此，用户的操作行为可以归纳为三种：浏览、输入和点击（在移动端，有时也表现为滑动）。其中浏览和点击是引起页面变化和逻辑处理的重要事件，而输入总是与点击事件关联在一起。所以，通常的用户行为数据要采集的就是浏览和点击的行为（见图 5-4）。

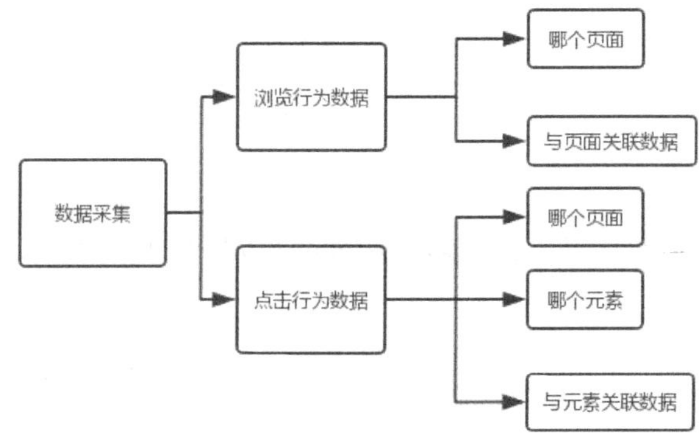

图 5-4

对于浏览，我们关注的是浏览了哪个页面，以及与之相关的元数据；对于点击，我们关注的是点击了哪个页面的哪个元素、与该元素相关联的其他元素的信息，以及相关的元数据。不论是浏览还是点击都需要两个重要信息：用户标识和时间。如果用户已经登录，则可以用系统内部的用户 ID 来标识；如果没有登录，则可以采用前端自动生成的 ID 来标识。而时间则用于数据统计，因为前端数据上报时可能会有延迟，所以在上报数据的信息中需要加上行为发生的时间。由此可以设计一套简单的信息上报的统一数据格式，例如：

```
{
    "userId": "12345678",
    "createTime": "2018-04-30 17:01:09",
    "page": "niwei.example.org/main.html",
    "operate": "report-serch-btn",
    "metadata": {
        "title": "搜索商品",
        "clickData": [{"tagType": "INPUT", "content": "1"}
    ]
}
```

其中 userId、createTime、page 是必填项，如果发生用户点击行为，则 operate 表示点击元素的 ID，metadata 则是上述行为发生过程中相关的元数据信息，该数据随着页面和点击的不同而不同。对于不同类型客户端的不同事件，可以通过 URL 地址来上报，不同客户端采用各自的 URL 前缀来区分，例如表 5-2 所示。

表 5-2

不同客户端的 URL	说　明
/report/pc/pageview	Web 页面的浏览
/report/ios/pageview	iOS 应用中页面的浏览
/report/android/pageview	Android 应用中页面的浏览
/report/pc/click	Web 页面的点击
/report/ios/click	iOS 应用中页面的点击
/report/android/click	Android 应用中页面的点击

1. 前端数据上报

定义好了数据上报方式和数据格式，接下来就是在应用中埋点，从而自动收集相关数据并提交到后台。埋点的实现方案有很多种，为简化代码示例，下面以在 Web 页面中采用用户行为数据为例，首先看一下通用的数据上报前端代码。

```
/**
 * 通用的上传数据到后端的方法
 * @param mainData 上报的主数据
 * @param metaData 上报的附加数据
 * @param url 根据上报信息的类型采用不同的 URL
 */
function r_reportUserActivity(mainData, metaData, url) {
    var reportJson = {};
    reportJson["createTime"] = (new Date()).toLocaleString();
    $.extend(reportJson, mainData);
    if (metaData) {
        reportJson["metaData"] = metaData;
    }

    $.ajax({
        type: "post",
        url: url,
        async: true,
        data: JSON.stringify(reportJson),
        contentType: "application/json; charset=utf-8",
        dataType: "json",
        success: function (data) {
            console.log(data);
        }
    });
}

/**
 * 上报页面浏览数据
 * @param mainData 上报的主数据，必填
 * @param metaData 上报的附加数据，选填
 */
function r_reportPage(mainData, metaData) {
    r_reportUserActivity(mainData, metaData, "/report/pc/pageView");
}

/**
 * 上报用户点击数据
 * @param mainData 上报的主数据，必填
```

```
     * @param metaData 上报的附加数据，必填
     */
    function r_reportClick(mainData, metaData) {
        $(document).on("click", function (event) {
            var $target = $(event.target);

            // 判断是否是需要上报的元素
            var rua = $target.closest("[report_click]");
            if (rua) {
                var reportClickId = rua.attr("report_click");
                if (reportClickId) {
                    var    reportClickDataArr    =    $("[report_click_data='"    +
reportClickId + "']");
                    var clickData = [];
                    // 查找相关联元素的数据信息
                    if (reportClickDataArr) {
                        reportClickDataArr.each(function () {
                            var elementData = {
                                "tagType": $(this).get(0).tagName,
                                'content': $(this).val()
                            };
                            clickData.push(elementData);
                        });
                    }
                    mainData["operate"] = reportClickId;
                    metaData["clickData"] = clickData;

                    r_reportUserActivity(mainData, metaData, "/report/pc/click");
                }
            }
        });
    }
```

这里把上报数据的功能封装成了一个 JS 文件，具体页面只要引入该文件，就可通过调用 r_reportPage 方法上报页面浏览信息、调用 r_reportClick 方法上报页面点击信息。在上报页面浏览数据时，会自动添加上报时间 createTime 字段。在上报页面点击数据时，如果页面中的标签包含 report_click 属性，则会自动上报该标签的点击事件；如果该点击事件需要附加一些上下文信息数据一起上报，则在需要抽取数据的页面标签中增加 report_click_data 属性即可。下面看一

下在具体的页面中如何使用该 JS 文件，以及 r_reportPage 和 r_reportClick 两个方法是怎么使用的。

```
<html>
<head>
    <meta charset="UTF-8">
    <title>商品搜索</title>
    <script type="text/javascript" src="/page/jquery.js"></script>
</head>

<body>
<div>
    <div>
        <input type="text" report_click_data="report-serch-btn"/>
    </div>
    <div>
        <textarea id="answer" cols="30" rows="10" report_click_data=
"report-serch-btn"></textarea>
    </div>
    <button report_click="report-serch-btn">搜索</button>
</div>
</body>
</html>
<script type="text/javascript" src="/page/report.js"></script>
<script type="text/javascript">
    $(function () {
        var userId = "12345";
        r_reportPage({page: window.location.href, userId:userId}, {title: "
商品主页面"});
        r_reportClick({page: window.location.href, userId:userId}, {title:
"商品主页面"});
    });
</script>
```

我们把上面写的 JS 文件命名为 report.js，在页面中引入该文件。由于当前页面支持用户不登录访问，所以将 userId 随机写了一个值，在实际使用时可以由页面前端自动生成一个随机数。为了上报点击信息，在按钮中增加了 report_click 属性，同时在用户点击“搜索”按钮时为了获取上下文的其他信息，比如文本框和输入框中的内容，我们给这两个元素都添加了

report_click_data 属性，它们的值和按钮的 report_click 值相同，表示当按钮点击事件触发时将它们的内容一起上传。

2. 接收前端数据请求

前端数据通过 HTTP 接口上传到后端就可以进入 Kafka，此时它作为生产者将收集到的上报数据作为消息发送出去，而消息消费者可以用 ELK 进行数据可视化，也可以在其他需要实时处理、实时监控的相关应用中作为基础数据输入。为了聚焦于 Kafka 的功能使用，下面看一下在后端是如何收集数据和发送消息的。对于如何消费消息，请读者根据实际需要进行扩展。

```
package org.study.mq.kafka.report.controller;

import org.springframework.beans.factory.annotation.Autowired;
import org.springframework.kafka.core.KafkaTemplate;
import org.springframework.stereotype.Controller;
import org.springframework.web.bind.annotation.RequestBody;
import org.springframework.web.bind.annotation.RequestMapping;
import org.springframework.web.bind.annotation.RequestMethod;
import org.springframework.web.bind.annotation.ResponseBody;
import org.study.mq.kafka.report.config.Constants;
import org.study.mq.kafka.report.model.ReportData;

import java.util.HashMap;
import java.util.Map;

@Controller
@RequestMapping(("/report/pc/"))
public class ReportPcController {

    @Autowired
    private KafkaTemplate<String, String> kafkaTemplate;

    @RequestMapping(value = "pageView", method = RequestMethod.POST)
    @ResponseBody
    public Map<String, Object> pageView(@RequestBody ReportData data) {
        kafkaTemplate.send(Constants.TOPIC_PAGE, data.toString());

        Map<String, Object> result = new HashMap<>();
        result.put("success", true);
```

```
        result.put("data", "页面数据上报成功");
        return result;
    }

    @RequestMapping(value = "click", method = RequestMethod.POST)
    @ResponseBody
    public Map<String, Object> click(@RequestBody ReportData data) {
        kafkaTemplate.send(Constants.TOPIC_CLICK, data.toString());

        Map<String, Object> result = new HashMap<>();
        result.put("success", true);
        result.put("data", "页面数据上报成功");
        return result;
    }
}
```

3. Kafka 相关配置

当接收到数据之后，通过 kafkaTemplate 直接将数据发送到 Kafka。在实际应用过程中，在发送消息时一般会添加一些附加信息用于业务区分，比如客户端类型、事件类型、接收消息的时间、上报消息的 IP 地址等。

相关配置信息类，首先是一些常量定义。

```
package org.study.mq.kafka.report.config;

public class Constants {

    public static final String TOPIC_PAGE = "pageTopic";

    public static final String TOPIC_CLICK = "clickTopic";

    public static final String BOOTSTRAP_SERVERS = "localhost:9092";

    public static final String GROUP_ID_REPORT = "report-data";

    public static final String REPORT_DATA_CONTAINER = "reportData
Container1";
}
```

接下来是 Kafka 的生产者工厂、消费者工厂和 Kafka 模板类等的配置，本例中采用了注解方式，但功能和前面介绍的在 Spring 中基于 XML 文件的配置是相同的。

```
    package org.study.mq.kafka.report.config;

    import org.springframework.context.annotation.Bean;
    import org.springframework.context.annotation.Configuration;
    import org.springframework.kafka.annotation.EnableKafka;
    import org.springframework.kafka.config.ConcurrentKafkaListenerContainer
Factory;
    import org.springframework.kafka.core.*;
    import org.study.mq.kafka.report.Listener.ReportDataListener;

    import java.util.HashMap;
    import java.util.Map;

    @Configuration
    @EnableKafka
    public class KafkaConfig {

        @Bean
        public ConcurrentKafkaListenerContainerFactory<String, String>
kafkaListenerContainerFactory() {
            ConcurrentKafkaListenerContainerFactory<String, String> factory =
new ConcurrentKafkaListenerContainerFactory<>();
            factory.setConsumerFactory(consumerFactory());
            return factory;
        }

        @Bean
        public Map<String, Object> consumerConfig() {
            Map<String, Object> props = new HashMap<>();
            props.put("bootstrap.servers", Constants.BOOTSTRAP_SERVERS);
            props.put("group.id", Constants.GROUP_ID_REPORT);
            props.put("key.deserializer",
"org.apache.kafka.common.serialization.StringDeserializer");
            props.put("value.deserializer",
"org.apache.kafka.common.serialization.StringDeserializer");
```

```
        return props;
    }

    @Bean
    public ConsumerFactory<String, String> consumerFactory() {
        return new DefaultKafkaConsumerFactory<>(consumerConfig());
    }

    @Bean
    public Map<String, Object> producerConfig() {
        Map<String, Object> props = new HashMap<>();
        props.put("bootstrap.servers", Constants.BOOTSTRAP_SERVERS);
        props.put("key.serializer",
"org.apache.kafka.common.serialization.StringSerializer");
        props.put("value.serializer",
"org.apache.kafka.common.serialization.StringSerializer");
        props.put("key.deserializer",
"org.apache.kafka.common.serialization.StringDeserializer");
        props.put("value.deserializer",
"org.apache.kafka.common.serialization.StringDeserializer");

        return props;
    }

    @Bean
    public ProducerFactory<String, String> producerFactory() {
        return new DefaultKafkaProducerFactory<>(producerConfig());
    }

    @Bean
    public ReportDataListener reportDataListener() {
        return new ReportDataListener();
    }

    @Bean
    public KafkaTemplate<String, String> kafkaTemplate() {
        return new KafkaTemplate<>(producerFactory(), true);
    }
}
```

下面是示例中涉及的两个消息主题的配置，其中 pageTopic 表示页面浏览相关消息，clickTopic 表示点击操作相关消息。

```
package org.study.mq.kafka.report.config;

import org.apache.kafka.clients.admin.AdminClientConfig;
import org.apache.kafka.clients.admin.NewTopic;
import org.springframework.context.annotation.Bean;
import org.springframework.context.annotation.Configuration;
import org.springframework.kafka.annotation.EnableKafka;
import org.springframework.kafka.core.KafkaAdmin;

import java.util.HashMap;
import java.util.Map;

@Configuration
@EnableKafka
public class TopicConfig {

    @Bean
    public KafkaAdmin kafkaAdmin() {
        Map<String, Object> configs = new HashMap<>();
        configs.put(AdminClientConfig.BOOTSTRAP_SERVERS_CONFIG,
Constants.BOOTSTRAP_SERVERS);
        return new KafkaAdmin(configs);
    }

    @Bean(name = Constants.TOPIC_PAGE)
    public NewTopic pageTopic() {
        return new NewTopic(Constants.TOPIC_PAGE, 10, (short) 2);
    }

    @Bean(name = Constants.TOPIC_CLICK)
    public NewTopic clickTopic() {
        return new NewTopic(Constants.TOPIC_CLICK, 10, (short) 2);
    }
}
```

4. 消息消费者

```
package org.study.mq.kafka.report.Listener;

import org.apache.kafka.clients.consumer.ConsumerRecord;
import org.slf4j.Logger;
import org.slf4j.LoggerFactory;
import org.springframework.kafka.annotation.KafkaListener;

public class ReportDataListener {

    private static Logger logger = LoggerFactory.getLogger(Report
DataListener.class);

    @KafkaListener(id = Constants.REPORT_DATA_CONTAINER, topics =
{Constants.TOPIC_PAGE, Constants.TOPIC_CLICK})
    public void listen(ConsumerRecord<?, ?> record) {
        logger.info("监听到消息记录 ===============");
        logger.info("topic = " + record.topic());
        logger.info("partition = " + record.partition());
        logger.info("offset = " + record.offset());
        logger.info("key = " + record.key());
        logger.info("value = " + record.value());
        logger.info("----------------------------");

    }

}
```

5. 数据模型类

本例中涉及三层数据结构，所以会有三个模型类。

```
package org.study.mq.kafka.report.model;

import java.io.Serializable;

public class ReportClickData implements Serializable {
    private String tagType;
    private String content;
```

```
    ...getter、setter、toString 方法定义
}
package org.study.mq.kafka.report.model;

import java.io.Serializable;
import java.util.ArrayList;
import java.util.List;

public class ReportMetaData implements Serializable {
    private String title;
    private List<ReportClickData> clickData = new ArrayList<>();

    ...getter、setter、toString 方法定义
}
package org.study.mq.kafka.report.model;

import java.io.Serializable;

public class ReportData implements Serializable{
    private String userId;
    private String createTime;
    private String page;
    private String operate;
    private ReportMetaData metaData;

    ...getter、setter、toString 方法定义
}
```

6. SpringMVC 相关配置

在 web.xml 中配置 Spring MVC 的支持。

```
<?xml version="1.0" encoding="UTF-8"?>

<web-app xmlns:xsi="http://www.w3.org/2001/XMLSchema-instance"
        xmlns="http://java.sun.com/xml/ns/javaee"
```

```
            xsi:schemaLocation="http://java.sun.com/xml/ns/javaee
http://java.sun.com/xml/ns/javaee/web-app_3_0.xsd"
            version="3.0">
       <display-name>demo</display-name>

       <!-- 设置静态文件访问  -->
       <servlet-mapping>
          <servlet-name>default</servlet-name>
          <url-pattern>*.js</url-pattern>
       </servlet-mapping>

       <servlet-mapping>
          <servlet-name>default</servlet-name>
          <url-pattern>*.css</url-pattern>
       </servlet-mapping>

       <!-- 编码过滤器 -->
       <filter>
          <filter-name>encodingFilter</filter-name>
          <filter-class>org.springframework.web.filter.CharacterEncoding
Filter</filter-class>
          <async-supported>true</async-supported>
          <init-param>
             <param-name>encoding</param-name>
             <param-value>UTF-8</param-value>
          </init-param>
       </filter>
       <filter-mapping>
          <filter-name>encodingFilter</filter-name>
          <url-pattern>/*</url-pattern>
       </filter-mapping>

       <!-- 定义 Spring MVC 的前端控制器 -->
       <servlet>
          <servlet-name>SpringMVC</servlet-name>
          <servlet-class>org.springframework.web.servlet.Dispatcher
Servlet</servlet-class>
          <init-param>
```

```
            <param-name>contextConfigLocation</param-name>
            <param-value>classpath:report-spring.xml</param-value>
        </init-param>
        <load-on-startup>1</load-on-startup>
        <async-supported>true</async-supported>
    </servlet>

    <servlet-mapping>
        <servlet-name>SpringMVC</servlet-name>
        <url-pattern>/</url-pattern>
    </servlet-mapping>

</web-app>
```

Spring 的配置文件如下：

```
<?xml version="1.0" encoding="UTF-8"?>
<beans xmlns="http://www.springframework.org/schema/beans"
      xmlns:xsi="http://www.w3.org/2001/XMLSchema-instance"
      xmlns:context="http://www.springframework.org/schema/context"
      xmlns:mvc="http://www.springframework.org/schema/mvc"
      xsi:schemaLocation="http://www.springframework.org/schema/beans
                          http://www.springframework.org/schema/beans/
spring-beans-3.1.xsd
                          http://www.springframework.org/schema/context
                          http://www.springframework.org/schema/context/
spring-context-3.1.xsd
                          http://www.springframework.org/schema/mvc
                          http://www.springframework.org/schema/mvc/
spring-mvc-4.3.xsd
    ">
    <context:component-scan base-package="org.study.mq.kafka.report"/>

    <bean  class="org.springframework.web.servlet.mvc.method.annotation.
RequestMappingHandlerAdapter">
        <property name="messageConverters">
            <list>
                <bean class="org.springframework.http.converter.json.
MappingJackson2HttpMessageConverter"/>
                <bean  class="org.springframework.http.converter.StringHttp
```

```
MessageConverter">
                        <property name="supportedMediaTypes">
                            <list>
                                <value>text/plain;charset=utf-8</value>
                                <value>text/html;charset=UTF-8</value>
                            </list>
                        </property>
                    </bean>
                </list>
            </property>
        </bean>
        <mvc:annotation-driven/>
        <mvc:default-servlet-handler/>

        <bean class="org.springframework.web.servlet.mvc.method.annotation.
RequestMappingHandlerAdapter">
            <property name="messageConverters">
                <list>
                    <bean
                            class="org.springframework.http.converter.
StringHttpMessageConverter">
                        <property name="supportedMediaTypes">
                            <list>
                                <value>application/json;charset=utf-8</value>
                            </list>
                        </property>
                    </bean>
                </list>
            </property>
        </bean>

        <!-- 定义跳转的文件的前后缀 ，视图模式配置-->
        <bean class="org.springframework.web.servlet.view.InternalResource
ViewResolver">
            <property name="prefix" value="/page/"/>
            <property name="suffix" value=".html"/>
        </bean>

    </beans>
```

7. 运行结果

启动 ZooKeeper 和 Kafka 服务器，然后启动 Web 应用，打开页面即可监听到页面访问上报数据（见图 5-5、图 5-6）。

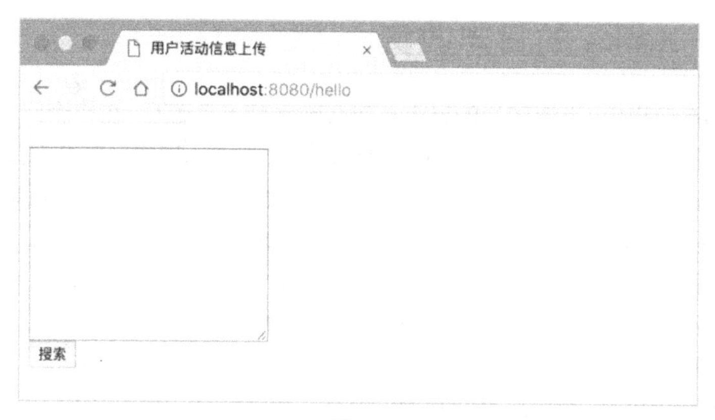

图 5-5

```
ner.java:14)] 监听到消息记录 ==============
ner.java:15)] topic = pageTopic
ner.java:16)] partition = 0
ner.java:17)] offset = 9
ner.java:18)] key = null
ner.java:19)] value = ReportData{userId='12345', createTime='2018/5/1 上午9:18:05', page='http://localhost:8080/hello', operate='null', metaData=ReportMetaData{title='商品主页面', clic
ner.java:20)] ----------------------------
```

图 5-6

点击“搜索”按钮，则会监听到点击事件上报数据（见图 5-7、图 5-8、图 5-9）。

图 5-7

```
监听到消息记录 ==============
topic = clickTopic
partition = 1
offset = 1
key = null
value = ReportData{userId='12345', createTime='2018/5/1 上午9:22:54', page='http://localhost:8080/hello', operate='report-serch-btn', metaData=ReportMetaData{title='商品主页面', clickDat
----------------------------
```

图 5-8

```
clickData=[ReportClickData{tagType='INPUT', content='我的测试输入'}, ReportClickData{tagType='TEXTAREA', content='ABC'}]}
```

图 5-9

5.2.4 基于 Kafka 的日志收集

在传统的 Web 应用中，系统产生的日志一般会输出到本地磁盘，在排查问题时通常用 Linux 命令登录到后台查询日志文件，如果 Web 应用是以集群方式部署的（集群中可能会有多台服务器，日志文件就会有多个存放地址），那么要快速定位日志中的问题就比较烦琐，此时就需要一个统一的日志平台来管理项目中产生的日志文件。Kafka 就可以被用在收集日志文件的场景中，各个应用系统在输出日志时利用拥有高吞吐量的 Kafka 作为数据缓冲平台，将日志统一输出到 Kafka，再通过 Kafka 以统一接口服务的方式开放给各种消费者。现在很多公司做统一日志平台的方案就是收集重要系统的日志集中到 Kafka 中，然后再导入 Elasticsearch、HDFS、Storm 等具体日志数据的消费者中，用于进行实时搜索分析、离线统计、数据备份、大数据分析等。

那么如何收集应用日志到 Kafka 中呢？其实针对该场景有一种简单的做法，由于很多 Java 程序都会用 log4j 来记录日志，基于此 Kafka 官网提供了 log4j 与 Kafka 的集成包 kafka-log4j-appender，在项目中只需要简单配置 log4j 文件，就能收集应用程序日志到 Kafka 中了。下面看一下这个方案的具体步骤。

1. 在项目中添加依赖包

```
<dependency>
    <groupId>org.apache.kafka</groupId>
    <artifactId>kafka-log4j-appender</artifactId>
    <version>1.0.0</version>
</dependency>
```

引入 Maven 的依赖包 kafka-log4j-appender，其版本需要和 Kafka 服务器的版本一致。

2. 日志文件配置

```
# 配置根 Logger
log4j.rootLogger=INFO,console,KAFKA

# 配置日志信息输出目的地 Appender，控制台输出
log4j.appender.console=org.apache.log4j.ConsoleAppender
log4j.appender.console.target=System.out
log4j.appender.console.encoding=UTF-8
# 配置日志信息的格式（布局）
```

```
log4j.appender.console.layout=org.apache.log4j.PatternLayout
log4j.appender.console.layout.ConversionPattern=%d (%t) [%p - %l] %m%n

# 配置日志信息输出目的地 Appender, Kafka
log4j.appender.KAFKA=org.apache.kafka.log4jappender.KafkaLog4jAppender
log4j.appender.KAFKA.topic=log4j-topic
log4j.appender.KAFKA.brokerList=localhost:9092
log4j.appender.KAFKA.compressionType=none
log4j.appender.KAFKA.syncSend=true
# 配置日志信息的格式（布局）
log4j.appender.KAFKA.layout=org.apache.log4j.PatternLayout
log4j.appender.KAFKA.layout.ConversionPattern=%d{yyyy-MM-dd    HH:mm:ss}
%-5p %c{1}:%L - %m%n
```

示例中将日志输出到两个地方，一个是控制台，一个是 Kafka。下面主要对 Kafka 的 log4j 配置做相关解释。

- log4j.appender.KAFKA：将 Kafka 作为日志的输出目的地。
- log4j.appender.KAFKA.topic：表示将日志数据发送到 Kafka 时的具体主题名。
- log4j.appender.KAFKA.brokerList：配置 Kafka 服务器的地址，如果是集群则用逗号分隔。
- log4j.appender.KAFKA.compressionType：表示日志信息是否压缩。
- log4j.appender.KAFKA.syncSend：表示是否同步发送。
- log4j.appender.KAFKA.layout：将日志数据输出到 Kafka 时格式化。

3. 模拟输出日志信息

接下来用两个 Java 类模拟输出日志信息。

```
package org.study.mq.kafka.log;

import org.apache.log4j.Logger;

public class TestLog4j2Kafka {

    private static Logger logger = Logger.getLogger(TestLog4j2Kafka.class);

    public static void main(String[] args) throws InterruptedException {
```

```
        for (int i = 0; i <= 5; i++) {
            logger.info("这是从 TestLog4j2Kafka 产生的消息 【" + i + "】 .. ");
            Thread.sleep(1000);
        }
    }

}
package org.study.mq.kafka.log;

import org.apache.log4j.Logger;

public class TestLog4j2Kafka2 {

    private static Logger logger = Logger.getLogger(TestLog4j2Kafka2.
class);

    public static void main(String[] args) throws InterruptedException {
        for (int i = 0; i <= 5; i++) {
            logger.info("这是从 TestLog4j2Kafka2 产生的消息 【" + i + "】 .. ");
            Thread.sleep(1000);
        }
    }
}
```

代码很简单，就是每隔 1 秒向日志文件输出一条信息。为了演示两个程序执行时错开输出日志的效果，使用了 Thread.sleep（1000），表示每次循环完线程睡眠 1 秒。

4．运行结果

启动服务器。

```
# 启动 ZooKeeper
zookeeper-server-start /usr/local/etc/kafka/zookeeper.properties

# 启动 Kafka
kafka-server-start /usr/local/etc/kafka/server.properties
```

为简单起见，直接在 Kafka 控制台监控主题 log4j-topic 的消息。

```
kafka-console-consumer --bootstrap-server localhost:9092 --topic
```

```
log4j-topic --from-beginning
```

分别执行 TestLog4j2Kafka 和 TestLog4j2Kafka2 类，可以在 Kafka 消费者命令的控制台看到所接收到的日志消息（见图 5-10）。

```
→ ~ kafka-console-consumer --bootstrap-server localhost:9092 --topic log4j-topic
2018-05-01 23:45:07 INFO  TestLog4j2Kafka:12 - 这是从 TestLog4j2Kafka 产生的消息 【0】 ..

2018-05-01 23:45:08 INFO  TestLog4j2Kafka:12 - 这是从 TestLog4j2Kafka 产生的消息 【1】 ..

2018-05-01 23:45:09 INFO  TestLog4j2Kafka2:13 - 这是从 TestLog4j2Kafka 2 产生的消息 【0】 ..

2018-05-01 23:45:09 INFO  TestLog4j2Kafka:12 - 这是从 TestLog4j2Kafka 产生的消息 【2】 ..

2018-05-01 23:45:10 INFO  TestLog4j2Kafka2:13 - 这是从 TestLog4j2Kafka 2 产生的消息 【1】 ..

2018-05-01 23:45:10 INFO  TestLog4j2Kafka:12 - 这是从 TestLog4j2Kafka 产生的消息 【3】 ..

2018-05-01 23:45:11 INFO  TestLog4j2Kafka2:13 - 这是从 TestLog4j2Kafka 2 产生的消息 【2】 ..

2018-05-01 23:45:11 INFO  TestLog4j2Kafka:12 - 这是从 TestLog4j2Kafka 产生的消息 【4】 ..

2018-05-01 23:45:12 INFO  TestLog4j2Kafka2:13 - 这是从 TestLog4j2Kafka 2 产生的消息 【3】 ..

2018-05-01 23:45:12 INFO  TestLog4j2Kafka:12 - 这是从 TestLog4j2Kafka 产生的消息 【5】 ..

2018-05-01 23:45:13 INFO  TestLog4j2Kafka2:13 - 这是从 TestLog4j2Kafka 2 产生的消息 【4】 ..

2018-05-01 23:45:14 INFO  TestLog4j2Kafka2:13 - 这是从 TestLog4j2Kafka 2 产生的消息 【5】 ..
```

图 5-10

5.2.5 基于 Kafka 的流量削峰

在互联网应用中经常会遇到处理流量高峰的问题，比如发生了某个热点事件或者策划了某个时间点的营销活动（如“双 11”之类的秒杀活动）导致流量暴增，这时原先业务访问路径中的各个环节都将面对瞬时流量陡增的问题。为了让系统在大流量场景下仍然可用，可以在系统中的重点业务环节加入消息队列作为信息流的缓冲，从而缓解短时间内产生的高流量带来的压垮整个应用的问题，这就叫作流量削峰。

以秒杀场景为例，一次请求从前到后会经过前端浏览器层、后端 Web 层、后端服务层、数据库层，常见的秒杀架构会在请求路径中的每一层都做请求拦截和优化。对服务层的优化一般是接收到请求后做简单快速的逻辑判断，然后将业务数据写入消息队列，依次处理，在处理过程中如果出现异常，则直接抛弃用户请求或跳转到错误页面。下面通过一个简单的例子看一下基于 Kafka 的方案是怎么实现的。

假设这是一次秒杀活动，打开秒杀商品详情页（见图 5-11），展示出商品信息和商品库存（为改善用户体验，一般商品基本信息和库存等数据会从 Redis 等缓存中读取，从而减少页面响应时间），在秒杀活动时间到了之后就可点击“立即秒杀”按钮，将请求发送到系统后台，后台接收到请求后先从 Redis 中预减库存，此时如果库存不足，就直接返回秒杀失败；如果库存足，则将请求的业务数据放入消息队列 Kafka 中排队，之后请求立即返回页面。消息队列的消费者在接收到消息后取得业务数据，执行后续的生成订单、扣减数据库中的库存、向用户通知等业务逻辑。页面请求到后端的同步处理只需要经过缓存操作和写消息操作，其中涉及的 Redis 和 Kafka 拥有读写性能优异、高吞吐量、集群部署等特点，从而极大缓解了大流量给系统带来的冲击。

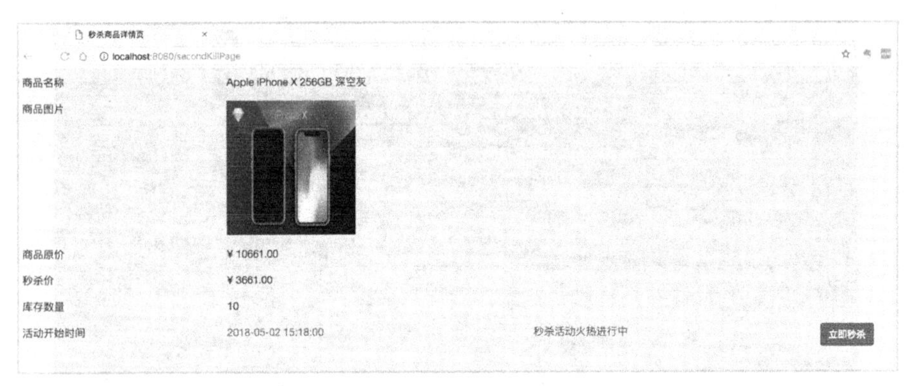

图 5-11

1. 秒杀商品操作页面

```
<html>
<head>
    <meta charset="UTF-8">
    <title>秒杀商品详情页</title>
    <link rel="stylesheet" type="text/css" href="/page/bootstrap.css"/>
    <script type="text/javascript" src="/page/jquery.js"></script>
    <script type="text/javascript" src="/page/layer/layer.js"></script>
</head>
<style type="text/css">
    html, body {
        height: 100%;
        width: 100%;
    }

    #goodslist td {
        border-top: 1px solid #39503f61;
    }
</style>
```

```
<body>
<div class="panel panel-default" style="height:100%;background-color:rgba
(222,222,222,0.8)">
    <table class="table">
        <tr>
            <td>商品名称</td>

            <td colspan="3">Apple iPhone X 256GB 深空灰</td>
        </tr>
        <tr>
            <td>商品图片</td>
            <td  colspan="3"><img  width="200"  height="200"  src="/page/
iphonex256.jpeg"/></td>
        </tr>
        <tr>
            <td>商品原价</td>
            <td colspan="3">¥ 10661.00</td>
        </tr>
        <tr>
            <td>秒杀价</td>
            <td colspan="3">¥ 3661.00</td>
        </tr>
        <tr>
            <td>库存数量</td>
            <td colspan="3" id="stock">3</td>
        </tr>
        <tr>
            <td>活动开始时间</td>
            <td>
                <div class="text-primary">2018-05-02 15:18:00</div>
            </td>
            <td>
                <div class="text-success" id="activities"></div>
            </td>
            <td>
                <input type="hidden" id="goodsId" value="123456"/>
                <div class="row">
```

```
                    <div class="form-inline">
                        <button class="btn btn-primary" type="button"
id="buyButton" onclick="secondKill()">立即秒杀
                        </button>
                    </div>
                </div>
            </td>
        </tr>
    </table>

</div>
</body>
</html>
<script type="text/javascript">
    function showLoading() {
        return layer.msg("处理中...", {icon: 16, shade: [0.5, '#f5f5f5'],
scrollbar: false, offset: '0px', time: 10000});
    }

    function secondKill() {
        var goodsId = $("#goodsId").val();
        showLoading();
        $.ajax({
            url: "/buy",
            type: "GET",
            data: {
                goodsId: goodsId
            },
            success: function (data) {
                layer.msg(data.msg);
                if(data.buyResult){
                    $("#stock").text(0);
                    $("#activities").text("秒杀活动结束");
                    $("#buyButton").attr("disabled", "true");
                }
            },
            error: function () {
                layer.msg("访问服务器错误，请联系管理员！");
```

```
            }
        });
    }

    $(function () {
        // 页面初始化，设置活动内容描述、立即秒杀按钮是否可用、商品库存等
        $.ajax({
            async: false,
            url: "/getStock",
            type: "GET",
            success: function (data) {
                $("#goodsId").val(data.goodsId);
                $("#stock").text(data.goodsStock);
                $("#activities").text("秒杀活动火热进行中");
                $("#buyButton").removeAttr("disabled");
            },
            error: function () {
                layer.msg("访问服务器错误，请联系管理员！");
            }
        });
    });

</script>
```

2. 后端控制器层

在页面中使用 jQuery 进行页面元素取值和提交请求，使用 layer.js 进行弹出层效果展示，使用 bootstrap 进行界面布局，点击“立即秒杀”按钮将当前商品 ID 提交到后台模拟一次秒杀请求。代码很简单，这里不再做详细解释。

将请求提交到后台，先看一下控制器层代码。

```
package org.study.mq.kafka.secondKill.controller;

import org.springframework.beans.factory.annotation.Autowired;
import org.springframework.stereotype.Controller;
import org.springframework.web.bind.annotation.RequestMapping;
import org.springframework.web.bind.annotation.ResponseBody;
import org.springframework.web.servlet.ModelAndView;
import org.study.mq.kafka.secondKill.service.SecondKillService;
```

```
import java.util.HashMap;
import java.util.Map;

@Controller(value = "/")
public class SecondKillController {

    @Autowired
    private SecondKillService service;

    @RequestMapping(value = "getStock")
    @ResponseBody
    public Map<String, Object> getStock() {
        service.initStock();

        Map<String, Object> result = new HashMap<>();
        result.put("success", true);
        result.put("goodsId", SecondKillService.goodsId);
        result.put("goodsStock", SecondKillService.goodsStock);
        return result;
    }

    @RequestMapping(value = "secondKillPage")
    public ModelAndView secondKillPage() {
        ModelAndView mv = new ModelAndView();
        mv.setViewName("second-kill-detail");
        return mv;
    }

    @RequestMapping(value = "buy")
    @ResponseBody
    public Map<String, Object> buy() {
        Map<String, Object> result = new HashMap<>();

        if (service.buy()) {
            result.put("buyResult", true);
            result.put("msg", "秒杀成功");
        } else {
```

```
            result.put("buyResult", false);
            result.put("msg", "没有秒到该商品");
        }

        return result;
    }
}
```

控制器层提供了三个方法，getStock 用于在打开商品页面时获取当前商品的库存；secondKillPage 用于跳转到秒杀商品页面；而 buy 则用于实际接收点击“立即秒杀”按钮后的请求，它将调用 SecondKillService 类的 buy 方法进行实际操作，根据其返回结果如返回 true 则表示秒杀成功。

3. 后端服务层

接下来是秒杀服务类 SecondKillService 的具体实现。

```
package org.study.mq.kafka.secondKill.service;

import com.alibaba.fastjson.JSONObject;
import org.springframework.beans.factory.annotation.Autowired;
import org.springframework.kafka.core.KafkaTemplate;
import org.springframework.stereotype.Service;
import org.study.mq.kafka.secondKill.config.Constants;
import org.study.mq.kafka.secondKill.redis.RedisOperate;

@Service
public class SecondKillService {

    public static final String goodsId = "123456";// 初始化商品 ID

    public static final String goodsStock = "10";// 初始化商品库存数量

    @Autowired
    private RedisOperate redisOperate;

    @Autowired
    private KafkaTemplate<String, String> kafkaTemplate;
```

```
    public void initStock() {
        // 初始化商品库存
        redisOperate.set(goodsId, goodsStock);
    }

    public boolean buy() {
        /**
         * 预先减去 Redis 中的库存，如果库存数量足够减，则表示当前用户秒杀到了该商品，
         * 如果不够减则表示没有秒杀到该商品
         */
        Long stock = redisOperate.decr(goodsId);
        if (stock < 0) {
            return false;
        }

        JSONObject jsonObject = new JSONObject();
        jsonObject.put("goodsId", goodsId);
        jsonObject.put("goodsStock", stock);

        /**
         * 将业务数据写入消息队列
         */
        kafkaTemplate.send(Constants.TOPIC_SECOND_KILL, jsonObject.toJSON
String());

        return true;
    }
}
```

initStock用于初始化库存。为简单起见，将商品ID和商品库存定义成了常量，并放入Redis中。buy方法则根据商品ID先从Redis中扣减库存，如果不够扣减则直接返回秒杀失败，如果够扣减则表示秒杀到了该商品，接着将业务数据写入Kafka。

4. 消息消费者

```
package org.study.mq.kafka.secondKill.Listener;

import com.alibaba.fastjson.JSONObject;
import org.apache.kafka.clients.consumer.ConsumerRecord;
```

```
import org.slf4j.Logger;
import org.slf4j.LoggerFactory;
import org.springframework.kafka.annotation.KafkaListener;
import org.study.mq.kafka.secondKill.config.Constants;

public class SecondKillListener {

    private static Logger logger = LoggerFactory.getLogger(SecondKill
Listener.class);

    @KafkaListener(id = Constants.SECOND_KILL_CONTAINER, topics =
{Constants.TOPIC_SECOND_KILL})
    public void listen(ConsumerRecord<?, ?> record) {
        logger.info("监听到消息记录 ===============");
        logger.info("topic = " + record.topic());
        logger.info("key = " + record.key());
        logger.info("value = " + record.value());
        logger.info("----------------------------");

        if (record.value() != null) {
            JSONObject jsonObject = JSONObject.parseObject(record.value().
toString());
            logger.info("goodsId : " + jsonObject.get("goodsId"));
            logger.info("goodsStock : " + jsonObject.get("goodsStock"));

            // 获取到业务数据进行相应的业务处理，比如生成订单、短信通知等
        }
    }

}
```

Kafka 的监听器接收到秒杀消息记录后，根据实际业务情况进行相应的逻辑处理，比如秒杀后续的生成订单、短信通知等。

5. Redis 相关操作类和配置

在 Spring 中配置 Redis 的连接池。

```
<!-- Redis 配置 -->
<bean id="poolConfig" class="redis.clients.jedis.JedisPoolConfig">
```

```
            <property name="maxIdle" value="300"/>
            <property name="maxTotal" value="600"/>
            <property name="maxWaitMillis" value="1000"/>
            <property name="testOnBorrow" value="true"/>
        </bean>
        <bean  id="jedisPool"  class="redis.clients.jedis.JedisPool"  destroy-
method="destroy" depends-on="poolConfig">
            <constructor-arg name="poolConfig" ref="poolConfig"/>
            <constructor-arg name="host" value="localhost"/>
            <constructor-arg name="port" value="6379"/>
        </bean>
```

基于 Redis 连接池封装了简化 Redis 操作的工具类。

```
package org.study.mq.kafka.secondKill.redis;

import org.springframework.beans.factory.annotation.Autowired;
import org.springframework.stereotype.Component;
import redis.clients.jedis.Jedis;
import redis.clients.jedis.JedisPool;

@Component
public class RedisOperate {

    @Autowired
    public JedisPool jedisPool;

    /**
     * 字符串设值
     */
    public void set(String key, String value) {
        try (Jedis jedis = jedisPool.getResource()) {
            jedis.set(key, value);
        }
    }

    /**
     * 减1
     */
```

```
    public Long decr(String key) {
        try (Jedis jedis = jedisPool.getResource()) {
            return jedis.decr(key);
        }
    }
}
```

6. Kafka 相关配置类

在常量类中定义了用于秒杀的消息主题、消费者组 ID、消费者容器 ID 等。

```
package org.study.mq.kafka.secondKill.config;

public class Constants {

    public static final String TOPIC_SECOND_KILL = "secondKillTopic";

    public static final String BOOTSTRAP_SERVERS = "localhost:9092";

    public static final String GROUP_ID_SECOND_KILL = "second_kill";

    public static final String SECOND_KILL_CONTAINER = "secondKill
Container";
}
package org.study.mq.kafka.secondKill.config;

import org.springframework.context.annotation.Bean;
import org.springframework.context.annotation.Configuration;
import org.springframework.kafka.annotation.EnableKafka;
import org.springframework.kafka.config.ConcurrentKafkaListenerContainer
Factory;
import org.springframework.kafka.core.*;
import org.study.mq.kafka.report.Listener.ReportDataListener;
import org.study.mq.kafka.secondKill.Listener.SecondKillListener;

import java.util.HashMap;
import java.util.Map;

@Configuration
```

```
    @EnableKafka
    public class KafkaConfig {

        @Bean
        public ConcurrentKafkaListenerContainerFactory<String, String>
kafkaListenerContainerFactory() {
            ConcurrentKafkaListenerContainerFactory<String, String> factory =
new ConcurrentKafkaListenerContainerFactory<>();
            factory.setConsumerFactory(consumerFactory());
            return factory;
        }

        @Bean
        public Map<String, Object> consumerConfig() {
            Map<String, Object> props = new HashMap<>();
            props.put("bootstrap.servers", Constants.BOOTSTRAP_SERVERS);
            props.put("group.id", Constants.GROUP_ID_SECOND_KILL);
            props.put("key.deserializer",
"org.apache.kafka.common.serialization.StringDeserializer");
            props.put("value.deserializer",
"org.apache.kafka.common.serialization.StringDeserializer");

            return props;
        }

        @Bean
        public ConsumerFactory<String, String> consumerFactory() {
            return new DefaultKafkaConsumerFactory<>(consumerConfig());
        }

        @Bean
        public Map<String, Object> producerConfig() {
            Map<String, Object> props = new HashMap<>();
            props.put("bootstrap.servers", Constants.BOOTSTRAP_SERVERS);
            props.put("key.serializer",
"org.apache.kafka.common.serialization.StringSerializer");
            props.put("value.serializer",
"org.apache.kafka.common.serialization.StringSerializer");
```

```
        props.put("key.deserializer",
"org.apache.kafka.common.serialization.StringDeserializer");
        props.put("value.deserializer",
"org.apache.kafka.common.serialization.StringDeserializer");

        return props;
    }

    @Bean
    public ProducerFactory<String, String> producerFactory() {
        return new DefaultKafkaProducerFactory<>(producerConfig());
    }

    @Bean
    public SecondKillListener newListener() {
        return new SecondKillListener();
    }

    @Bean
    public KafkaTemplate<String, String> kafkaTemplate() {
        return new KafkaTemplate<>(producerFactory(), true);
    }

}
```

关于 KafkaConfig 类上一节已经介绍过了，这里不同的是注册了一个新的消息监听器 SecondKillListener。

```
package org.study.mq.kafka.secondKill.config;

import org.apache.kafka.clients.admin.AdminClientConfig;
import org.apache.kafka.clients.admin.NewTopic;
import org.springframework.context.annotation.Bean;
import org.springframework.context.annotation.Configuration;
import org.springframework.kafka.annotation.EnableKafka;
import org.springframework.kafka.core.KafkaAdmin;

import java.util.HashMap;
import java.util.Map;

@Configuration
```

```
@EnableKafka
public class TopicConfig {

    @Bean
    public KafkaAdmin kafkaAdmin() {
        Map<String, Object> configs = new HashMap<>();
        configs.put(AdminClientConfig.BOOTSTRAP_SERVERS_CONFIG,
Constants.BOOTSTRAP_SERVERS);
        return new KafkaAdmin(configs);
    }

    @Bean(name = Constants.TOPIC_SECOND_KILL)
    public NewTopic secondKillTopic() {
        return new NewTopic(Constants.TOPIC_SECOND_KILL, 10, (short) 2);
    }

}
```

在 TopicConfig 中声明了新的消息主题用于秒杀活动。

7. 运行结果（见图 5-12、图 5-13）

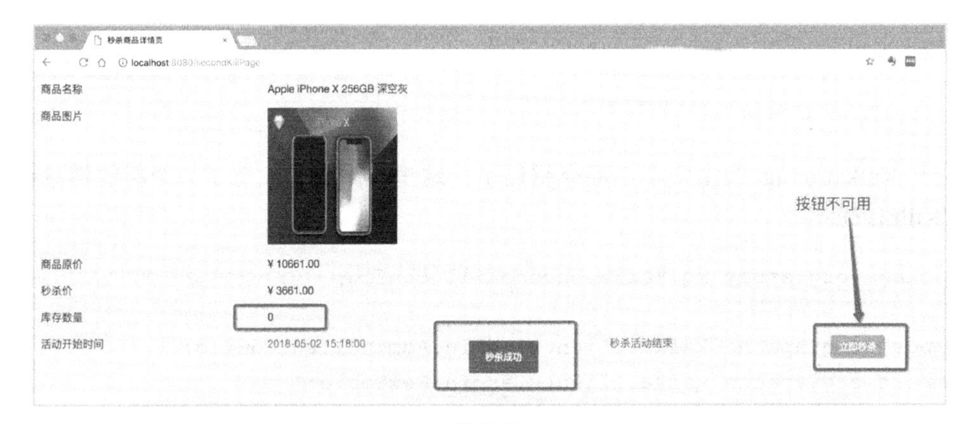

图 5-12

```
SecondKillListener.listen(SecondKillListener.java:16)] 监听到消息记录 ================
SecondKillListener.listen(SecondKillListener.java:17)] topic = secondKillTopic
SecondKillListener.listen(SecondKillListener.java:18)] key = null
SecondKillListener.listen(SecondKillListener.java:19)] value = {"goodsId":"123456","goodsStock":9}
SecondKillListener.listen(SecondKillListener.java:20)] ------------------------------------
SecondKillListener.listen(SecondKillListener.java:24)] goodsId : 123456
SecondKillListener.listen(SecondKillListener.java:25)] goodsStock : 9
```

图 5-13

在实际案例中，当监听到业务消息后根据需要进行业务处理，这样通过使用 Kafka 等高性能的消息队列可以极大缓解短时间内大流量带来的系统访问瓶颈。这种方案的缺点是将原先一次请求中的同步动作拆分成了多次的异步方式处理，这也是消息队列的典型应用场景。很多人会问同步处理和异步处理到底哪个好，个人观点是不能一概而论，还是应该结合实际业务场景和所面对的问题进行综合评价。

5.3 Kafka 实践建议

5.3.1 分区

在使用 Kafka 作为消息队列时，不管是发布还是订阅都需要指定主题（Topic），但这里的主题只是一个逻辑上的概念。实际上 Kafka 的基本存储单元是分区（Partition），在一个 Topic 中会有一个或多个 Partition，不同的 Partition 可位于不同的服务器节点上，物理上一个 Partition 对应于一个文件夹。需要注意的是，Partition 不能在多个服务器节点之间再进行细分，也不能在一台服务器的多个磁盘上再细分，所以其大小会受挂载点可用空间的限制。Partition 内包含一个或多个 Segment，每个 Segment 又包含一个数据文件和一个与之对应的索引文件。虽然物理上最小单位是 Segment，但是 Kafka 并不提供同一个 Partition 内不同 Segment 的并行处理能力。对于写操作，每次只会写 Partition 内的一个 Segment；对于读操作，也只会顺序读取同一个 Partition 内的不同 Segment。从逻辑上看，可以把一个 Partition 当作一个非常长的数组，使用时通过这个数组的索引（offset）访问数据。

由于不同的 Partition 可位于不同的机器上，因此可以实现机器间的并行处理。由于一个 Partition 对应一个文件夹，多个 Partition 也可位于同一台服务器上，这样就可以在同一台服务器上使不同的 Partition 对应不同的磁盘，实现磁盘间的并行处理。这就是 Kafka 设计的 Partition 所提供的并行处理能力。所以一般通过增加 Partition 的数量来提高系统的并行吞吐量，但这也会增加轻微的延迟。

不过事无绝对，也不能无限增加 Partition 的数量，因为消费消息时还会受消费者组的制约。当一个 Topic 有多个消费者时，一条消息只会被一个消费者组里的一个消费者消费。由于消息数据是以 Partition 为单位分配的，在不考虑 Rebalance 时同一个 Partition 的数据只会被一个消费者消费，所以如果消费者的数量多于 Partition 的数量，就会存在部分消费者不能消费该 Topic 的情况，此时再增加消费者并不能提高系统的并行吞吐量。

简而言之，站在生产者和 Broker 的角度，对不同 Partition 的写操作是完全并行的，可是对于消费者其并发数则取决于 Partition 的数量。所以在实际项目中需要配置合适的 Partition 数量，而这个数值需要根据所设计的系统吞吐量来推算。假设 p 表示生产者写入单个 Partition 的最大吞吐量，c 表示消费者从单个 Partition 消费的最大吞吐量，系统需要的目标吞吐量是 t，则 Partition 的数量应该是 t/p 和 t/c 中较大的那个。当然 p 的影响因素有很多，比如批处理的规模、压缩算法、确认机制、副本数等；c 的影响因素主要是其消费逻辑算法，这些都需要根据不同的场景实测得出。如果觉得这种测算考虑得比较复杂，则一般建议 Partition 的数量要大于或等于消费者的数量，因为这可实现最大并发量。

分区数量被具体配置在 Kafka 每个 Broker 实例的 server.properties 文件中。

```
# 是否自动创建主题，默认为是
auto.create.topics.enable=true

# 设置新创建主题时包含的分区数量，默认是 1
num.partitions=1

# 指定存放消息数据的目录
log.dirs=/kafka/log1,/kafka/log2,/kafka/log3
```

num.partitions 用于设置新建主题时包含的分区数量，如果主题是自动创建的，则它的分区数量就是本参数设定的值。分区数量可以调整，不过一般情况下只能加不能减，如果想使主题的分区数量少于 num.partitions 设置的值，则需要以手动方式创建主题。log.dirs 用于指定存放消息数据所在的本地文件系统路径，如果有多个路径则用逗号分隔。上面提到的利用多磁盘实现磁盘间并行处理，就可以通过设置该参数实现把不同磁盘挂载到不同目录下。

5.3.2 复制

Kafka 还使用 ZooKeeper 实现了去中心化的集群功能，简单地讲，其运行机制是利用 ZooKeeper 维护集群成员的信息，每个 Broker 实例都会被设置一个唯一的标识符，Broker 在启动时会通过创建临时节点的方式把自己的唯一标识符注册到 ZooKeeper 中，Kafka 中的其他组件会监视 ZooKeeper 里的/brokers/ids 路径，所以当集群中有 Broker 加入或退出时其他组件就会收到通知。

虽然 Kafka 有集群功能，但是在 0.8 版本以前一直存在一个严重的问题，就是一旦某个 Broker 宕机，该 Broker 上的所有 Partition 数据就不能被消费了，生产者也不能把数据存放在这些 Partition 中了，这显然不是一个高可用的系统方案。为了让 Kafka 在集群中某些节点不能继续提供服务的情况下，集群对外整体依然可用，即生产者可继续发送消息，消费者可继续消费消息，所以需要提供一种集群间数据的复制机制。在 Kafka 中是通过使用 ZooKeeper 提供的 leader 选举方式实现数据复制方案的，其基本原理是：首先选举出一个 leader，其他副本作为 follower，所有的写操作都先发给 leader，然后再由 leader 把消息发给 follower。

可以说复制功能是 Kafka 架构的核心之一，因为它可以在个别节点不可用时还能保证 Kafka 整体的可用性。上面提到了分区的概念，Kafka 中的复制操作也是针对分区的。一个分区有多个副本，副本被保存在 Broker 上，每个 Broker 都可以保存上千个属于不同主题和分区的副本。副本有两种类型：leader 副本（每个分区都会有）和 follower 副本（除 leader 副本以外的其他副本）。为了保证一致性，所有生产者和消费者的请求都会经过 leader。而 follower 不处理客户端的请求，它的职责是从 leader 处复制消息数据，使自己和 leader 的状态保持一致，如果 leader 节点宕机，那么某个 follower 就会被选为 leader 继续对外提供服务。

如图 5-14 所示，假设有四个 Broker 节点、一个 Topic、两个 Partition、复制因子是 3（即一个分区有 3 个副本）。当生产者发送消息时会先选择一个分区，比如 topic1-part1 分区，生产者把一条消息发送给这个分区的 leader，也就是 Broker 1。然后 Broker 2 和 Broker 3 作为 follower 会拉取这条消息，一旦消息被拉取到，follower 就会发送 ack 响应给生产者。

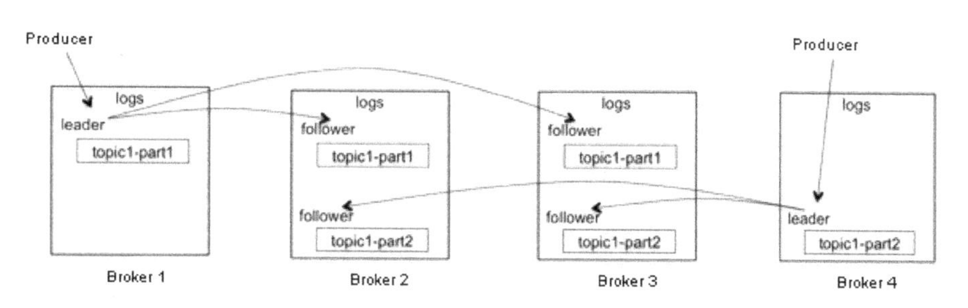

图 5-14

对复制因子的设置有多种方式，可以在 Broker 实例的 server.properties 文件中进行设置。

```
# 设置复制因子
default.replication.factor=3
```

5.3.3 消息发送

1. 消息发送方式

在上面的 Java 访问 Kafka 实例中发送消息是通过 org.apache.kafka.clients.producer.Producer 的 send 方法实现的，代码看起来简单，但细究起来 Kafka 的消息发送有三种情况值得讨论一下。

- 立即发送：只需要把消息发送到服务端，而不关心消息发送的结果，也就是在示例中见到的那样。
- 同步发送：调用 send 方法发送消息后，获取该方法返回的 Future 对象，根据该对象的结果查看 send 方法调用是否成功。

- 异步发送：先注册一个回调函数，通过调用另一个 send 方法发送消息时把回调函数作为入参传入，这样当生产者接收到 Kafka 服务器的响应时会触发执行回调函数。

```
String topic = "test-topic";
Producer<String, String> producer = new KafkaProducer<String, String>
(props);
// 立即发送
producer.send(new ProducerRecord(topic, "idea-key2", "java-message 1"));

// 同步发送
try {
    producer.send(new ProducerRecord(topic, "idea-key2", "java-message
2")).get();
} catch (Exception e) {
    logger.error("消息发送失败", e);
}

// 异步发送
producer.send(new ProducerRecord(topic, "idea-key2", "java-message 3"), new
Callback() {
    @Override
    public void onCompletion(RecordMetadata metadata, Exception exception) {
      if (e != null) {
          logger.error("消息发送失败", e);
      }
    }
});
```

由于 Kafka 自身的高可用性，生产者也提供了自动重试等机制，所以在大部分情况下立即发送的方式是会成功的。通常我们需要根据实际的业务场景选择用哪种方式，如果比较关心消息发送的结果，则可以用同步发送的方式；如果除了关心消息发送的结果，还注重发送端的性能，则可以选择异步发送的方式。当然，消息发送还需要考虑失败的情况，在 Kafka 的消息发送过程中错误一般有两种，其中一种是可重试的错误，比如服务器连接错误，这种错误可通过把生产者配置成自动重试的方式来解决，如果多次重试还是不行，应用将会收到一个重试异常；另一种是不能通过重试来解决的错误，对于这种情况会直接抛出异常给生产者。

2. 消息发送确认

上面的消息发送方式是站在消息生产者的角度宏观看其消息数据发送的情况的。上面提到过消息数据是存储在分区中的，而分区又可能有多个副本，所以一条消息被发送到Broker之后何时算投递成功呢？这里Kafka提供了三种模式。

- 不等Broker确认，消息被发送出去就认为是成功的。这种方式延迟最小，但是不能保证消息已经被成功投递到Broker。
- 由leader确认，当leader确认接收到消息就认为投递是成功的，然后再由其他副本通过异步方式拉取。这种方式相对比较折中。
- 由所有的leader和follower都确认接收到消息才认为是成功的。采用这种方式投递的可靠性最高，但相对会损伤性能。

消息发送确认模式是通过生产者的初始化属性设置的。

```
    Map<String, Object> props = new HashMap<String, Object>();
    props.put("bootstrap.servers", "localhost:9092");
    props.put("key.serializer",
"org.apache.kafka.common.serialization.StringSerializer");
    props.put("value.serializer",
"org.apache.kafka.common.serialization.StringSerializer");
    props.put("acks", "1");// 设置消息发送确认模式

    Producer<String, String> producer = new KafkaProducer<String, String>
(props);
```

消息发送确认模式通过设置生产者对象初始化时的acks属性来表示，0表示第一种模式，其吞吐量和带宽的利用率非常高，但可能会丢失消息；1表示第二种模式；all表示第三种模式。

3. 消息重发

上面提到生产者提供了自动重试机制，当从Broker接收到的是临时可恢复的异常时，生产者会向Broker重发消息，但不能无限制重发，如果重发次数达到限制值，生产者将不再重试并返回错误。这里的限制值是由初始化生产者对象时的retries属性决定的，在默认情况下生产者会在重试后等待100ms，可以通过retry.backoff.ms属性进行修改。建议在设置这两个参数前测试节点恢复所用的时间，重试时间要比节点恢复时间长，否则生产者会过早地放弃重试动作。

```
    Map<String, Object> props = new HashMap<String, Object>();
    props.put("bootstrap.servers", "localhost:9092");
    props.put("key.serializer",
```

```
"org.apache.kafka.common.serialization.StringSerializer");
    props.put("value.serializer",
"org.apache.kafka.common.serialization.StringSerializer");
    props.put("retries", "10");// 重试 10 次
    props.put("retry.backoff.ms", "1000");// 重试间隔 1000 毫秒

    Producer<String, String> producer = new KafkaProducer<String, String>
(props);
```

4. 批次发送

当有多条消息要被发送到同一个分区时，生产者会把它们放到同一个批次里，Kafka 通过批次的概念来提高吞吐量，但同时也会增加延迟，在实际场景中生产者要对这两方面进行权衡。对批次的控制主要是通过构建生产者对象时的两个属性来实现的。

- batch.size：当发往每个分区的缓存消息数量达到这个数值时，就会触发一次网络请求，批次里的所有消息都会被发送出去。
- linger.ms：每条消息在缓存中的最长时间，如果超过这个时间就会忽略 batch.size 的限制，由客户端立即把消息发送出去。

```
    Map<String, Object> props = new HashMap<String, Object>();
    props.put("bootstrap.servers", "localhost:9092");
    props.put("key.serializer",
"org.apache.kafka.common.serialization.StringSerializer");
    props.put("value.serializer",
"org.apache.kafka.common.serialization.StringSerializer");
    props.put("batch.size", "16384");// 缓存的消息数据最多 16384 字节，即 16KB
    props.put("linger.ms", "10");// 消息缓存 10 毫秒

    Producer<String, String> producer = new KafkaProducer<String, String>
(props);
```

5.3.4 消费者组

消费者组（Consumer Group）是 Kafka 提供的可扩展且具有容错性的消费机制，在一个消费者组内可以有多个消费者，它们共享一个唯一标识，即分组 ID。组内的所有消费者协调消费它们订阅的主题下的所有分区的消息，但一个分区只能由同一个消费者组里的一个消费者来消费。

1. 广播和单播

消费者组可以用来实现 Topic 消息的广播和单播。一个 Topic 可以有多个消费者组，Topic 的消息会被复制到所有的消费者组中，但每个消费者组只会把消息发送给一个消费者组里的某一个消费者。所以，如果要实现广播方式，只需为每个消费者都分配一个单独的消费者组接口就行；如果要实现单播方式，则需要把所有的消费者都设置在同一个消费者组里。

2. 再均衡

如果消费者组有一个新消费者加入，则新消费者读取的是原本由其他消费者读取的消息；如果消费者因为某种原因离开了消费者组，则原本由它读取的分区消息将会由消费者组里的其他消费者读取。这种分区所有权从一个消费者转移到另一个消费者的行为就叫作再均衡（Rebalance）。再均衡本质上是一种协议，规定了一个消费者组下的所有消费者如何达成一致来分配主题下的每个分区。例如某个消费者组下有 20 个消费者，它们订阅了一个主题有 100 个分区，在正常情况下 Kafka 会为每个消费者平均分配 5 个分区，这种分配的过程就是 Rebalance。触发再均衡的场景有三种：一是消费者组内成员发生变更（例如有新消费者加入组、原来的消费者离开组等）；二是订阅的主题数量发生变更（例如订阅主题时使用的是正则表达式，此时如果新建了某个主题正好匹配该正则表达式）；三是订阅主题的分区数量发生变更。

如果看过 Kafka 源码就可以知道，消费者每次调用 poll 方法时都会向被指派为群组协调器的 Broker 发送心跳信息，群组协调器会根据这个心跳信息判断该消费者的活性，如果超过指定时间没有收到对应的心跳信息，则群组协调器会认为该消费者已经死亡，因此会将该消费者负责的分区分派给其他消费者消费。再均衡是一种很重要的设计，它为消费者组带来了高可用性和可伸缩性。不过，在一般情况下并不希望它发生，因为再均衡操作影响的范围是整个消费者组，即消费者组中的所有消费者全部暂停消费直到再均衡完成，而且如果 Topic 的分区越长，这个过程就会越慢。在实际工作中一般会通过控制发送心跳频率（heartbeat.interval.ms）和会话过期时间（session.timeout.ms）来尽量避免这种情况的发生。

5.3.5 消费偏移量

从设计上来说，由于 Kafka 服务端并不保存消息的状态，所以在消费消息时就需要消费者自己去做很多事情，消费者每次调用 poll 方法时，该方法总是返回由生产者写入 Kafka 中但还没有被消费者消费的消息。Kafka 在设计上有一个不同于其他 JMS 队列的地方是生产者的消息并不需要消费者确认，而消息在分区中又都是顺序排列的，那么必然就可以通过一个偏移量（offset）来确定每一条消息的位置，偏移量在消费消息的过程中起着很重要的作用。

我们把更新分区当前位置的操作叫作提交，那么消费者是如何提交偏移量的呢？Kafka 中有一个叫作_consumer_offset 的特殊主题用来保存消息在每个分区的偏移量，消费者每次消费时都会往这个主题中发送消息，消息包含每个分区的偏移量。如果消费者一直处于运行状态，那么偏移量没什么用；如果消费者崩溃或者有新的消费者加入消费者组从而触发再均衡操作，再均衡之后该分区的消费者若不是之前的那个，那么新的消费者如何得知该分区的消息已经被之前的消费者消费到哪个位置了呢？在这种情况下提交偏移量就有用了。再均衡之后，为了能继续之前的工作，消费者需要读取每个分区最后一次提交的偏移量，然后再从偏移量开始继续往下消费消息。

如果所提交的偏移量小于客户端处理的最后一条消息的偏移量，那么两个偏移量之间的消息就会被重复处理；如果所提交的偏移量大于客户端处理的最后一条消息的偏移量，那么两个偏移量之间的消息就会被丢掉。所以要想用好 Kafka，维护消息偏移量对于避免消息被重复消费和遗漏消费，确保消息的 ExactlyOnce 是至关重要的，在 org.apache.kafka.clients.consumer.KafkaConsumer 类中提供了很多种方式来提交偏移量。

1. 自动提交

Kafka 默认会定期自动提交偏移量（可通过消费者的属性 enable.auto.commit 来修改，默认是 true），提交的时间间隔默认是 5 秒（可通过消费者的属性 auto.commit.interval.ms 来修改），这种自动提交的方式看起来很简便，但会产生重复处理消息的问题。

假设自动提交的时间间隔是 5 秒，在最后一次提交之后的第 3 秒发生了再均衡，再均衡完成之后消费者从最后一次提交的偏移量位置开始读取消息，此时得到的偏移量已经落后实际消费情况 3 秒，从而导致在这 3 秒内已消费的消息会被重复消费。当然，你可以通过再缩短提交的时间间隔（例如把 3 秒改成 1 秒）来更频繁地提交偏移量，从而减小可能出现重复消息的时间间隔，但这还是完全避免消息重复消费的。所以自动提交虽然方便，但没有给开发留有避免重复处理消息的空间。

2. 手动提交

由于自动提交可能导致出现一些不可控的情况，所以很多开发者通过在程序中自己决定何时提交的方式来消除丢失消息的可能，并在发生再均衡时减少重复消息的数量。在进行手动提交之前需要先关闭消费者的自动提交配置，然后使用 commitSync 方法提交偏移量。

```
    String topic = "test-topic";

    Properties props = new Properties();
    props.put("bootstrap.servers", "localhost:9092");
    props.put("group.id", "testGroup1");
    props.put("enable.auto.commit", "false");// 关闭自动提交
    props.put("key.deserializer",
"org.apache.kafka.common.serialization.StringDeserializer");
```

```
    props.put("value.deserializer",
"org.apache.kafka.common.serialization.StringDeserializer");
    Consumer<String, String> consumer = new KafkaConsumer(props);
    consumer.subscribe(Arrays.asList(topic));
    while (true) {
        ConsumerRecords<String, String> records = consumer.poll(100);
        for (ConsumerRecord<String, String> record : records){
            System.out.printf("partition = %d, offset = %d, key = %s, value = %s%n",
record.partition(), record.offset(), record.key(), record.value());
        }

        try{
            consumer.commitSync();// 手动提交最新的偏移量
        } catch (Exception e) {
            logger.error("提交失败", e);
        }
    }
```

commitSync 方法会提交由 poll 返回的最新偏移量，所以在处理完记录后要确保调用了 commitSync 方法，否则还是会发生重复处理等问题。示例中是接收一批消息并处理完之后提交一次偏移量，当然也可以每处理一条消息就提交一次偏移量，这样相对来说可以减少重复消息的数量，但会降低消费端的吞吐量。

3. 异步提交

使用 commitSync 方法提交偏移量有一个不足之处，就是该方法在 Broker 对提交请求做出回应前是阻塞的。因此，采用这种方式每提交一次偏移量就等待一次限制了消费端的吞吐量，如果通过降低提交频率来保证吞吐量，则又有增加消息重复消费概率的风险。所以 Kafka 还提供了另一种方式，即异步提交方式，消费者只管发送提交请求，而不需要等待 Broker 的立即回应。

```
    public void commitAsync();

    public void commitAsync(OffsetCommitCallback callback);

    public void commitAsync(Map<TopicPartition, OffsetAndMetadata> offsets,
OffsetCommitCallback callback);
```

这里使用了 commitAsync 方法来提交最后一个偏移量。它与 commitSync 方法不同的是，commitAsync 在成功提交或碰到无法恢复的错误之前会一直重试，而 commitAsync 却不会，这是 commitAsync 不好的一个地方。该方法这么设计是有原因的，因为可能在它收到服务器响应时已经有一个更大的偏移量提交成功了，如果进行重试可能会导致偏移量被覆盖。举个例子，假如发起了一个异步提交 commitA，此时的提交偏移量是 1000，随后又发起了一个异步提交 commitB 且偏移量是 2000，如果 commitA 提交失败，但 commitB 提交成功，此时对 commitA 进行重试并成功的话，则会把实际上已经成功提交的偏移量从 2000 回滚到 1000，导致消息重复消费。

commitAsync 有三个同名的方法，另外两个方法支持回调，在 Broker 做出响应之后会执行回调，回调常用于记录提交错误或者生成某些应用度量指标。

```
    String topic = "test-topic";

    Properties props = new Properties();
    props.put("bootstrap.servers", "localhost:9092");
    props.put("group.id", "testGroup1");
    props.put("enable.auto.commit", "false");// 关闭自动提交
    props.put("key.deserializer",
"org.apache.kafka.common.serialization.StringDeserializer");
    props.put("value.deserializer",
"org.apache.kafka.common.serialization.StringDeserializer");
    Consumer<String, String> consumer = new KafkaConsumer(props);
    consumer.subscribe(Arrays.asList(topic));
    while (true) {
        ConsumerRecords<String, String> records = consumer.poll(100);
        for (ConsumerRecord<String, String> record : records) {
            System.out.printf("partition = %d, offset = %d, key = %s, value = %s%n",
record.partition(), record.offset(), record.key(), record.value());
        }

        consumer.commitAsync(new OffsetCommitCallback() {
            @Override
            public void onComplete(Map<TopicPartition, OffsetAndMetadata>
offsets, Exception e) {
                if(e != null){
                    logger.error("消息提交出错, offset : {}", offsets, e);
                }
            }
        });

    }
```

第 6 章 RocketMQ

6.1 简介

1. RocketMQ 特点

RocketMQ 是阿里巴巴于 2012 年开源的分布式消息中间件，后来捐赠给 Apache 软件基金会，并于 2017 年 9 月 25 日成为 Apache 的顶级项目。作为经历过多次阿里巴巴“双 11”这种“超级工程”的洗礼并有稳定出色表现的国产中间件，以其高性能、低延迟和高可靠等特性近年来被越来越多的国内企业所使用。其主要特点如下。

- 具有灵活的可扩展性。RocketMQ 天然支持集群，其核心四大组件（NameServer、Broker、Producer、Consumer）的每一个都可以在没有单点故障的情况下进行水平扩展。
- 具有海量消息堆积能力。RocketMQ 采用零拷贝原理实现了超大量消息的堆积能力，据说单机已经可以支持亿级消息堆积，而且在堆积了这么多消息后依然保持写入低延迟。
- 支持顺序消息。RocketMQ 可以保证消息消费者按照消息发送的顺序对消息进行消费。顺序消息分为全局有序消息和局部有序消息，一般推荐使用局部有序消息，即生产者通过将某一类消息按顺序发送至同一个队列中来实现。
- 支持多种消息过滤方式。消息过滤分为在服务器端过滤和在消费端过滤。在服务器端过滤时可以按照消息消费者的要求进行过滤，优点是减少了不必要的消息传输，缺点是增加了消息服务器的负担，实现相对复杂。消费端过滤则完全由具体应用自定义实现，这种方式更加灵活，缺点是很多无用的消息会被传输给消息消费者。

- 支持事务消息。RocketMQ 除支持普通消息、顺序消息之外，还支持事务消息，这个特性对于分布式事务来说提供了另一种解决思路。
- 支持回溯消费。回溯消费是指对于消费者已经消费成功的消息，由于业务需求需要重新消费。RocketMQ 支持按照时间回溯消费，时间维度精确到毫秒，可以向前回溯，也可以向后回溯。

2. 基本概念

如图 6-1 所示是 RocketMQ 的部署结构图，其中涉及了 RocketMQ 核心四大组件：NameServer、Broker、Producer、Consumer，每个组件都可以部署成集群模式进行水平扩展。

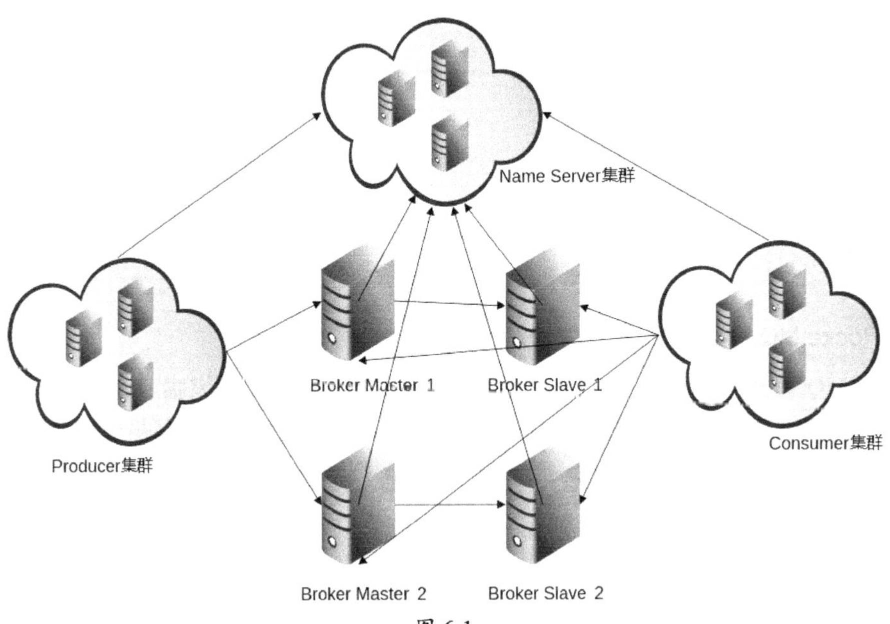

图 6-1

（1）生产者

生产者（Producer）负责生产消息，生产者向消息服务器发送由业务应用程序系统生成的消息。RocketMQ 提供了三种方式发送消息：同步、异步和单向。

- 同步发送

同步发送指消息发送方发出数据后，会在收到接收方发回的响应之后才发送下一个数据包。一般适用于重要通知消息场景，例如重要通知邮件、营销短信等。

- 异步发送

异步发送指发送方发出数据后，不等接收方发回响应，就接着发送下一个数据包。一般适用于可能链路耗时较长而对响应时间敏感的业务场景，例如用户视频上传后通知启动转码服务等。

■ 单向发送

单向发送指只负责发送消息而不等待服务器回应且没有回调函数触发。一般适用于某些耗时非常短但对可靠性要求并不高的场景，例如日志收集等。

（2）生产者组

生产者组（Producer Group）是一类生产者的集合，这类生产者通常发送一类消息并且发送逻辑一致，所以将这些生产者分组在一起。从部署结构上看，生产者通过生产者组的名字来标识自己是一个集群。

（3）消费者

消费者（Consumer）负责消费消息，它从消息服务器拉取消息并将其输入用户应用程序中。从用户应用的角度来看，消费者有两种类型：拉取型消费者和推送型消费者。

■ 拉取型消费者

拉取型消费者（Pull Consumer）主动从消息服务器拉取消息，只要批量拉取到消息，用户应用就会启动消费过程，所以 Pull 被称为主动消费类型。

■ 推送型消费者

推送型消费者（Push Consumer）封装了消息的拉取、消费进度和其他内部维护工作，将消息到达时执行的回调接口留给用户应用程序来实现。所以 Push 被称为被动消费类型。但从实现上看，还是从消息服务器拉取消息的。不同于 Pull 的是，Push 首先要注册消费监听器，当监听器被触发后才开始消费消息。

（4）消费者组

消费者组（Consumer Group）是一类消费者的集合，这类消费者通常消费同一类消息并且消费逻辑一致，所以将这些消费者分组在一起。消费者组与生产者组类似，都是将相同角色的消费者分组在一起并命名的。分组是一个很精妙的概念设计，RocketMQ 正是通过这种分组机制，实现了天然的消息负载均衡。在消费消息时，通过消费者组实现了将消息分发到多个消费者服务器实例，比如某个主题有 9 条消息，其中一个消费者组有 3 个实例（3 个进程或 3 台机器），那么每个实例将均摊 3 条消息，这也意味着我们可以很方便地通过增加机器来实现水平扩展。

（5）消息服务器

消息服务器（Broker）是消息存储中心，其主要作用是接收来自生产者的消息并进行存储，消费者从这里拉取消息。它还存储与消息相关的元数据，包括用户组、消费进度偏移量、队列信息等。从部署结构图中可以看出，Broker 有 Master 和 Slave 两种类型，其中 Master 既可以写，又可以读；Slave 不可以写，只可以读。从物理结构上看，Broker 的集群部署有单 Master、多 Master、多 Master 多 Slave（同步双写）、多 Master 多 Slave（异步复制）等多种方式。

- 单 Master

采用这种方式，一旦 Broker 重启或宕机就会导致整个服务不可用。这种方式风险较大，所以不建议在线上环境中使用。

- 多 Master

所有消息服务器都是 Master，没有 Slave。这种方式的优点是配置简单，单个 Master 宕机或重启维护对应用无影响；缺点是在单台机器宕机期间，该机器上未被消费的消息在机器恢复之前不可订阅，消息的实时性会受到影响。

- 多 Master 多 Slave（同步双写）

为每个 Master 都配置一个 Slave，所以有多对 Master-Slave，消息采用同步双写方式，主备都写成功了才返回成功。这种方式的优点是数据与服务都没有单点问题，Master 宕机时消息无延迟，服务与数据的可用性非常高；缺点是相对异步复制方式其性能略低，发送消息的延迟略高。

- 多 Master 多 Slave（异步复制）

为每个 Master 都配置一个 Slave，所以有多对 Master-Slave，消息采用异步复制方式，主备之间有毫秒级消息延迟。这种方式的优点是丢失的消息非常少，且消息的实时性不会受到影响，Master 宕机后消费者可以继续从 Slave 消费，中间的过程对用户应用程序透明，不需要人工干预，性能同多 Master 方式几乎一样；缺点是 Master 宕机后在磁盘损坏的情况下会丢失极少量的消息。

（6）名称服务器

名称服务器（NameServer）用来保存 Broker 相关元信息并给生产者和消费者查找 Broker 信息。名称服务器被设计成几乎无状态，可以横向扩展，节点之间无通信，通过部署多台机器来标识自己是一个伪集群。每个 Broker 在启动时都会到名称服务器中注册，生产者在发送消息前会根据主题到名称服务器中获取到 Broker 的路由信息，消费者也会定时获取主题的路由信息。所以从功能上看，它应该和 ZooKeeper 差不多，据说 RocketMQ 的早期版本确实使用了 ZooKeeper，后来改为自己实现的名称服务器。

（7）消息

消息（Message）就是要传输的信息。一条消息必须有一个主题，主题可以被看作是信件要邮寄的地址。一条消息也可以拥有一个可选的标签和额外的键值对，它们被用于设置一个业务 key 并在 Broker 上查找此消息，以便在开发期间查找问题。

■ 主题

主题（Topic）可以被看作是消息的归类，它是消息的第一级类型。比如一个电商系统可以分为交易消息、物流消息等，一条消息必须有一个主题。主题与生产者和消费者的关系非常松散，一个主题可以有 0 个、1 个、多个生产者向其发送消息，一个生产者也可以同时向不同的主题发送消息。一个主题也可以被 0 个、1 个、多个消费者订阅。

■ 标签

标签（Tag）可以被看作是子主题，它是消息的第二级类型，用于为用户提供额外的灵活性。使用标签，同一业务模块的不同目的的消息就可以用相同的主题而不同的标签来标识。比如交易消息又可以分为交易创建消息、交易完成消息等，一条消息可以没有标签。标签有助于保持代码干净和连贯，并且还可以为 RocketMQ 的查询系统提供帮助。

■ 队列

主题被划分为一个或多个子主题，即队列（Queue）。在一个主题下可以设置多个队列，在发送消息时执行该消息的主题，RocketMQ 会轮询该主题下的所有队列将消息发送出去。Broker 内部消息情况如图 6-2 所示。

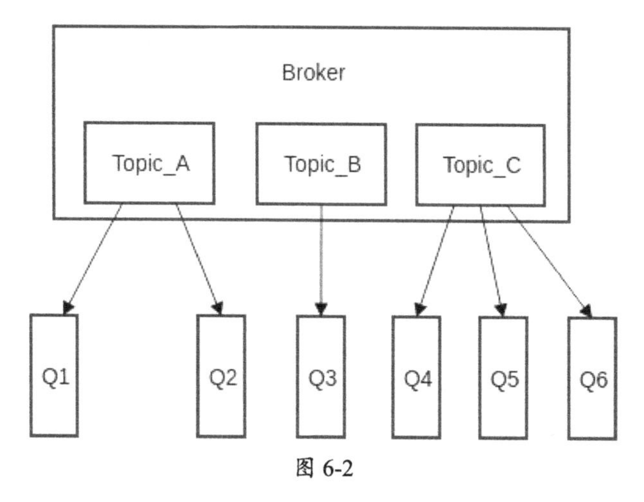

图 6-2

■ 消息消费模式

消息消费模式有两种：集群消费（Clustering）和广播消费（Broadcasting）。默认是集群消费，在该模式下一个消费者集群共同消费一个主题的多个队列，一个队列只会被一个消费者消费，如果某个消费者挂掉了，分组内的其他消费者会接替挂掉的消费者继续消费。而广播消费会将消息发给消费者组中的每一个消费者进行消费。

■ 消息顺序

消息顺序（Message Order）有两种：顺序消费（Orderly）和并行消费（Concurrently）。顺

序消费表示消息消费的顺序同生产者为每个消息队列发送的顺序一致，如果正在处理的全局顺序是强制性的场景，则需要确保所使用的主题只有一个消息队列。并行消费不再保证消息顺序，消费的最大并行数量受每个消费者客户端指定的线程池限制。

6.2 工程实例

6.2.1 Java 访问 RocketMQ 实例

目前 RocketMQ 支持 Java、C++、Go 三种语言访问，这里以 Java 语言为例，介绍如何使用 RocketMQ 来收发消息。

1. 引入依赖

```
<dependency>
    <groupId>org.apache.rocketmq</groupId>
    <artifactId>rocketmq-client</artifactId>
    <version>4.2.0</version>
</dependency>
```

添加 RocketMQ 客户端访问支持，具体版本和所安装的 RocketMQ 版本一致即可。

2. 消息生产者

```
package org.study.mq.rocketMQ.java;

import org.apache.rocketmq.client.producer.DefaultMQProducer;
import org.apache.rocketmq.client.producer.SendResult;
import org.apache.rocketmq.common.message.Message;
import org.apache.rocketmq.remoting.common.RemotingHelper;

public class Producer {

    public static void main(String[] args) throws Exception {
        // 创建一个消息生产者，并设置一个消息生产者组
        DefaultMQProducer producer = new DefaultMQProducer("niwei_producer_
group");

        // 指定 NameServer 地址
```

```
        producer.setNamesrvAddr("localhost:9876");

        // 初始化 Producer，在整个应用生命周期中只需要初始化一次
        producer.start();

        for (int i = 0; i < 100; i++) {
            // 创建一个消息对象，指定其主题、标签和消息内容
            Message msg = new Message(
                    "topic_example_java" /* 消息主题名 */,
                    "TagA" /* 消息标签 */,
                    ("Hello Java demo RocketMQ" + i).getBytes(RemotingHelper.
DEFAULT_CHARSET) /* 消息内容 */
            );

            // 发送消息并返回结果
            SendResult sendResult = producer.send(msg);

            System.out.printf("%s%n", sendResult);
        }

        // 一旦生产者实例不再被使用，则将其关闭，包括清理资源、关闭网络连接等
        producer.shutdown();
    }
}
```

在示例中用 DefaultMQProducer 类来创建一个消息生产者，通常一个应用创建一个 DefaultMQProducer 对象，所以一般由应用来维护生产者对象，可以将其设置为全局对象或者单例。该类构造函数入参 producerGroup 是消息生产者组的名字，无论是生产者还是消费者都必须给出 GroupName，并保证该名字的唯一性。在发送普通的消息时 ProducerGroup 作用不大，后面介绍分布式事务消息时会用到。

接下来指定 NameServer 地址和调用 start 方法初始化，在整个应用生命周期中只需要调用一次 start 方法。

初始化完成后，调用 send 方法发送消息，在示例中只是简单地构造了 100 条同样的消息发送，其实一个 Producer 对象可以发送多个主题、多个标签的消息，消息对象的标签可以为空。send 方法是同步调用的，只要不抛出异常就标识成功。

最后在应用退出时调用 shutdown 方法清理资源、关闭网络连接，从服务器上注销自己。通

常建议应用在 JBOSS、Tomcat 等容器的退出钩子里调用 shutdown 方法。

3. 消息消费者

```
    package org.study.mq.rocketMQ.java;

    import org.apache.rocketmq.client.consumer.DefaultMQPushConsumer;
    import org.apache.rocketmq.client.consumer.listener.ConsumeConcurrently
Context;
    import org.apache.rocketmq.client.consumer.listener.ConsumeConcurrently
Status;
    import org.apache.rocketmq.client.consumer.listener.MessageListener
Concurrently;
    import org.apache.rocketmq.common.consumer.ConsumeFromWhere;
    import org.apache.rocketmq.common.message.MessageExt;

    import java.io.UnsupportedEncodingException;
    import java.util.Date;
    import java.util.List;

    public class Consumer {

        public static void main(String[] args) throws Exception {
            // 创建一个消息消费者，并设置一个消息消费者组
            DefaultMQPushConsumer consumer = new DefaultMQPushConsumer
("niwei_consumer_group");
            // 指定 NameServer 地址
            consumer.setNamesrvAddr("localhost:9876");
            // 设置 Consumer 第一次启动时是从队列头部还是队列尾部开始消费的
            consumer.setConsumeFromWhere(ConsumeFromWhere.CONSUME_
FROM_FIRST_OFFSET);
            // 订阅指定 Topic 下的所有消息
            consumer.subscribe("topic_example_java", "*");

            // 注册消息监听器
            consumer.registerMessageListener((List<MessageExt> list,
ConsumeConcurrentlyContext context) -> {
                // 默认 list 里只有一条消息，可以通过设置参数来批量接收消息
                if (list != null) {
```

```
                for (MessageExt ext : list) {
                    try {
                        System.out.println(new Date() + new String(ext.getBody(),
"UTF-8"));
                    } catch (UnsupportedEncodingException e) {
                        e.printStackTrace();
                    }
                }
            }
            return ConsumeConcurrentlyStatus.CONSUME_SUCCESS;

        });

        // 消费者对象在使用之前必须要调用 start 方法初始化
        consumer.start();
        System.out.println("消息消费者已启动");
    }
}
```

在示例中用 DefaultMQPushConsumer 类来创建一个消息消费者，同生产者一样，一个应用创建一个 DefaultMQPushConsumer 对象，该对象一般由应用来维护，可以将其设置为全局对象或者单例。该类构造函数入参 consumerGroup 是消息消费者组的名字，需要保证该名字的唯一性。

接下来指定 NameServer 地址，设置消费者应用程序第一次启动时是从队列头部还是队列尾部开始消费的。

接着调用 subscribe 方法为消费者对象订阅指定主题下的消息，该方法的第一个参数是主题名，第二个参数是标签名，在示例中表示订阅了 topic_example_java 主题下所有标签的消息。

最主要的是只有注册了消息监听器才能消费消息，在示例中使用的是 ConsumerPush 的方式，即设置监听器回调的方式来消费消息，默认在监听回调方法中 list 里只有一条消息，可以通过设置参数来批量接收消息。

最后调用 start 方法初始化，在整个应用生命周期中只需要调用一次 start 方法。

4．启动 NameServer

```
# 启动 NameServer
nohup sh bin/mqnamesrv &
```

```
# 跟踪 NameServer 输出的日志文件
tail -f ~/logs/rocketmqlogs/namesrv.log
```

在 RocketMQ 核心四大组件中，NameServer 和 Broker 都是由 RocketMQ 安装包提供的，所以要启动这两个应用才能提供消息服务。首先启动 NameServer，先确保机器中已经安装了与 RocketMQ 相匹配的 JDK，并设置了环境变量 JAVA_HOME，然后在 RocketMQ 的安装目录下执行 bin 目录下的 mqnamesrv，默认会将该命令的执行情况输出到当前目录下的 nohup.out 文件中，最后跟踪日志文件查看 NameServer 的实际运行情况。

5. 启动 Broker

```
# 启动 Broker
nohup sh bin/mqbroker -n localhost:9876 &

# 跟踪 Broker 输出的日志文件
tail -f ~/logs/rocketmqlogs/broker.log
```

同样，也要确保机器中已经安装了与 RocketMQ 相匹配的 JDK，并设置了环境变量 JAVA_HOME，然后在 RocketMQ 的安装目录下执行 bin 目录下的 mqbroker，默认会将该命令的执行情况输出到当前目录下的 nohup.out 文件中，最后跟踪日志文件查看 Broker 的实际运行情况。

6. 运行 Consumer

先运行 Consumer 类，这样当生产者发送消息时就能在消费者后端看到消息记录。如果配置没问题的话，则会看到在控制台打印出消息消费者已启动（见图 6-3）。

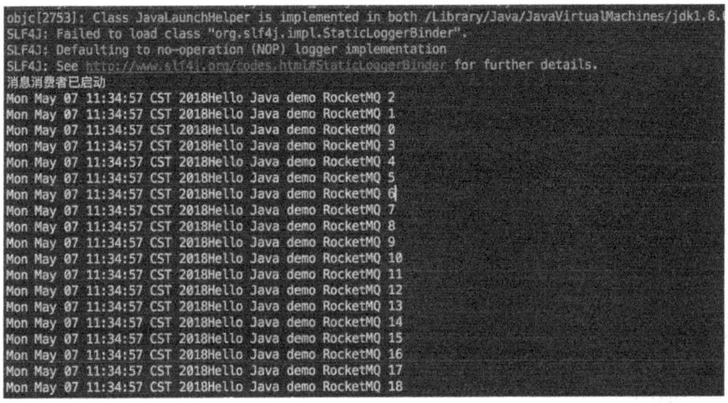

```
objc[2753]: Class JavaLaunchHelper is implemented in both /Library/Java/JavaVirtualMachines/jdk1.8.
SLF4J: Failed to load class "org.slf4j.impl.StaticLoggerBinder".
SLF4J: Defaulting to no-operation (NOP) logger implementation
SLF4J: See http://www.slf4j.org/codes.html#StaticLoggerBinder for further details.
消息消费者已启动
Mon May 07 11:34:57 CST 2018Hello Java demo RocketMQ 2
Mon May 07 11:34:57 CST 2018Hello Java demo RocketMQ 1
Mon May 07 11:34:57 CST 2018Hello Java demo RocketMQ 0
Mon May 07 11:34:57 CST 2018Hello Java demo RocketMQ 3
Mon May 07 11:34:57 CST 2018Hello Java demo RocketMQ 4
Mon May 07 11:34:57 CST 2018Hello Java demo RocketMQ 5
Mon May 07 11:34:57 CST 2018Hello Java demo RocketMQ 6
Mon May 07 11:34:57 CST 2018Hello Java demo RocketMQ 7
Mon May 07 11:34:57 CST 2018Hello Java demo RocketMQ 8
Mon May 07 11:34:57 CST 2018Hello Java demo RocketMQ 9
Mon May 07 11:34:57 CST 2018Hello Java demo RocketMQ 10
Mon May 07 11:34:57 CST 2018Hello Java demo RocketMQ 11
Mon May 07 11:34:57 CST 2018Hello Java demo RocketMQ 12
Mon May 07 11:34:57 CST 2018Hello Java demo RocketMQ 13
Mon May 07 11:34:57 CST 2018Hello Java demo RocketMQ 14
Mon May 07 11:34:57 CST 2018Hello Java demo RocketMQ 15
Mon May 07 11:34:57 CST 2018Hello Java demo RocketMQ 16
Mon May 07 11:34:57 CST 2018Hello Java demo RocketMQ 17
Mon May 07 11:34:57 CST 2018Hello Java demo RocketMQ 18
```

图 6-3

7. 运行 Producer

再运行 Producer 类，在 Consumer 的控制台能看到接收的消息。

6.2.2　Spring 整合 RocketMQ

不同于 RabbitMQ、ActiveMQ、Kafka 等消息中间件，Spring 社区已经通过多种方式提供了对这些中间件产品的集成，例如通过 spring-jms 整合了 ActiveMQ、通过 Spring AMQP 项目下的 spring-rabbit 整合了 RabbitMQ、通过 spring-kafka 整合了 Kafka，通过它们可以在 Spring 项目中更方便地使用其 API。目前在 Spring 框架中集成 RocketMQ 有三种方式：一是将消息生产者和消费者定义成 bean 对象交由 Spring 容器管理；二是使用 RocketMQ 社区的外部项目 rocketmq-jms（https://github.com/apache/rocketmq-externals/tree/master/rocketmq-jms）通过 spring-jms 方式集成；三是如果应用是基于 spring-boot 的，则可以使用 RocketMQ 的外部项目 rocketmq-spring-boot-starter（https://github.com/apache/rocketmq-externals/tree/master/rocketmq-spring-boot-starter）比较方便地收发消息。

总的来讲，rocketmq-jms 项目实现了 JMS 1.1 规范的部分内容，目前支持 JMS 中的发布/订阅模型收发消息。目前 rocketmq-spring-boot-starter 项目已经支持同步发送、异步发送、单向发送、顺序消费、并行消费、集群消费、广播消费等特性，如果比较喜欢 Spring Boot 这种全家桶的快速开发框架，并且现有特性已满足业务要求，则可以使用该项目。当然，从 API 的使用上看，最灵活的还是第一种方式。下面就以第一种方式为例简单介绍 Spring 是如何集成 RocketMQ 的。

1. 消息生产者

```
package org.study.mq.rocketMQ.spring;

import org.apache.log4j.Logger;
import org.apache.rocketmq.client.producer.DefaultMQProducer;

public class SpringProducer {

    private Logger logger = Logger.getLogger(getClass());

    private String producerGroupName;

    private String nameServerAddr;

    private DefaultMQProducer producer;

    public SpringProducer(String producerGroupName, String nameServerAddr) {
        this.producerGroupName = producerGroupName;
```

```
        this.nameServerAddr = nameServerAddr;
    }

    public void init() throws Exception {
        logger.info("开始启动消息生产者服务...");

        // 创建一个消息生产者，并设置一个消息生产者组
        producer = new DefaultMQProducer(producerGroupName);
        // 指定 NameServer 地址
        producer.setNamesrvAddr(nameServerAddr);
        // 初始化 SpringProducer，在整个应用生命周期内只需要初始化一次
        producer.start();

        logger.info("消息生产者服务启动成功.");
    }

    public void destroy() {
        logger.info("开始关闭消息生产者服务...");

        producer.shutdown();

        logger.info("消息生产者服务已关闭.");
    }

    public DefaultMQProducer getProducer() {
        return producer;
    }
}
```

消息生产者就是把生产者 DefaultMQProducer 对象的生命周期分成构造函数、init、destroy 三个方法，在构造函数中将生产者组名、NameServer 地址作为变量由 Spring 容器在配置时提供；在 init 方法中实例化 DefaultMQProducer 对象、设置 NameServer 地址、初始化生产者对象；destroy 方法用于在生产者对象销毁时清理资源。

2. 消息消费者

```
package org.study.mq.rocketMQ.spring;

import org.apache.log4j.Logger;
```

```
    import org.apache.rocketmq.client.consumer.DefaultMQPushConsumer;
    import
org.apache.rocketmq.client.consumer.listener.MessageListenerConcurrently;
    import org.apache.rocketmq.common.consumer.ConsumeFromWhere;

    public class SpringConsumer {

        private Logger logger = Logger.getLogger(getClass());

        private String consumerGroupName;

        private String nameServerAddr;

        private String topicName;

        private DefaultMQPushConsumer consumer;

        private MessageListenerConcurrently messageListener;

        public SpringConsumer(String consumerGroupName, String nameServerAddr,
String topicName, MessageListenerConcurrently messageListener) {
            this.consumerGroupName = consumerGroupName;
            this.nameServerAddr = nameServerAddr;
            this.topicName = topicName;
            this.messageListener = messageListener;
        }


        public void init() throws Exception {
            logger.info("开始启动消息消费者服务...");

            // 创建一个消息消费者，并设置一个消息消费者组
            consumer = new DefaultMQPushConsumer(consumerGroupName);
            // 指定 NameServer 地址
            consumer.setNamesrvAddr(nameServerAddr);
            // 设置 Consumer 第一次启动时是从队列头部还是队列尾部开始消费的
            consumer.setConsumeFromWhere(ConsumeFromWhere.CONSUME_FROM_FIRST_
OFFSET);
```

```
        // 订阅指定 Topic 下的所有消息
        consumer.subscribe(topicName, "*");

        // 注册消息监听器
        consumer.registerMessageListener(messageListener);

        // 消费者对象在使用之前必须要调用 start 方法初始化
        consumer.start();

        logger.info("消息消费者服务启动成功.");
    }

    public void destroy(){
        logger.info("开始关闭消息消费者服务...");

        consumer.shutdown();

        logger.info("消息消费者服务已关闭.");
    }

    public DefaultMQPushConsumer getConsumer() {
        return consumer;
    }

}
```

与消息生产者类似，消息消费者是把消费者 DefaultMQPushConsumer 对象的生命周期分成构造函数、init、destroy 三个方法，其具体含义在讲解 Java 访问 RocketMQ 实例时已经介绍过，这里不再赘述。当然，有了消费者对象，还需要消息监听器在接收到消息后执行具体的处理逻辑。

```
package org.study.mq.rocketMQ.spring;

import org.apache.log4j.Logger;
import org.apache.rocketmq.client.consumer.listener.ConsumeConcurrently
Context;
import org.apache.rocketmq.client.consumer.listener.ConsumeConcurrentlyS
```

```
tatus;
    import org.apache.rocketmq.client.consumer.listener.MessageListenerConcu
rrently;
    import org.apache.rocketmq.common.message.MessageExt;

    import java.io.UnsupportedEncodingException;
    import java.util.List;

    public class MessageListener implements MessageListenerConcurrently {

        private Logger logger = Logger.getLogger(getClass());

        public ConsumeConcurrentlyStatus consumeMessage(List<MessageExt> list,
ConsumeConcurrentlyContext consumeConcurrentlyContext) {
            if (list != null) {
                for (MessageExt ext : list) {
                    try {
                        logger.info("监听到消息 : " + new String(ext.getBody(),
"UTF-8"));
                    } catch (UnsupportedEncodingException e) {
                        e.printStackTrace();
                    }
                }
            }
            return ConsumeConcurrentlyStatus.CONSUME_SUCCESS;
        }

    }
```

消息监听器类就是把前面 Java 访问 RocketMQ 实例中注册消息监听器时声明的匿名内部类代码抽取出来，定义成单独的一个类而已。

3. Spring 配置文件

因为只使用 Spring 框架集成，所以除 Sping 框架的核心 JAR 包外，不需要额外添加依赖包了。本例中将消息生产者和消息消费者分成两个配置文件，这样能更好地演示收发消息的效果。

```
<?xml version="1.0" encoding="UTF-8"?>
<beans xmlns="http://www.springframework.org/schema/beans"
```

```
        xmlns:xsi="http://www.w3.org/2001/XMLSchema-instance"
        xsi:schemaLocation="http://www.springframework.org/schema/beans
    http://www.springframework.org/schema/beans/spring-beans-4.3.xsd">

        <bean id="producer" class="org.study.mq.rocketMQ.spring.Spring
Producer" init-method="init" destroy-method="destroy">
            <constructor-arg name="nameServerAddr" value="localhost:9876"/>
            <constructor-arg name="producerGroupName" value="spring_producer_
group"/>
        </bean>

    </beans>
```

消息生产者的配置很简单，定义了一个消息生产者对象，该对象初始化时调用 init 方法，在对象销毁前执行 destroy 方法，将 NameServer 地址和生产者组配置好。

```
    <?xml version="1.0" encoding="UTF-8"?>
    <beans xmlns="http://www.springframework.org/schema/beans"
        xmlns:xsi="http://www.w3.org/2001/XMLSchema-instance"
        xsi:schemaLocation="http://www.springframework.org/schema/beans
    http://www.springframework.org/schema/beans/spring-beans-4.3.xsd">

        <bean id="messageListener" class="org.study.mq.rocketMQ.spring.
MessageListener" />

        <bean id="consumer" class="org.study.mq.rocketMQ.spring.Spring
Consumer" init-method="init" destroy-method="destroy">
            <constructor-arg name="nameServerAddr" value="localhost:9876"/>
            <constructor-arg name="consumerGroupName" value="spring_consumer_
group"/>
            <constructor-arg name="topicName" value="spring-rocketMQ-topic" />
            <constructor-arg name="messageListener" ref="messageListener" />
        </bean>

    </beans>
```

消息消费者的配置与消息生产者类似，只是多了一个消息监听器对象的定义和绑定。

4. 运行示例程序

按照上面所述步骤启动 NameServer 和 Broker，然后运行消息生产者和消息消费者程序。为简单起见，我们用两个单元测试类来模拟这两个程序。

```
    package org.study.mq.rocketMQ.spring;

    import org.apache.rocketmq.client.producer.SendResult;
    import org.apache.rocketmq.common.message.Message;
    import org.apache.rocketmq.remoting.common.RemotingHelper;
    import org.junit.Before;
    import org.junit.Test;
    import org.springframework.context.ApplicationContext;
    import org.springframework.context.support.ClassPathXmlApplication
Context;

    public class SpringProducerTest {

        private ApplicationContext container;

        @Before
        public void setup() {
            container = new ClassPathXmlApplicationContext("classpath:spring-
producer.xml");
        }

        @Test
        public void sendMessage() throws Exception {
            SpringProducer producer = container.getBean(SpringProducer.class);

            for (int i = 0; i < 20; i++) {
                // 创建一个消息对象，指定其主题、标签和消息内容
                Message msg = new Message(
                        "spring-rocketMQ-topic",
                        null,
                        ("Spring RocketMQ demo " + i).getBytes(RemotingHelper.
DEFAULT_CHARSET) /* 消息内容 */
                );
```

```
            // 发送消息并返回结果
            SendResult sendResult = producer.getProducer().send(msg);

            System.out.printf("%s%n", sendResult);
        }
    }

}
```

使用 SpringProducerTest 类模拟消息生产者发送消息。

```
package org.study.mq.rocketMQ.spring;

import org.junit.Before;
import org.junit.Test;
import org.springframework.context.ApplicationContext;
import org.springframework.context.support.ClassPathXmlApplication
Context;

public class SpringConsumerTest {

    private ApplicationContext container;

    @Before
    public void setup() {
        container = new ClassPathXmlApplicationContext("classpath:spring-
consumer.xml");
    }

    @Test
    public void consume() throws Exception {
        SpringConsumer consumer = container.getBean(SpringConsumer.class);

        Thread.sleep(200 * 1000);

        consumer.destroy();
    }
}
```

使用 SpringConsumerTest 类模拟消息消费者者接收消息，在 consume 方法返回之前需要让当前线程休眠一段时间，使消费者程序继续存活才能监听到生产者发送的消息。

分别运行 SpringProducerTest 类和 SpringConsumerTest 类，在 SpringConsumerTest 的控制台能看到所接收的消息（见图 6-4）。

```
304  2018-05-07 17:59:53,922 [main] INFO  org.study.mq.rocketMQ.spring.SpringConsumer  - 开始启动消息消费者服务...
1199 2018-05-07 17:59:54,817 [main] INFO  org.study.mq.rocketMQ.spring.SpringConsumer  - 消息消费者服务启动成功.
8117 2018-05-07 18:00:01,735 [ConsumeMessageThread_1] INFO  org.study.mq.rocketMQ.spring.MessageListener  - 监听到消息 : Spring RocketMQ demo 1
8117 2018-05-07 18:00:01,735 [ConsumeMessageThread_2] INFO  org.study.mq.rocketMQ.spring.MessageListener  - 监听到消息 : Spring RocketMQ demo 0
8120 2018-05-07 18:00:01,738 [ConsumeMessageThread_3] INFO  org.study.mq.rocketMQ.spring.MessageListener  - 监听到消息 : Spring RocketMQ demo 2
8130 2018-05-07 18:00:01,748 [ConsumeMessageThread_4] INFO  org.study.mq.rocketMQ.spring.MessageListener  - 监听到消息 : Spring RocketMQ demo 3
8133 2018-05-07 18:00:01,751 [ConsumeMessageThread_5] INFO  org.study.mq.rocketMQ.spring.MessageListener  - 监听到消息 : Spring RocketMQ demo 4
8140 2018-05-07 18:00:01,758 [ConsumeMessageThread_6] INFO  org.study.mq.rocketMQ.spring.MessageListener  - 监听到消息 : Spring RocketMQ demo 5
8143 2018-05-07 18:00:01,761 [ConsumeMessageThread_7] INFO  org.study.mq.rocketMQ.spring.MessageListener  - 监听到消息 : Spring RocketMQ demo 6
8147 2018-05-07 18:00:01,765 [ConsumeMessageThread_8] INFO  org.study.mq.rocketMQ.spring.MessageListener  - 监听到消息 : Spring RocketMQ demo 7
8150 2018-05-07 18:00:01,768 [ConsumeMessageThread_9] INFO  org.study.mq.rocketMQ.spring.MessageListener  - 监听到消息 : Spring RocketMQ demo 8
8157 2018-05-07 18:00:01,775 [ConsumeMessageThread_10] INFO  org.study.mq.rocketMQ.spring.MessageListener  - 监听到消息 : Spring RocketMQ demo 9
8164 2018-05-07 18:00:01,782 [ConsumeMessageThread_11] INFO  org.study.mq.rocketMQ.spring.MessageListener  - 监听到消息 : Spring RocketMQ demo 10
8165 2018-05-07 18:00:01,783 [ConsumeMessageThread_12] INFO  org.study.mq.rocketMQ.spring.MessageListener  - 监听到消息 : Spring RocketMQ demo 11
8170 2018-05-07 18:00:01,788 [ConsumeMessageThread_13] INFO  org.study.mq.rocketMQ.spring.MessageListener  - 监听到消息 : Spring RocketMQ demo 12
8172 2018-05-07 18:00:01,790 [ConsumeMessageThread_14] INFO  org.study.mq.rocketMQ.spring.MessageListener  - 监听到消息 : Spring RocketMQ demo 13
8176 2018-05-07 18:00:01,794 [ConsumeMessageThread_15] INFO  org.study.mq.rocketMQ.spring.MessageListener  - 监听到消息 : Spring RocketMQ demo 14
8179 2018-05-07 18:00:01,797 [ConsumeMessageThread_16] INFO  org.study.mq.rocketMQ.spring.MessageListener  - 监听到消息 : Spring RocketMQ demo 15
8183 2018-05-07 18:00:01,801 [ConsumeMessageThread_17] INFO  org.study.mq.rocketMQ.spring.MessageListener  - 监听到消息 : Spring RocketMQ demo 16
8184 2018-05-07 18:00:01,802 [ConsumeMessageThread_18] INFO  org.study.mq.rocketMQ.spring.MessageListener  - 监听到消息 : Spring RocketMQ demo 17
8188 2018-05-07 18:00:01,806 [ConsumeMessageThread_19] INFO  org.study.mq.rocketMQ.spring.MessageListener  - 监听到消息 : Spring RocketMQ demo 18
8189 2018-05-07 18:00:01,807 [ConsumeMessageThread_20] INFO  org.study.mq.rocketMQ.spring.MessageListener  - 监听到消息 : Spring RocketMQ demo 19
```

图 6-4

假如启动两个 SpringConsumerTest 类进程，因为它们属于同一个消费者组，在 SpringConsumerTest 的控制台能看到它们均摊了消息（见图 6-5 和图 6-6）

```
17787 2018-05-07 18:03:48,495 [ConsumeMessageThread_11] INFO  org.study.mq.rocketMQ.spring.MessageListener  - 监听到消息 : Spring RocketMQ demo 0
17818 2018-05-07 18:03:48,526 [ConsumeMessageThread_12] INFO  org.study.mq.rocketMQ.spring.MessageListener  - 监听到消息 : Spring RocketMQ demo 1
17836 2018-05-07 18:03:48,544 [ConsumeMessageThread_15] INFO  org.study.mq.rocketMQ.spring.MessageListener  - 监听到消息 : Spring RocketMQ demo 4
17839 2018-05-07 18:03:48,547 [ConsumeMessageThread_16] INFO  org.study.mq.rocketMQ.spring.MessageListener  - 监听到消息 : Spring RocketMQ demo 5
17848 2018-05-07 18:03:48,556 [ConsumeMessageThread_17] INFO  org.study.mq.rocketMQ.spring.MessageListener  - 监听到消息 : Spring RocketMQ demo 8
17850 2018-05-07 18:03:48,558 [ConsumeMessageThread_18] INFO  org.study.mq.rocketMQ.spring.MessageListener  - 监听到消息 : Spring RocketMQ demo 9
17862 2018-05-07 18:03:48,570 [ConsumeMessageThread_19] INFO  org.study.mq.rocketMQ.spring.MessageListener  - 监听到消息 : Spring RocketMQ demo 12
17866 2018-05-07 18:03:48,574 [ConsumeMessageThread_20] INFO  org.study.mq.rocketMQ.spring.MessageListener  - 监听到消息 : Spring RocketMQ demo 13
17874 2018-05-07 18:03:48,582 [ConsumeMessageThread_3] INFO  org.study.mq.rocketMQ.spring.MessageListener  - 监听到消息 : Spring RocketMQ demo 16
17876 2018-05-07 18:03:48,584 [ConsumeMessageThread_4] INFO  org.study.mq.rocketMQ.spring.MessageListener  - 监听到消息 : Spring RocketMQ demo 17
```

图 6-5

```
8798 2018-05-07 18:03:48,541 [ConsumeMessageThread_2] INFO  org.study.mq.rocketMQ.spring.MessageListener  - 监听到消息 : Spring RocketMQ demo 3
8798 2018-05-07 18:03:48,541 [ConsumeMessageThread_1] INFO  org.study.mq.rocketMQ.spring.MessageListener  - 监听到消息 : Spring RocketMQ demo 2
8807 2018-05-07 18:03:48,550 [ConsumeMessageThread_3] INFO  org.study.mq.rocketMQ.spring.MessageListener  - 监听到消息 : Spring RocketMQ demo 6
8811 2018-05-07 18:03:48,554 [ConsumeMessageThread_4] INFO  org.study.mq.rocketMQ.spring.MessageListener  - 监听到消息 : Spring RocketMQ demo 7
8819 2018-05-07 18:03:48,562 [ConsumeMessageThread_5] INFO  org.study.mq.rocketMQ.spring.MessageListener  - 监听到消息 : Spring RocketMQ demo 10
8824 2018-05-07 18:03:48,567 [ConsumeMessageThread_6] INFO  org.study.mq.rocketMQ.spring.MessageListener  - 监听到消息 : Spring RocketMQ demo 11
8833 2018-05-07 18:03:48,576 [ConsumeMessageThread_7] INFO  org.study.mq.rocketMQ.spring.MessageListener  - 监听到消息 : Spring RocketMQ demo 14
8834 2018-05-07 18:03:48,577 [ConsumeMessageThread_8] INFO  org.study.mq.rocketMQ.spring.MessageListener  - 监听到消息 : Spring RocketMQ demo 15
8847 2018-05-07 18:03:48,590 [ConsumeMessageThread_9] INFO  org.study.mq.rocketMQ.spring.MessageListener  - 监听到消息 : Spring RocketMQ demo 18
8849 2018-05-07 18:03:48,592 [ConsumeMessageThread_10] INFO  org.study.mq.rocketMQ.spring.MessageListener  - 监听到消息 : Spring RocketMQ demo 19
```

图 6-6

6.2.3 基于 RocketMQ 的消息顺序处理

本书第 1 章曾介绍过消息队列常见的应用场景包括异步处理、应用解耦、流量削峰、日志收集、分布式事务，而且前面几章已对在这些场景中如何使用消息队列产品分别做了介绍，本章的示例重点是在这些场景的基础上如何利用 RocketMQ 的某些特性解决更复杂的业务问题。

本书 3.2.3 节曾以用户注册为例，将把用户数据保存到数据库和注册成功后发送邮件两个原来同步执行的业务逻辑拆分成异步执行，这种将一个完整业务流程基于消息队列拆分成多个步骤各自执行的模式很常见。例如，在电商业务中一笔订单可能有创建、付款、配送、取消、完成等多个状态，当订单流转到每个状态时都将产生相应的消息数据并发送给消息队列，下游系统从消息队列中接收到消息执行自己的业务，如收到订单创建消息后发送短信、邮件等通知，收到付款消息后触发库存系统分配库存，收到配送消息后分派物流人员发货等。这里通过使用消息队列将系统业务执行过程异步化，大大提高了系统的抗峰值压力的能力，并且解耦了属于不同应用间的执行逻辑，也可以很方便地横向扩展消息系统容量。在享受到这么多好处的同时，也经常会遇到两个问题：消息重复消费和消息顺序消费。

其实重复消费问题产生的原因是发送消息时采用了多数分布式消息中间件产品提供的最少一次（at least once）的投递保障，对这个问题最常见的解决方案就是消息消费端实现业务幂等，只要保持幂等性，不管来多少条重复消息，最后处理的结果都是一样的。

而顺序消费则是某些业务场景的要求。如图 6-7 所示，以用户下单为例，① 用户买了一部手机；② 将下单消息加入消息队列中；③ 用户取消步骤①中订购的手机；④ 将取消订购消息加入消息队列中；⑤ 从队列中消费订购消息；⑥ 从队列中消费取消订购消息；⑦ 往数据库中写入订购消息；⑧ 从数据库中删除订购消息。假如步骤 7 和 8 的消费顺序颠倒，将导致用户的订购没有取消成功。

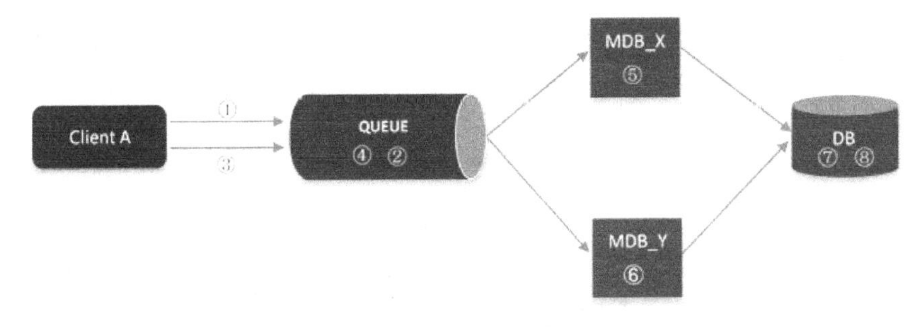

图 6-7

在实际场景中也可能有一些依赖订单状态机的下游系统，必须要保证有序消费才能完成内部流程。顺序消费可以有多种解决方案，假如所选用的消息中间件恰好提供了该特性则再好不过了，本章开头提过 RocketMQ 是支持顺序消费的，铺垫了这么多，下面介绍如何使用 RocketMQ 来解决顺序消费的问题。

1. 订单消息类

本例继续在 Spring 框架的基础上模拟一个订单在创建、付款、配送、取消、完成各个步骤发送消息的场景。先看一下订单消息类的定义。

```
package org.study.mq.rocketMQ.order;
```

```
public class OrderMessage {

    private int id;// 订单ID

    private String status;// 订单状态

    private int sendOrder;// 订单消息发送顺序

    private String content;// 订单内容

    public int getId() {
        return id;
    }

    public OrderMessage setId(int id) {
        this.id = id;

        return this;
    }

    public String getStatus() {
        return status;
    }

    public OrderMessage setStatus(String status) {
        this.status = status;

        return this;
    }

    public int getSendOrder() {
        return sendOrder;
    }

    public OrderMessage setSendOrder(int sendOrder) {
        this.sendOrder = sendOrder;

        return this;
```

```
    }

    public String getContent() {
        return content;
    }

    public OrderMessage setContent(String content) {
        this.content = content;

        return this;
    }

    @Override
    public String toString() {
        return "订单消息{" +
                "订单ID=" + id +
                ", 发送顺序=" + sendOrder +
                ", 订单状态='" + status + '\'' +
                ", 订单内容='" + content + '\'' +
                '}';
    }
}
```

订单消息里有订单 ID、订单状态、订单内容，为了演示发送顺序消息的效果，增加了订单消息发送顺序属性。在每个 setter 方法中都返回了当前对象，这样做是为了在 new 完对象之后紧接着就可以调用 set 方法赋值，例如 new OrderMessage().setId(orderId).setStatus("1").setSendOrder(1).setContent("Hello world !")，这就是所谓的链式编程。为了能打印对象内容也实现了 toString 方法。

2. 消息生产者

消息生产者的配置文件如下：

```
<?xml version="1.0" encoding="UTF-8"?>
<beans xmlns="http://www.springframework.org/schema/beans"
      xmlns:xsi="http://www.w3.org/2001/XMLSchema-instance"
      xsi:schemaLocation="http://www.springframework.org/schema/beans
http://www.springframework.org/schema/beans/spring-beans-4.3.xsd">
```

```
        <bean id="orderMessageQueueSelector" class="org.study.mq.rocketMQ.
order.OrderMessageQueueSelector" />

        <bean id="producer" class="org.study.mq.rocketMQ.order.OrderProducer"
init-method="init" destroy-method="destroy">
            <constructor-arg name="nameServerAddr" value="localhost:9876"/>
            <constructor-arg  name="producerGroupName"  value="niwei_producer_
group"/>
        </bean>

    </beans>
```

生产者的配置和上一节是一样的，不同的是这里又增加了一个 orderMessageQueueSelector 的定义，这是因为需要把保持顺序的消息放到同一个 Queue 中。

```
    package org.study.mq.rocketMQ.order;

    import org.apache.rocketmq.client.producer.MessageQueueSelector;
    import org.apache.rocketmq.common.message.Message;
    import org.apache.rocketmq.common.message.MessageQueue;

    import java.util.List;

    public class OrderMessageQueueSelector implements MessageQueueSelector {

        @Override
        public MessageQueue select(List<MessageQueue> list, Message message,
Object orderId) {
            Integer id = (Integer)orderId;

            return list.get(id % list.size());
        }

    }
```

本例是将同一个订单（即具有相同的 orderId）的消息按状态先后顺序消费的，所以消息生产者调用 send 方法发送时需要传入 MessageQueueSelector 接口的实现类，将 orderId 相同的消息放入同一个 MessageQueue 中。为简单起见，这里的算法是根据 orderId 取余的，在实际场景中可以根据需要自定义。

```
package org.study.mq.rocketMQ.order;

import org.apache.log4j.Logger;
import org.apache.rocketmq.client.producer.DefaultMQProducer;

public class OrderProducer {

    private Logger logger = Logger.getLogger(getClass());

    private String producerGroupName;

    private String nameServerAddr;

    private DefaultMQProducer producer;

    public OrderProducer(String producerGroupName, String nameServerAddr) {
        this.producerGroupName = producerGroupName;
        this.nameServerAddr = nameServerAddr;
    }

    public void init() throws Exception {
        logger.info("开始启动生产者服务...");

        // 创建一个消息生产者，并设置一个消息生产者组
        producer = new DefaultMQProducer(producerGroupName);
        // 指定 Name Server 地址
        producer.setNamesrvAddr(nameServerAddr);
        // 初始化 SpringProducer，在整个应用生命周期内只需要初始化一次
        producer.start();

        logger.info("生产者服务启动成功.");
    }

    public void destroy() {
        logger.info("开始关闭生产者服务...");

        producer.shutdown();
```

```
        logger.info("生产者服务已关闭.");
    }

    public DefaultMQProducer getProducer() {
        return producer;
    }
}
```

OrderProducer 的代码与上一节的 Spring 示例相似，这里不再赘述。下面看一下在消息生产者的测试类中是如何发送消息的。

```
package org.study.mq.rocketMQ.order;

import org.apache.rocketmq.client.producer.SendResult;
import org.apache.rocketmq.common.message.Message;
import org.apache.rocketmq.remoting.common.RemotingHelper;
import org.junit.Before;
import org.junit.Test;
import org.springframework.context.ApplicationContext;
import org.springframework.context.support.ClassPathXmlApplicationContext;
import org.study.mq.rocketMQ.spring.SpringProducer;

public class OrderProducerTest {

    private ApplicationContext container;

    @Before
    public void setup() {
        container = new ClassPathXmlApplicationContext("classpath:spring-
producer-order.xml");
    }

    @Test
    public void sendMessage() throws Exception {
        OrderProducer producer = container.getBean(OrderProducer.class);
        OrderMessageQueueSelector messageQueueSelector = container.getBean
(OrderMessageQueueSelector.class);

        String topicName = "topic_example_order";
```

```
        String[] statusNames = {"已创建","已付款","已配送","已取消","已完成"};

        // 模拟订单消息
        for (int orderId = 1; orderId <= 10; orderId++) {
            // 模拟订单的每个状态来发送消息
            for (int i = 0; i < statusNames.length; i++) {
                String messageContent = new OrderMessage().setId(orderId).
setStatus(statusNames[i]).setSendOrder(i).setContent("Hello orderly rocketMQ
message !").toString();

                Message sendMessage = new Message(
                        topicName,/* 消息主题 */
                        statusNames[i],/* 每个状态一个标签 */
                        orderId + "#" + statusNames[i],/* 自定义消息的 key，常用
于消息去重处理 */
                        messageContent.getBytes(RemotingHelper.
DEFAULT_CHARSET) /* 消息内容 */
                );

                // 发送消息并返回结果
                SendResult sendResult = producer.getProducer().send(send
Message, messageQueueSelector, orderId);

                System.out.printf("%s %n", sendResult);
            }
        }
    }

}
```

在 sendMessage 方法中定义了一个 statusNames 数组来表示订单状态，每个订单的每个状态都会发送一条消息，由于是循环发送的，所以消息发送者一端是按已创建、已付款、已配送、已取消、已完成的顺序依次发送消息的，因而希望消息消费者一端也按照同样的顺序接收消息。构造消息对象 OrderMessage 时采用了 setId().setStatus().setSendOrder()这种链式调用，简化了给对象赋值的操作。在实例化 Message 类时还传入了消息状态作为 Tag，并且自定义了 key，在实际场景中可以根据它们更方便、高效地查询消息数据，所以 key 值应尽量唯一并且有一定的业务区分度。最后调用 send 方法发送消息时传入了在配置文件中配置的 messageQueueSelector， send 方法的第三个参数是订单 ID，这样在 OrderMessageQueueSelector 类的 select 方法中第三个入参才能接收到 orderId。

3. 消息消费者

消息消费者的配置文件如下：

```
<?xml version="1.0" encoding="UTF-8"?>
<beans xmlns="http://www.springframework.org/schema/beans"
       xmlns:xsi="http://www.w3.org/2001/XMLSchema-instance"
       xsi:schemaLocation="http://www.springframework.org/schema/beans
http://www.springframework.org/schema/beans/spring-beans-4.3.xsd">

    <bean  id="orderMessageListener"  class="org.study.mq.rocketMQ.order.
OrderMessageListener" />

    <bean id="consumer" class="org.study.mq.rocketMQ.order.OrderConsumer"
init-method="init" destroy-method="destroy">
        <constructor-arg name="nameServerAddr" value="localhost:9876"/>
        <constructor-arg  name="consumerGroupName"  value="order_consumer_
group"/>
        <constructor-arg name="topicName" value="topic_example_order" />
        <constructor-arg name="messageListener" ref="orderMessageListener" />
    </bean>

</beans>
```

消费者的配置和上一节一样，稍微有区别的是消息监听器类 OrderMessageListener 所实现的接口不一样。

```
package org.study.mq.rocketMQ.order;

import org.apache.log4j.Logger;
import org.apache.rocketmq.client.consumer.listener.*;
import org.apache.rocketmq.common.message.MessageExt;

import java.io.UnsupportedEncodingException;
import java.time.LocalDateTime;
import java.time.format.DateTimeFormatter;
import java.util.List;
```

```
import java.util.Random;

public class OrderMessageListener implements MessageListenerOrderly {

    private Logger logger = Logger.getLogger(getClass());

    @Override
    public  ConsumeOrderlyStatus  consumeMessage(List<MessageExt>  list,
ConsumeOrderlyContext consumeOrderlyContext) {
        // 默认 list 中只有一条消息，可以通过设置参数来批量接收消息
        if (list != null) {
            try {
                DateTimeFormatter timeFormatter = DateTimeFormatter.
ofPattern("yyyy-MM-dd HH:mm:ss");
                logger.info(LocalDateTime.now().format(timeFormatter) + " 接
收到消息: ");

                // 模拟业务处理消息的时间
                Thread.sleep(new Random().nextInt(1000));

                for (MessageExt ext : list) {
                    try {
                        logger.info(LocalDateTime.now().format(timeFormatter)
+ " 消息内容: " + new String(ext.getBody(), "UTF-8"));
                    } catch (UnsupportedEncodingException e) {
                        e.printStackTrace();
                    }
                }
            } catch (Exception e) {
                e.printStackTrace();
            }
        }
        return ConsumeOrderlyStatus.SUCCESS;
    }
}
```

这里实现了 MessageListenerOrderly 接口，它用于消费有序的消息，而上一节中的 MessageListenerConcurrently 接口消费的消息是无序的。监听器接收到消息后打印出日志，接下

来为了模拟业务处理消息的时间让线程随机休眠了几秒，最后输出实际的消息内容。

```
package org.study.mq.rocketMQ.order;

import org.apache.log4j.Logger;
import org.apache.rocketmq.client.consumer.DefaultMQPushConsumer;
import org.apache.rocketmq.client.consumer.listener.MessageListenerOrderly;
import org.apache.rocketmq.common.consumer.ConsumeFromWhere;

public class OrderConsumer {

    private Logger logger = Logger.getLogger(getClass());

    private String consumerGroupName;

    private String nameServerAddr;

    private String topicName;

    private DefaultMQPushConsumer consumer;

    private MessageListenerOrderly messageListener;

    public OrderConsumer(String consumerGroupName, String nameServerAddr,
String topicName, MessageListenerOrderly messageListener) {
        this.consumerGroupName = consumerGroupName;
        this.nameServerAddr = nameServerAddr;
        this.topicName = topicName;
        this.messageListener = messageListener;
    }

    public void init() throws Exception {
        logger.info("开始启动消费者服务...");

        // 创建一个消息消费者，并设置一个消息消费者组
        consumer = new DefaultMQPushConsumer(consumerGroupName);
        // 指定 NameServer 地址
        consumer.setNamesrvAddr(nameServerAddr);
        // 设置消费者第一次启动后是从队列头部还是队列尾部开始消费的
```

```
            consumer.setConsumeFromWhere(ConsumeFromWhere.CONSUME_FROM_
FIRST_OFFSET);

            // 订阅指定 Topic 下的所有消息
            consumer.subscribe(topicName, "*");

            // 注册消息监听器
            consumer.registerMessageListener(messageListener);

            // 在使用消费者对象之前必须调用 start 初始化
            consumer.start();

            logger.info("消费者服务启动成功.");
        }

        public void destroy() {
            logger.info("开始关闭消费者服务...");

            consumer.shutdown();

            logger.info("消费者服务已关闭.");
        }

        public DefaultMQPushConsumer getConsumer() {
            return consumer;
        }
    }
```

OrderConsumer 的代码也与上一节的 Spring 示例相似，这里不再赘述。最后看一下消息消费者的单元测试类。

```
    package org.study.mq.rocketMQ.order;

    import org.junit.Before;
    import org.junit.Test;
    import org.springframework.context.ApplicationContext;
    import org.springframework.context.support.ClassPathXmlApplication
Context;
    import org.study.mq.rocketMQ.spring.SpringConsumer;
```

```java
public class OrderConsumerTest {

    private ApplicationContext container;

    @Before
    public void setup() {
        container = new ClassPathXmlApplicationContext("classpath:spring-consumer-order.xml");
    }

    @Test
    public void consume() throws Exception {
        OrderConsumer consumer = container.getBean(OrderConsumer.class);

        Thread.sleep(200 * 1000);

        consumer.destroy();
    }
}
```

读取配置文件之后获取 OrderConsumer 的 bean 对象，让当前线程继续存活 200 秒，用来监听消息生产者发出的消息。

4. 运行示例程序

为演示效果，先执行三次 OrderConsumerTest 类的 consume 方法，用来模拟有三个消息消费者客户端。然后执行 OrderProducerTest 类的 sendMessage 方法发送 10 条消息，在 OrderProducerTest 控制台会看到该方法很快就执行完毕（见图 6-8）。

图 6-8

而在三个消费者控制台会看到消费了不同的订单消息，没有一个订单里的消息是按照订单状态顺序接收的。

消费者 1 控制台，如图 6-9 所示。

```
14:17:17,951 [main] INFO  org.study.mq.rocketMQ.order.OrderConsumer  - 开始启动消费者服务...
14:17:18,702 [main] INFO  org.study.mq.rocketMQ.order.OrderConsumer  - 消费者服务启动成功.
 14:17:29,132 [ConsumeMessageThread_1] INFO  org.study.mq.rocketMQ.order.OrderMessageListener  - 2018-05-09 14:17:29 接收到消息:
 14:17:29,180 [ConsumeMessageThread_1] INFO  org.study.mq.rocketMQ.order.OrderMessageListener  - 2018-05-09 14:17:29 消息内容: 订单消息{订单ID=2, 发送顺序=0, 订单状态='已创建', 订单内容='Hel
 14:17:29,188 [ConsumeMessageThread_1] INFO  org.study.mq.rocketMQ.order.OrderMessageListener  - 2018-05-09 14:17:29 接收到消息:
 14:17:29,794 [ConsumeMessageThread_1] INFO  org.study.mq.rocketMQ.order.OrderMessageListener  - 2018-05-09 14:17:29 消息内容: 订单消息{订单ID=2, 发送顺序=1, 订单状态='已付款', 订单内容='Hel
 14:17:29,796 [ConsumeMessageThread_1] INFO  org.study.mq.rocketMQ.order.OrderMessageListener  - 2018-05-09 14:17:29 接收到消息:
 14:17:30,576 [ConsumeMessageThread_1] INFO  org.study.mq.rocketMQ.order.OrderMessageListener  - 2018-05-09 14:17:30 消息内容: 订单消息{订单ID=2, 发送顺序=2, 订单状态='已配送', 订单内容='Hel
 14:17:30,576 [ConsumeMessageThread_1] INFO  org.study.mq.rocketMQ.order.OrderMessageListener  - 2018-05-09 14:17:30 接收到消息:
 14:17:30,759 [ConsumeMessageThread_1] INFO  org.study.mq.rocketMQ.order.OrderMessageListener  - 2018-05-09 14:17:30 消息内容: 订单消息{订单ID=2, 发送顺序=3, 订单状态='已取消', 订单内容='Hel
 14:17:30,759 [ConsumeMessageThread_1] INFO  org.study.mq.rocketMQ.order.OrderMessageListener  - 2018-05-09 14:17:30 接收到消息:
 14:17:30,899 [ConsumeMessageThread_1] INFO  org.study.mq.rocketMQ.order.OrderMessageListener  - 2018-05-09 14:17:30 消息内容: 订单消息{订单ID=2, 发送顺序=4, 订单状态='已完成', 订单内容='Hel
 14:17:30,900 [ConsumeMessageThread_1] INFO  org.study.mq.rocketMQ.order.OrderMessageListener  - 2018-05-09 14:17:30 接收到消息:
 14:17:31,790 [ConsumeMessageThread_1] INFO  org.study.mq.rocketMQ.order.OrderMessageListener  - 2018-05-09 14:17:31 消息内容: 订单消息{订单ID=6, 发送顺序=0, 订单状态='已创建', 订单内容='Hel
 14:17:31,790 [ConsumeMessageThread_1] INFO  org.study.mq.rocketMQ.order.OrderMessageListener  - 2018-05-09 14:17:31 接收到消息:
 14:17:32,271 [ConsumeMessageThread_1] INFO  org.study.mq.rocketMQ.order.OrderMessageListener  - 2018-05-09 14:17:32 消息内容: 订单消息{订单ID=6, 发送顺序=1, 订单状态='已付款', 订单内容='Hel
 14:17:32,272 [ConsumeMessageThread_1] INFO  org.study.mq.rocketMQ.order.OrderMessageListener  - 2018-05-09 14:17:32 接收到消息:
 14:17:32,614 [ConsumeMessageThread_1] INFO  org.study.mq.rocketMQ.order.OrderMessageListener  - 2018-05-09 14:17:32 消息内容: 订单消息{订单ID=6, 发送顺序=2, 订单状态='已配送', 订单内容='Hel
 14:17:32,615 [ConsumeMessageThread_1] INFO  org.study.mq.rocketMQ.order.OrderMessageListener  - 2018-05-09 14:17:32 接收到消息:
 14:17:33,616 [ConsumeMessageThread_1] INFO  org.study.mq.rocketMQ.order.OrderMessageListener  - 2018-05-09 14:17:33 消息内容: 订单消息{订单ID=6, 发送顺序=3, 订单状态='已取消', 订单内容='Hel
 14:17:33,616 [ConsumeMessageThread_1] INFO  org.study.mq.rocketMQ.order.OrderMessageListener  - 2018-05-09 14:17:33 接收到消息:
 14:17:33,712 [ConsumeMessageThread_1] INFO  org.study.mq.rocketMQ.order.OrderMessageListener  - 2018-05-09 14:17:33 消息内容: 订单消息{订单ID=6, 发送顺序=4, 订单状态='已完成', 订单内容='Hel
 14:17:33,712 [ConsumeMessageThread_1] INFO  org.study.mq.rocketMQ.order.OrderMessageListener  - 2018-05-09 14:17:33 接收到消息:
 14:17:34,612 [ConsumeMessageThread_1] INFO  org.study.mq.rocketMQ.order.OrderMessageListener  - 2018-05-09 14:17:34 消息内容: 订单消息{订单ID=10, 发送顺序=0, 订单状态='已创建', 订单内容='He
 14:17:34,613 [ConsumeMessageThread_1] INFO  org.study.mq.rocketMQ.order.OrderMessageListener  - 2018-05-09 14:17:34 接收到消息:
 14:17:35,034 [ConsumeMessageThread_1] INFO  org.study.mq.rocketMQ.order.OrderMessageListener  - 2018-05-09 14:17:35 消息内容: 订单消息{订单ID=10, 发送顺序=1, 订单状态='已付款', 订单内容='He
 14:17:35,035 [ConsumeMessageThread_1] INFO  org.study.mq.rocketMQ.order.OrderMessageListener  - 2018-05-09 14:17:35 接收到消息:
 14:17:35,671 [ConsumeMessageThread_1] INFO  org.study.mq.rocketMQ.order.OrderMessageListener  - 2018-05-09 14:17:35 消息内容: 订单消息{订单ID=10, 发送顺序=2, 订单状态='已配送', 订单内容='He
 14:17:35,672 [ConsumeMessageThread_1] INFO  org.study.mq.rocketMQ.order.OrderMessageListener  - 2018-05-09 14:17:35 接收到消息:
 14:17:35,694 [ConsumeMessageThread_1] INFO  org.study.mq.rocketMQ.order.OrderMessageListener  - 2018-05-09 14:17:35 消息内容: 订单消息{订单ID=10, 发送顺序=3, 订单状态='已取消', 订单内容='He
 14:17:35,695 [ConsumeMessageThread_1] INFO  org.study.mq.rocketMQ.order.OrderMessageListener  - 2018-05-09 14:17:35 接收到消息:
 14:17:35,809 [ConsumeMessageThread_1] INFO  org.study.mq.rocketMQ.order.OrderMessageListener  - 2018-05-09 14:17:35 消息内容: 订单消息{订单ID=10, 发送顺序=4, 订单状态='已完成', 订单内容='He
9 14:20:38,716 [main] INFO  org.study.mq.rocketMQ.order.OrderConsumer  - 开始关闭消费者服务...
9 14:20:45,742 [main] INFO  org.study.mq.rocketMQ.order.OrderConsumer  - 消费者服务已关闭.
```

图 6-9

消费者 2 控制台，如图 6-10 所示。

```
- 开始启动消费者服务...
- 消费者服务启动成功.
rder.OrderMessageListener  - 2018-05-09 14:17:29 接收到消息:
rder.OrderMessageListener  - 2018-05-09 14:17:29 接收到消息:
rder.OrderMessageListener  - 2018-05-09 14:17:29 消息内容: 订单消息{订单ID=1, 发送顺序=0, 订单状态='已创建', 订单内容='Hello orderly rocketMQ message !'}
rder.OrderMessageListener  - 2018-05-09 14:17:29 接收到消息:
rder.OrderMessageListener  - 2018-05-09 14:17:29 消息内容: 订单消息{订单ID=4, 发送顺序=0, 订单状态='已创建', 订单内容='Hello orderly rocketMQ message !'}
rder.OrderMessageListener  - 2018-05-09 14:17:29 接收到消息:
rder.OrderMessageListener  - 2018-05-09 14:17:29 消息内容: 订单消息{订单ID=1, 发送顺序=1, 订单状态='已付款', 订单内容='Hello orderly rocketMQ message !'}
rder.OrderMessageListener  - 2018-05-09 14:17:29 接收到消息:
rder.OrderMessageListener  - 2018-05-09 14:17:30 消息内容: 订单消息{订单ID=1, 发送顺序=2, 订单状态='已配送', 订单内容='Hello orderly rocketMQ message !'}
rder.OrderMessageListener  - 2018-05-09 14:17:30 接收到消息:
rder.OrderMessageListener  - 2018-05-09 14:17:30 消息内容: 订单消息{订单ID=4, 发送顺序=1, 订单状态='已付款', 订单内容='Hello orderly rocketMQ message !'}
rder.OrderMessageListener  - 2018-05-09 14:17:30 接收到消息:
rder.OrderMessageListener  - 2018-05-09 14:17:30 消息内容: 订单消息{订单ID=1, 发送顺序=3, 订单状态='已取消', 订单内容='Hello orderly rocketMQ message !'}
rder.OrderMessageListener  - 2018-05-09 14:17:30 接收到消息:
rder.OrderMessageListener  - 2018-05-09 14:17:30 消息内容: 订单消息{订单ID=1, 发送顺序=4, 订单状态='已完成', 订单内容='Hello orderly rocketMQ message !'}
rder.OrderMessageListener  - 2018-05-09 14:17:30 接收到消息:
rder.OrderMessageListener  - 2018-05-09 14:17:30 消息内容: 订单消息{订单ID=4, 发送顺序=2, 订单状态='已配送', 订单内容='Hello orderly rocketMQ message !'}
rder.OrderMessageListener  - 2018-05-09 14:17:30 接收到消息:
rder.OrderMessageListener  - 2018-05-09 14:17:31 消息内容: 订单消息{订单ID=4, 发送顺序=3, 订单状态='已取消', 订单内容='Hello orderly rocketMQ message !'}
rder.OrderMessageListener  - 2018-05-09 14:17:31 接收到消息:
rder.OrderMessageListener  - 2018-05-09 14:17:31 消息内容: 订单消息{订单ID=5, 发送顺序=0, 订单状态='已创建', 订单内容='Hello orderly rocketMQ message !'}
rder.OrderMessageListener  - 2018-05-09 14:17:31 接收到消息:
rder.OrderMessageListener  - 2018-05-09 14:17:31 消息内容: 订单消息{订单ID=4, 发送顺序=4, 订单状态='已完成', 订单内容='Hello orderly rocketMQ message !'}
rder.OrderMessageListener  - 2018-05-09 14:17:31 接收到消息:
rder.OrderMessageListener  - 2018-05-09 14:17:31 消息内容: 订单消息{订单ID=5, 发送顺序=1, 订单状态='已付款', 订单内容='Hello orderly rocketMQ message !'}
rder.OrderMessageListener  - 2018-05-09 14:17:31 接收到消息:
rder.OrderMessageListener  - 2018-05-09 14:17:32 消息内容: 订单消息{订单ID=8, 发送顺序=0, 订单状态='已创建', 订单内容='Hello orderly rocketMQ message !'}
rder.OrderMessageListener  - 2018-05-09 14:17:32 接收到消息:
rder.OrderMessageListener  - 2018-05-09 14:17:32 消息内容: 订单消息{订单ID=8, 发送顺序=1, 订单状态='已付款', 订单内容='Hello orderly rocketMQ message !'}
rder.OrderMessageListener  - 2018-05-09 14:17:32 接收到消息:
rder.OrderMessageListener  - 2018-05-09 14:17:32 消息内容: 订单消息{订单ID=5, 发送顺序=2, 订单状态='已配送', 订单内容='Hello orderly rocketMQ message !'}
rder.OrderMessageListener  - 2018-05-09 14:17:32 接收到消息:
rder.OrderMessageListener  - 2018-05-09 14:17:33 消息内容: 订单消息{订单ID=5, 发送顺序=3, 订单状态='已取消', 订单内容='Hello orderly rocketMQ message !'}
rder.OrderMessageListener  - 2018-05-09 14:17:33 接收到消息:
rder.OrderMessageListener  - 2018-05-09 14:17:33 消息内容: 订单消息{订单ID=5, 发送顺序=4, 订单状态='已完成', 订单内容='Hello orderly rocketMQ message !'}
rder.OrderMessageListener  - 2018-05-09 14:17:33 接收到消息:
rder.OrderMessageListener  - 2018-05-09 14:17:33 消息内容: 订单消息{订单ID=9, 发送顺序=0, 订单状态='已创建', 订单内容='Hello orderly rocketMQ message !'}
rder.OrderMessageListener  - 2018-05-09 14:17:33 接收到消息:
rder.OrderMessageListener  - 2018-05-09 14:17:33 消息内容: 订单消息{订单ID=8, 发送顺序=2, 订单状态='已配送', 订单内容='Hello orderly rocketMQ message !'}
rder.OrderMessageListener  - 2018-05-09 14:17:33 接收到消息:
rder.OrderMessageListener  - 2018-05-09 14:17:34 消息内容: 订单消息{订单ID=9, 发送顺序=1, 订单状态='已付款', 订单内容='Hello orderly rocketMQ message !'}
rder.OrderMessageListener  - 2018-05-09 14:17:34 接收到消息:
rder.OrderMessageListener  - 2018-05-09 14:17:34 消息内容: 订单消息{订单ID=8, 发送顺序=3, 订单状态='已取消', 订单内容='Hello orderly rocketMQ message !'}
rder.OrderMessageListener  - 2018-05-09 14:17:34 接收到消息:
rder.OrderMessageListener  - 2018-05-09 14:17:35 消息内容: 订单消息{订单ID=8, 发送顺序=4, 订单状态='已完成', 订单内容='Hello orderly rocketMQ message !'}
rder.OrderMessageListener  - 2018-05-09 14:17:35 消息内容: 订单消息{订单ID=9, 发送顺序=2, 订单状态='已配送', 订单内容='Hello orderly rocketMQ message !'}
```

图 6-10

消费者 3 控制台，如图 6-11 所示。

```
 开始启动消费者服务...
 消费者服务启动成功.
r.OrderMessageListener  - 2018-05-09 14:17:29 接收到消息:
r.OrderMessageListener  - 2018-05-09 14:17:29 消息内容: 订单消息{订单ID=3, 发送顺序=0, 订单状态='已创建', 订单内容='Hello orderly rocketMQ message !'}
r.OrderMessageListener  - 2018-05-09 14:17:29 接收到消息:
r.OrderMessageListener  - 2018-05-09 14:17:30 消息内容: 订单消息{订单ID=3, 发送顺序=1, 订单状态='已付款', 订单内容='Hello orderly rocketMQ message !'}
r.OrderMessageListener  - 2018-05-09 14:17:30 接收到消息:
r.OrderMessageListener  - 2018-05-09 14:17:30 消息内容: 订单消息{订单ID=3, 发送顺序=2, 订单状态='已配送', 订单内容='Hello orderly rocketMQ message !'}
r.OrderMessageListener  - 2018-05-09 14:17:30 接收到消息:
r.OrderMessageListener  - 2018-05-09 14:17:31 消息内容: 订单消息{订单ID=3, 发送顺序=3, 订单状态='已取消', 订单内容='Hello orderly rocketMQ message !'}
r.OrderMessageListener  - 2018-05-09 14:17:31 接收到消息:
er.OrderMessageListener  - 2018-05-09 14:17:31 消息内容: 订单消息{订单ID=3, 发送顺序=4, 订单状态='已完成', 订单内容='Hello orderly rocketMQ message !'}
er.OrderMessageListener  - 2018-05-09 14:17:31 接收到消息:
er.OrderMessageListener  - 2018-05-09 14:17:32 消息内容: 订单消息{订单ID=7, 发送顺序=0, 订单状态='已创建', 订单内容='Hello orderly rocketMQ message !'}
er.OrderMessageListener  - 2018-05-09 14:17:32 接收到消息:
er.OrderMessageListener  - 2018-05-09 14:17:32 消息内容: 订单消息{订单ID=7, 发送顺序=1, 订单状态='已付款', 订单内容='Hello orderly rocketMQ message !'}
er.OrderMessageListener  - 2018-05-09 14:17:32 接收到消息:
er.OrderMessageListener  - 2018-05-09 14:17:32 消息内容: 订单消息{订单ID=7, 发送顺序=2, 订单状态='已配送', 订单内容='Hello orderly rocketMQ message !'}
er.OrderMessageListener  - 2018-05-09 14:17:32 接收到消息:
er.OrderMessageListener  - 2018-05-09 14:17:33 消息内容: 订单消息{订单ID=7, 发送顺序=3, 订单状态='已取消', 订单内容='Hello orderly rocketMQ message !'}
er.OrderMessageListener  - 2018-05-09 14:17:33 接收到消息:
er.OrderMessageListener  - 2018-05-09 14:17:33 消息内容: 订单消息{订单ID=7, 发送顺序=4, 订单状态='已完成', 订单内容='Hello orderly rocketMQ message !'}
 - 开始关闭消费者服务...
 - 消费者服务已关闭.
```

图 6-11

可以看到，虽然接收到的订单消息看似很乱，但每个订单 ID 下的消息肯定是按照发送顺序从小到大接收的，尤其是消费者 2 控制台的结果比较明显。那么 RocketMQ 是如何确保消息的严格顺序的？

这就要从消息生产者和消息消费者两个角度来看了，在介绍 RocketMQ 基本概念时曾经谈到在消息服务器内部有多个 Topic，而在每个 Topic 内部又有不同的队列。当生产者发送消息时，默认是采用轮询的方式发送到不同的队列中的，此时消息消费者会被分配到多个队列中，然后多个队列再同时拉取数据消费，所以对外表现出来的消息消费不是顺序的（见图 6-12）。

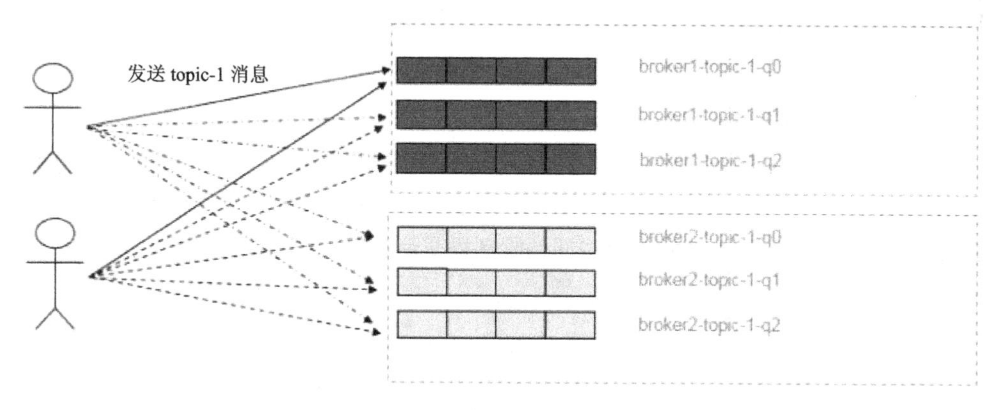

图 6-12

而顺序消费的原理是确保将消息投递到同一个队列中，在队列内部 RocketMQ 保证先进先出。而同一个队列会被投递到同一个消费者实例，再由消费者拉取数据进行消费。在消费者内部会维护本地队列锁，以保证当前只有一个线程能够进行消费，所拉到的消息先被存入消息处理队列中，然后再从消息处理队列中顺序获取消息用 MessageListenerOrderly 进行消费（这也是在顺序消费时监听消息要实现 MessageListenerOrderly 接口的原因）。

所以，本例中在发送消息前传递了 OrderMessageQueueSelector 对象作为参数，从而使同一个订单 ID 的消息被发送到同一个队列中。

```
@Override
public MessageQueue select(List<MessageQueue> list, Message message, Object
orderId) {
    Integer id = (Integer)orderId;

    return list.get(id % list.size());
}
```

RocketMQ 默认提供了两种 MessageQueueSelector 的实现算法，即随机的（SelectMessageQueueByRandom）和 Hash（SelectMessageQueueByHash），可以根据业务自定义选择队列的算法。

6.2.4 基于 RocketMQ 的分布式事务

关于分布式事务的解决方案，我们在本书第 4 章介绍过基于本地事件表加消息队列将分布式事务拆分成本地事务处理的方法，实际上业界对于分布式事务问题还有多种其他处理方案，比如两阶段提交（2PC）、SAGA 算法、事务补偿（TCC）等。本节将基于 Apache RocketMQ 4.3 版本新开源的分布式事务消息特性介绍另一种解决分布式事务问题的方案。

所谓事务消息就是基于消息中间件模拟的两阶段提交（2PC），属于对消息中间件的一种特殊利用。总体思路如图 6-13 所示。

1：系统 A 先向消息中间件发送一条预备消息，消息中间件在保存好消息之后向系统 A 发送确认消息；2：系统 A 执行本地事务；3：系统 A 根据本地事务执行结果再向消息中间件发送提交消息，以提交二次确认；4：消息中间件收到提交消息后，把预备消息标记为可投递，订阅者最终将接收到该消息。

通过以上 4 步就完成了一个消息事务的处理。对于以上 4 个步骤，每一步都可能产生错误，下面进行分析。

- 第 1 步出错，则整个事务失败，不会执行到后面系统 A 的本地事务。
- 第 2 步出错，则整个事务失败，不会执行到后面系统 A 的本地事务。
- 第 3 步出错，系统 A 会实现一个消息回查接口，MQ 服务端在得不到系统 A 反馈时会轮询该消息回查接口，检查系统 A 的本地事务执行结果，如果事务执行成功则继续第 4 步；如果事务执行失败则回滚第 1 步中发送的预备消息。

- 第 4 步出错，此时系统 A 的本地事务已经提交成功，MQ 服务端通过回查接口能够检查到该事务执行成功，那么由 MQ 服务端将预备消息标记为可投递，从而完成整个消息事务的处理。

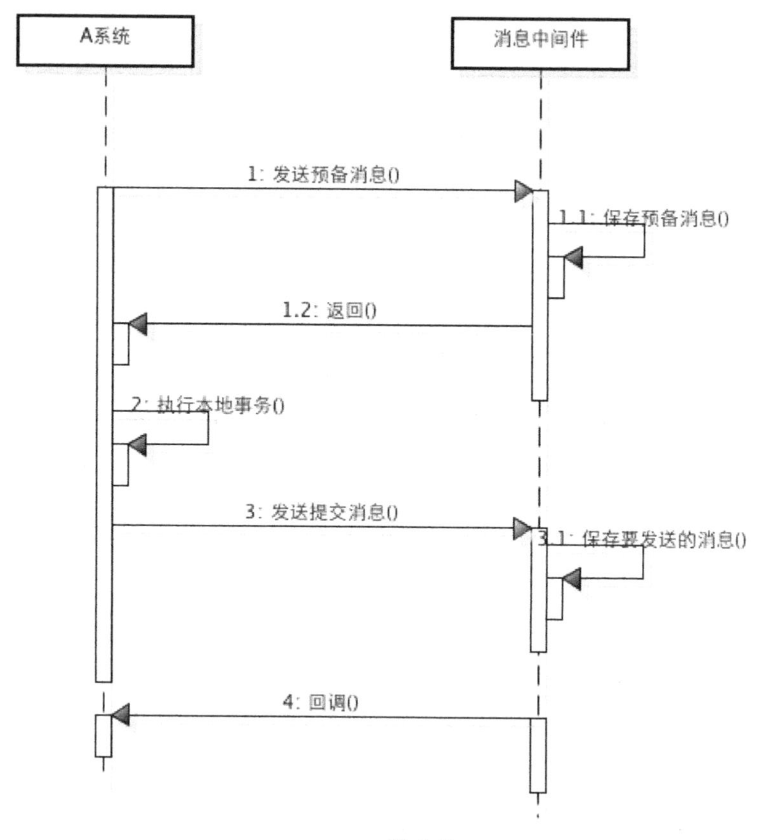

图 6-13

通过这种事务消息机制把分布式事务拆分成一个消息事务（系统 A 的本地事务+发消息）+系统 B 的本地事务，其中系统 B 的操作由消息驱动。只要订阅到了事务消息，就表示系统 A 的本地事务已提交成功，这时系统 B 会接收到消息去执行本地事务，如果系统 B 的本地事务提交失败则消息会被重新投递，直到系统 B 的本地事务提交成功，由此也就实现了系统 A 和系统 B 的分布式事务处理（见图 6-14）。

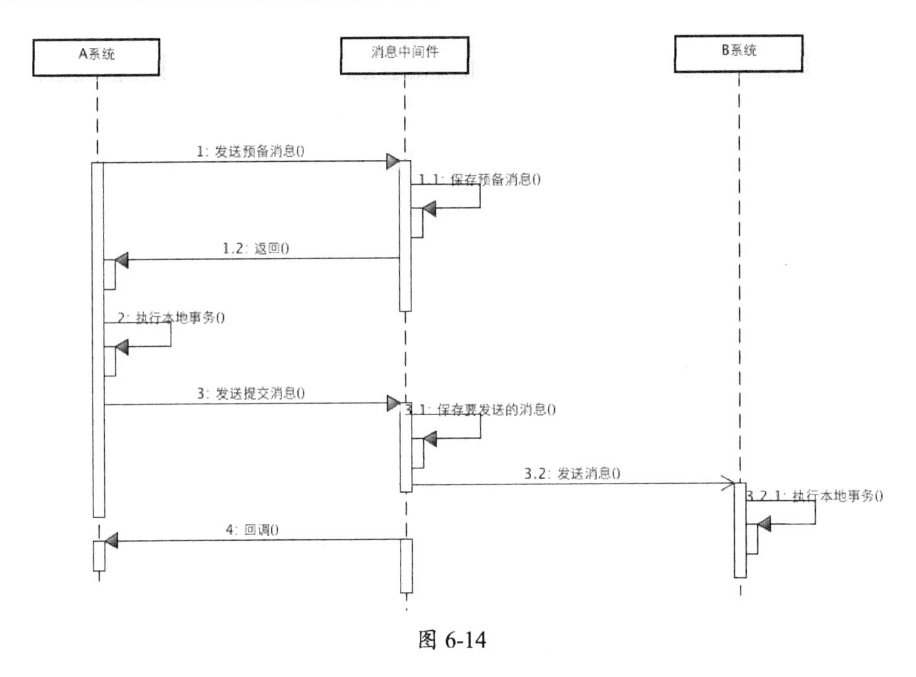

图 6-14

同样，RocketMQ 4.3 中的事务消息在设计上借鉴了 2PC 的理论，其整体交互流程如图 6-15 所示。

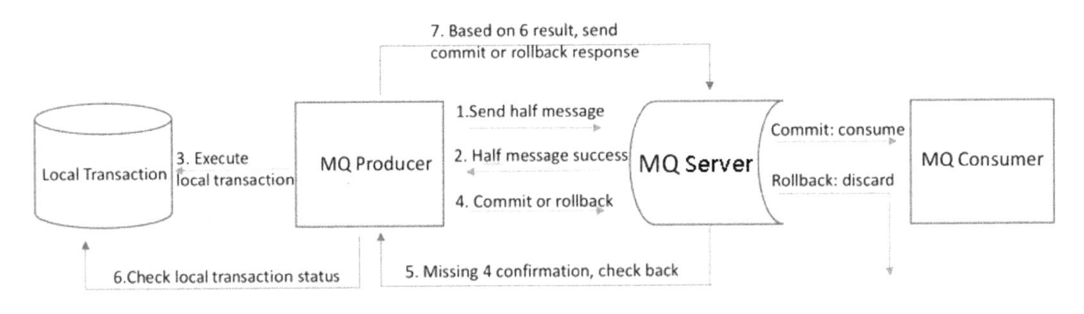

图 6-15

1：事务发起方首先发送 prepare 消息到 MQ Server。

2：MQ Server 向事务发起方 ACK 确认消息发送成功。

3：事务发起方接收到确认消息后执行本地事务。

4：事务发起方根据本地事务的执行结果返回 commit 或 rollback，从而向 MQ Server 提交二次确认。如果执行结果是 rollback，则 MQ 将删除该 prepare 消息不进行下发；如果是 commit，则 MQ 将会把该消息发送给 Consumer。

5：如果在执行本地事务过程中该应用挂掉或超时，那么第 4 步提交的二次确认消息最终没有到达 MQ Server，则 MQ Server 将在经过一定时间后对该消息发起消息回查，通过不停地询问同组的其他 Producer 来获取状态。

6：发送方接收到回查消息后查询对应消息的本地事务执行结果。

7：根据回查得到的本地事务的最终执行结果再次提交二次确认。

8：消费端的消费成功机制则是由 MQ 保证的。

1. 简单的事务消息示例

下面是基于 RocketMQ 4.3.0 版本的一个简单事务消息发送和消费的示例。

```
package org.study.mq.rocketMQ.dt;

import org.apache.log4j.Logger;
import org.apache.rocketmq.client.exception.MQClientException;
import org.apache.rocketmq.client.producer.LocalTransactionState;
import org.apache.rocketmq.client.producer.SendResult;
import org.apache.rocketmq.client.producer.TransactionListener;
import org.apache.rocketmq.client.producer.TransactionMQProducer;
import org.apache.rocketmq.common.message.Message;
import org.apache.rocketmq.common.message.MessageExt;

import java.util.concurrent.*;

public class TransactionProducer {
    private static Logger logger = Logger.getLogger (TransactionProducer.
class.getClass());

    public static void main(String[] args) throws MQClientException,
InterruptedException {
        TransactionMQProducer producer = new TransactionMQProducer
("transaction_producer_group");
        producer.setNamesrvAddr("localhost:9876");

        ExecutorService executorService = new ThreadPoolExecutor(2, 5, 100,
TimeUnit.SECONDS, new ArrayBlockingQueue<>(2000), (Runnable r) -> {
            Thread thread = new Thread(r);
            thread.setName("client-transaction-msg-check-thread");
            return thread;
        });
```

```
            // 设置本地事务执行的线程池
            producer.setExecutorService(executorService);
            producer.setTransactionListener(new TransactionListener() {
                @Override
                public  LocalTransactionState  executeLocalTransaction(Message
message, Object arg) {
                    // 本地事务处理逻辑
                    logger.info("本地事务执行...");
                    logger.info("消息标签是 " + new String(message.getTags()));
                    logger.info("消息内容是 " + new String(message.getBody()));
                    String tag = message.getTags();
                    if (tag.equals("Transaction1")) {// 消息的标签，如果是
                    // Transaction1，则返回事务失败标记
                        logger.error("模拟本地事务执行失败");

                        // 表示本地事务执行失败，当事务执行失败时需要返回 ROLLBACK 消息
                        return LocalTransactionState.ROLLBACK_MESSAGE;
                    }

                    logger.info("模拟本地事务执行成功");
                    // 表示本地事务执行成功
                    return LocalTransactionState.COMMIT_MESSAGE;
                }

                @Override
                public  LocalTransactionState  checkLocalTransaction(MessageExt
messageExt) {
                    logger.info("服务器调用消息回查接口");
                    logger.info("消息标签是:" + new String(messageExt.getTags()));
                    logger.info("消息内容是:" + new String(messageExt.getBody()));

                    return LocalTransactionState.COMMIT_MESSAGE;
                }
            });
            producer.start();

            // 为了演示事务执行成功和执行失败的效果，本例中发送了两条消息，根据消息的 Tag
            // 分别演示事务成功和事务失败
            for (int i = 0; i < 2; i++) {
                Message msg = new Message("TopicTransaction",
                        "Transaction" + i,
```

```
                ("Hello RocketMq distribution transaction"+i).getBytes()
            );
            SendResult sendResult = producer.sendMessageInTransaction(msg,
null);
            logger.info(sendResult);
            logger.info("");
            TimeUnit.MICROSECONDS.sleep(10);
        }

        for (int i = 0; i < 100; i++) {
            Thread.sleep(1000);
        }
        producer.shutdown();
    }
}
```

由于 RocketMQ 在 4.3 版本中对事务消息特性的相关 API 做了一些调整，示例中代码依赖的 RocketMQ 客户端版本需要改为 4.3.0，相应的 RocketMQ 安装包的版本也应该升级到 4.3.0 才行。

```
<dependency>
    <groupId>org.apache.rocketmq</groupId>
    <artifactId>rocketmq-client</artifactId>
    <version>4.3.0</version>
</dependency>
```

本例中消息生产者使用的是 TransactionMQProducer 类，与普通消息生产者主要的不同是本例需要调用 setTransactionListener 方法，该方法需要使用者自己实现 TransactionListener 接口。该接口有两个方法需要实现：一是 executeLocalTransaction 方法，该方法用于执行本地事务，通常是和 DB 相关的一些操作；二是 checkLocalTransaction 方法，该方法是提供给 RocketMQ 用于回查本地事务消息执行结果的，RocketMQ 会根据该方法返回的结果进行相应的操作。为了演示本地事务提交成功和事务回滚的结果发送了两条消息，根据消息标签的不同，一条消息返回事务提交结果，一条消息返回事务回滚结果。

```
package org.study.mq.rocketMQ.dt;

import org.apache.log4j.Logger;
import org.apache.rocketmq.client.consumer.DefaultMQPushConsumer;
import org.apache.rocketmq.client.consumer.listener.*;
import org.apache.rocketmq.client.exception.MQClientException;
```

```
import org.apache.rocketmq.common.consumer.ConsumeFromWhere;
import org.apache.rocketmq.common.message.MessageExt;

import java.util.List;
import java.util.Random;
import java.util.concurrent.TimeUnit;

public class TransactionConsumer {
    private static Logger logger = Logger.getLogger (TransactionConsumer.
class.getClass());

    public static void main(String[] args) throws MQClientException {
        DefaultMQPushConsumer consumer = new DefaultMQPushConsumer
("transaction_consumer_group");
        consumer.setNamesrvAddr("localhost:9876");
        consumer.setConsumeFromWhere(ConsumeFromWhere.CONSUME_FROM_FIRST_
OFFSET);
        consumer.subscribe("TopicTransaction", "*");
        consumer.registerMessageListener(new MessageListenerConcurrently(){
            private Random random = new Random();

            @Override
            public ConsumeConcurrentlyStatus consumeMessage(List
<MessageExt> list, ConsumeConcurrentlyContext context) {

                for (MessageExt msg : list) {
                    logger.info("消息消费者接收到消息 : " + msg);
                    logger.info("接收到的消息标签是 : " + new String(msg.
getTags()));
                    logger.info("接收到的消息内容是 : " + new String(msg.
getBody()));
                }
                try {
                    // 模拟业务处理
                    TimeUnit.SECONDS.sleep(random.nextInt(5));
                } catch (Exception e) {
                    e.printStackTrace();
                    return ConsumeConcurrentlyStatus.RECONSUME_LATER;
                }
                return ConsumeConcurrentlyStatus.CONSUME_SUCCESS;
            }
```

```
        });
        consumer.start();
    }
}
```

消息消费者端的代码和普通消息的消费类似，这里不再赘述。接下来看一下发送端和消费端的执行结果（见图 6-16）。

```
0   2018-08-05 15:59:59,037 [main] INFO  java.lang.Class  - 本地事务执行...
0   2018-08-05 15:59:59,037 [main] INFO  java.lang.Class  - 消息标签是 Transaction0
0   2018-08-05 15:59:59,037 [main] INFO  java.lang.Class  - 消息内容是 Hello RocketMq distribution transaction 0
1   2018-08-05 15:59:59,038 [main] INFO  java.lang.Class  - 模拟本地事务执行成功
5   2018-08-05 15:59:59,042 [main] INFO  java.lang.Class  - SendResult [sendStatus=SEND_OK, msgId=C0A80164088418B4AAC218008542F0000, offsetMsgId=null, messageQueue=MessageQueue [topic=TopicT
6   2018-08-05 15:59:59,043 [main] INFO  java.lang.Class  -
10  2018-08-05 15:59:59,047 [main] INFO  java.lang.Class  - 本地事务执行...
10  2018-08-05 15:59:59,047 [main] INFO  java.lang.Class  - 消息标签是 Transaction1
10  2018-08-05 15:59:59,047 [main] INFO  java.lang.Class  - 消息内容是 Hello RocketMq distribution transaction 1
10  2018-08-05 15:59:59,047 [main] ERROR java.lang.Class  - 模拟本地事务执行失败
12  2018-08-05 15:59:59,049 [main] INFO  java.lang.Class  - SendResult [sendStatus=SEND_OK, msgId=C0A80164088418B4AAC2180085445 0001, offsetMsgId=null, messageQueue=MessageQueue [topic=TopicT
13  2018-08-05 15:59:59,050 [main] INFO  java.lang.Class  -
```

图 6-16

可以看到，消息生产者发送了两条消息，一条消息标签是 Transaction0，表示本地事务提交了；一条消息标签是 Transaction1，表示本地事务回滚了。

最终消息消费者一侧只接收到了标签为 Transaction0 的消息？（见图 6-17）。

```
1   2018-08-05 15:59:59,058 [ConsumeMessageThread_1] INFO  java.lang.Class  - 消息消费者接收到消息 : MessageExt [queueId=0, storeSize=305, queueOffset=0, sysFlag=8,
2   2018-08-05 15:59:59,059 [ConsumeMessageThread_1] INFO  java.lang.Class  - 接收到的消息标签是 : Transaction0
2   2018-08-05 15:59:59,059 [ConsumeMessageThread_1] INFO  java.lang.Class  - 接收到的消息内容是 : Hello RocketMq distribution transaction 0
```

图 6-17

2. 分布式事务的另一种实现

接下来我们将基于 RocketMQ 的事务消息特性，给出本书 4.2.4 节的分布式事务问题的另一种解决方案。因为 RocketMQ 有了事务消息的支持，所以原先实现中的消息事件表 t_event 就不需要了，实际上只需要两个数据库、两个业务数据表就可以了。

（1）相关表结构定义

数据库采用 MySQL，DB 1 中存放用户表，DB 2 中存放用户积分表。

用户表：

```
CREATE TABLE t_user (
  id varchar(50) NOT NULL,
  user_name varchar(100) DEFAULT NULL COMMENT '用户名',
  PRIMARY KEY (id)
) ENGINE=InnoDB DEFAULT CHARSET=utf8;
```

用户积分表：

```
CREATE TABLE t_point (
  id varchar(50) NOT NULL,
  user_id varchar(50) DEFAULT NULL COMMENT '关联的用户 ID',
  amount int(11) DEFAULT NULL COMMENT '积分金额',
  PRIMARY KEY (id)
) ENGINE=InnoDB DEFAULT CHARSET=utf8
;
```

（2）通用类定义

示例中涉及的通用类包括数据模型类、业务异常类等。

数据模型类有三个：用户类、积分类、消息类。

```
public class User {

    private String id;// 主键

    private String userName;//用户名

    ... getter、setter 方法
}

public class Point {

    private String id;// 主键

    private String userId;// 用户 ID

    private Integer amount;// 积分金额

    ... getter、setter 方法
}

package org.study.mq.rocketMQ.dt.model;

/**
 * 消息类，用于发送消息时传递业务对象数据
 */
public class UserPointMessage {
```

```
    private String userId;

    private String userName;

    private Integer amount;

    ... getter、setter 方法
}
```

业务异常类：

```
public class BusinessException extends RuntimeException {

    public BusinessException() {
        super();
    }

    public BusinessException(String msg) {
        super(msg);
    }

    public BusinessException(Throwable e) {
        super(e);
    }

    public BusinessException(String msg, Throwable e) {
        super(msg, e);
    }
}
```

（3）数据访问对象（DAO）

DAO 就是对数据库中的表的访问，所以有几个表相应的就会有几个 DAO 类。

用户表 DAO：

```
package org.study.mq.rocketMQ.dt.dao;

import org.springframework.jdbc.core.support.JdbcDaoSupport;
import org.springframework.stereotype.Repository;
```

```
import org.study.mq.rocketMQ.dt.model.User;

import java.sql.PreparedStatement;
import java.sql.ResultSet;
import java.util.UUID;

@Repository
public class UserDao extends JdbcDaoSupport {

    public String getId(){
        String id = UUID.randomUUID().toString().replace("-", "");

        return id;
    }

    public String insert(String id, String userName) {

        getJdbcTemplate().update("insert into t_user(id, user_name)
values(?, ?) ",
                (PreparedStatement ps) -> {
                    ps.setString(1, id);
                    ps.setString(2, userName);
                }

        );
        return id;
    }

    public User getById(String userId) {
        return getJdbcTemplate().queryForObject("select id, user_name from
t_user where id = '" + userId + "'", (ResultSet rs, int rowNum) -> {
            User user = new User();
            user.setId(rs.getString("id"));
            user.setUserName(rs.getString("user_name"));
            return user;
        });
    }

}
```

为了演示功能，需要对用户表执行插入语句以新增用户记录，同时获取本地事务提交的结果，所以增加了一个根据 userId 查询记录的方法。

积分表 DAO：

```
package org.study.mq.rocketMQ.dt.dao;

import org.springframework.jdbc.core.support.JdbcDaoSupport;
import org.springframework.stereotype.Repository;
import org.study.mq.rocketMQ.dt.model.Point;
import org.study.mq.rocketMQ.dt.model.User;

import java.sql.PreparedStatement;
import java.sql.ResultSet;
import java.util.List;
import java.util.Map;
import java.util.UUID;

@Repository
public class PointDao extends JdbcDaoSupport {

    public String insert(Point point) {
        String id = UUID.randomUUID().toString().replace("-", "");

        getJdbcTemplate().update("insert into t_point(id, user_id, amount)
values(?, ?, ?) ",
                (PreparedStatement ps) -> {
                    ps.setString(1, id);
                    ps.setString(2, point.getUserId());
                    ps.setInt(3, point.getAmount());
                }

        );
        return id;
    }

    public Point getByUserId(String userId) {
        List<Map<String, Object>> list = getJdbcTemplate().queryForList
("select id, user_id, amount from t_point where user_id = '" + userId + "'");
```

```
        if ((list == null) || (list.size() == 0)) {
            return null;
        } else {
            Point point = new Point();
            point.setId((String) list.get(0).get("id"));
            point.setUserId((String) list.get(0).get("user_id"));
            point.setAmount((Integer) list.get(0).get("amount"));
            return point;
        }
    }

}
```

为了演示功能，需要对积分表执行插入语句以新增用户的积分记录，同时为了防止重复消费的问题，在消费消息时实现了幂等接口，增加了根据 userId 查询是否有积分记录的方法。这样，如果已经存在积分记录，则说明接收到了重复消息，不需要继续新增积分记录了。

（4）消息相关实现类

从数据执行的先后顺序来看，消息生产者相关类的实现如下：

```
package org.study.mq.rocketMQ.dt.message;

import org.apache.log4j.Logger;
import org.apache.rocketmq.client.producer.DefaultMQProducer;
import org.apache.rocketmq.client.producer.TransactionListener;
import org.apache.rocketmq.client.producer.TransactionMQProducer;

import java.util.concurrent.ArrayBlockingQueue;
import java.util.concurrent.ExecutorService;
import java.util.concurrent.ThreadPoolExecutor;
import java.util.concurrent.TimeUnit;

public class TransactionSpringProducer {
    private Logger logger = Logger.getLogger(getClass());
    private String producerGroupName;
    private String nameServerAddress;
    private int corePoolSize = 1;
    private int maximumPoolSize = 5;
```

```
    private long keepAliveTime = 100;
    private TransactionMQProducer producer;
    private TransactionListener transactionListener;
    public TransactionSpringProducer(String producerGroupName,String
nameServerAddress,int corePoolSize, int maximumPoolSize, long keepAliveTime,
                                TransactionListener transactionListener) {
        this.producerGroupName = producerGroupName;
        this.nameServerAddress = nameServerAddress;
        this.corePoolSize = corePoolSize;
        this.maximumPoolSize = maximumPoolSize;
        this.keepAliveTime = keepAliveTime;
        this.transactionListener = transactionListener;
    }

    public void init() throws Exception {
        logger.info("开始启动消息生产者服务...");

        // 创建一个消息生产者，并设置一个消息生产者组
        producer = new TransactionMQProducer(producerGroupName);
        // 指定 NameServer 地址
        producer.setNamesrvAddr(nameServerAddress);
        // 初始化 TransactionSpringProducer，在整个应用生命周期内只需要初始化一次
        ExecutorService executorService = new ThreadPoolExecutor
(corePoolSize, maximumPoolSize, keepAliveTime, TimeUnit.SECONDS, new
ArrayBlockingQueue<>(2000), (Runnable r) -> {
            Thread thread = new Thread(r);
            thread.setName("client-transaction-msg-check-thread");
            return thread;
        });
        // 设置本地事务执行的线程池
        producer.setExecutorService(executorService);

        producer.setTransactionListener(transactionListener);
        producer.start();

        logger.info("消息生产者服务启动成功.");
    }
```

```
    public void destroy() {
        logger.info("开始关闭消息生产者服务...");
        producer.shutdown();
        logger.info("消息生产者服务已关闭.");
    }

    public DefaultMQProducer getProducer() {
        return producer;
    }
}
```

这里的消息生产者类就是把上一节中 TransactionProducer 类的相关设置抽象出来封装成了单独的类，在发送消息时只要调用 getProducer 方法获取消息生产者对象即可。而事务消息生产者类 TransactionMQProducer 相对于普通消息生产者类在使用时需要增加调用 setExecutorService 和 setTransactionListener 方法，用于 RocketMQ 执行本地事务和消息回查。TransactionListener 的具体实现如下：

```
package org.study.mq.rocketMQ.dt.message;

import com.alibaba.fastjson.JSON;
import org.apache.log4j.Logger;
import org.apache.rocketmq.client.producer.LocalTransactionState;
import org.apache.rocketmq.client.producer.TransactionListener;
import org.apache.rocketmq.common.message.Message;
import org.apache.rocketmq.common.message.MessageExt;
import org.study.mq.rocketMQ.dt.model.UserPointMessage;
import org.study.mq.rocketMQ.dt.service.UserService;

import javax.annotation.Resource;

public class UserLocalTransactionListener implements TransactionListener {

    private Logger logger = Logger.getLogger(this.getClass());

    @Resource
    private UserService userService;

    @Override
```

```
        public LocalTransactionState executeLocalTransaction(Message message,
Object arg) {
            logger.info("本地事务执行...");
            logger.info("消息标签是 " + new String(message.getTags()));
            logger.info("消息内容是 " + new String(message.getBody()));

            // 从消息体中获取积分消息对象
            UserPointMessage userPointMessage = JSON.parseObject (message.
getBody(), UserPointMessage.class);
            // 保存用户记录并提交本地事务
            userService.saveUser(userPointMessage.getUserId(),
userPointMessage.getUserName());

            return LocalTransactionState.COMMIT_MESSAGE;
        }

        @Override
        public LocalTransactionState checkLocalTransaction(MessageExt
messageExt) {
            logger.info("消息服务器调用消息回查接口");
            logger.info("消息标签是: " + new String(messageExt.getTags()));
            logger.info("消息内容是: " + new String(messageExt.getBody()));

            // 从消息体中获取积分消息对象
            UserPointMessage pointMessage = JSON.parseObject (messageExt.
getBody(), UserPointMessage.class);
            if (pointMessage != null) {
                String userId = pointMessage.getUserId();
                if (userService.getById(userId) != null) {
                    logger.info("本地插入用户表成功！");
                    // 表示本地事务执行成功
                    return LocalTransactionState.COMMIT_MESSAGE;
                }
            }

            return LocalTransactionState.ROLLBACK_MESSAGE;
        }
    }
```

executeLocalTransaction 方法执行本地事务，这里从消息体中获取积分消息对象并调用用户服务保存用户记录。最后返回 COMMIT_MESSAGE 状态消息，之后消息消费者的监听器会监听到该消息，执行消息消费者端的业务逻辑。

在 checkLocalTransaction 方法中先从消息记录中提取出 userId，根据 userId 查询记录在数据库中是否存在，如果存在则表示本地事务提交成功；如果不存在则表示本地事务回滚了。接着看一下消息消费者类的实现。

接着看一下消息消费者类的实现。

```
    package org.study.mq.rocketMQ.dt.message;

    import org.apache.log4j.Logger;
    import org.apache.rocketmq.client.consumer.DefaultMQPushConsumer;
    import org.apache.rocketmq.client.consumer.listener.MessageListener
Concurrently;
    import org.apache.rocketmq.common.consumer.ConsumeFromWhere;

    public class TransactionSpringConsumer {

        private Logger logger = Logger.getLogger(getClass());

        private String consumerGroupName;

        private String nameServerAddress;

        private String topicName;

        private DefaultMQPushConsumer consumer;

        private MessageListenerConcurrently messageListener;

        public TransactionSpringConsumer(String consumerGroupName, String
nameServerAddress, String topicName, MessageListenerConcurrently
messageListener) {
            this.consumerGroupName = consumerGroupName;
            this.nameServerAddress = nameServerAddress;
            this.topicName = topicName;
            this.messageListener = messageListener;
        }
```

```
    public void init() throws Exception {
        logger.info("开始启动消息消费者服务...");

        // 创建一个消息消费者，并设置一个消息消费者组
        consumer = new DefaultMQPushConsumer(consumerGroupName);
        // 指定 NameServer 地址
        consumer.setNamesrvAddr(nameServerAddress);

        // 设置 Consumer 第一次启动后是从队列头部还是队列尾部开始消费的
        consumer.setConsumeFromWhere(ConsumeFromWhere.CONSUME_FROM_FIRST_
OFFSET);

        // 订阅指定 Topic 下的所有消息
        consumer.subscribe(topicName, "*");

        // 注册消息监听器
        consumer.registerMessageListener(messageListener);

        // 在使用消费者对象之前必须要调用 start 初始化
        consumer.start();

        logger.info("消息消费者服务启动成功.");
    }

    public void destroy() {
        logger.info("开始关闭消息消费者服务...");

        consumer.shutdown();

        logger.info("消息消费者服务已关闭.");
    }

    public DefaultMQPushConsumer getConsumer() {
        return consumer;
    }

}
```

这里的消息消费者类就是把上一节中TransactionConsumer类的相关设置抽象出来封装成了单独的类。消息消费者绑定的消息监听器类的实现如下：

```
    package org.study.mq.rocketMQ.dt.message;

    import com.alibaba.fastjson.JSON;
    import org.apache.log4j.Logger;
    import org.apache.rocketmq.client.consumer.listener.ConsumeConcurrently
Context;
    import org.apache.rocketmq.client.consumer.listener.ConsumeConcurrently
Status;
    import org.apache.rocketmq.client.consumer.listener.MessageListener
Concurrently;
    import org.apache.rocketmq.common.message.MessageExt;
    import org.study.mq.rocketMQ.dt.model.Point;
    import org.study.mq.rocketMQ.dt.model.UserPointMessage;
    import org.study.mq.rocketMQ.dt.service.PointService;

    import javax.annotation.Resource;
    import java.util.List;

    public class TransactionMessageListener implements MessageListener
Concurrently {

        private Logger logger = Logger.getLogger(getClass());

        @Resource
        private PointService pointService;

        public ConsumeConcurrentlyStatus consumeMessage(List<MessageExt> list,
ConsumeConcurrentlyContext consumeConcurrentlyContext) {
            try {
                for (MessageExt message : list) {
                    logger.info("消息消费者接收到消息 : " + message);
                    logger.info("接收到的消息内容是 : " + new String(message.getBody
()));
```

```
                    // 从消息体中获取积分消息对象
                    UserPointMessage pointMessage = JSON.parseObject
(message.getBody(), UserPointMessage.class);
                    if (pointMessage != null) {
                        Point point = new Point();
                        point.setUserId(pointMessage.getUserId());
                        point.setAmount(pointMessage.getAmount());
                        // 保存用户积分记录并提交本地事务
                        pointService.savePoint(point);
                    }
                }

            } catch (Exception e) {
                logger.error("消费消息时报错", e);
                return ConsumeConcurrentlyStatus.RECONSUME_LATER;
            }
            // 正常执行就返回消息消费成功
            return ConsumeConcurrentlyStatus.CONSUME_SUCCESS;
        }

    }
```

接收到消费消息表示新增用户服务以及提交成功，然后从消息体中获取积分消息对象，调用积分服务类的 newPoint 方法新增用户积分记录。

（5）服务类

从数据执行的先后顺序来看，最开始是用户服务类，其实现如下：

```
package org.study.mq.rocketMQ.dt.service;

import com.alibaba.fastjson.JSON;
import org.apache.log4j.Logger;
import org.apache.rocketmq.client.producer.SendResult;
import org.apache.rocketmq.common.message.Message;
import org.springframework.beans.factory.annotation.Autowired;
import org.springframework.stereotype.Service;
```

```
import org.springframework.transaction.annotation.Transactional;
import org.study.mq.rocketMQ.dt.dao.UserDao;
import org.study.mq.rocketMQ.dt.message.TransactionSpringProducer;
import org.study.mq.rocketMQ.dt.model.User;
import org.study.mq.rocketMQ.dt.model.UserPointMessage;

import javax.annotation.Resource;

@Service
public class UserService {

    private Logger logger = Logger.getLogger(this.getClass());

    @Autowired
    private TransactionSpringProducer producer;

    @Resource
    private UserDao userDao;

    @Transactional(rollbackFor = Exception.class)
    public void newUserAndPoint(String userName, Integer amount) throws
Exception {
        // 获取用户 ID
        String userId = userDao.getId();

        // 发送新增积分消息
        UserPointMessage message = new UserPointMessage();
        message.setUserId(userId);
        message.setUserName(userName);
        message.setAmount(amount);

        this.sendMessage(message);
    }

    /**
     * 根据 ID 查询记录
     * @param userId
     * @return
```

```
     */
    public User getById(String userId) {
        return userDao.getById(userId);
    }

    /**
     * 保存用户记录
     */
    @Transactional(rollbackFor = Exception.class)
    public void saveUser(String userId, String userName) {
        userDao.insert(userId, userName);
    }

    /**
     * 给消费者发送消息
     */
    private    void    sendMessage(UserPointMessage    pointMessage)    throws
Exception {
        // 构造消息数据
        Message message = new Message();
        // 主题
        message.setTopic("distributed_transaction_spring_topic");
        // 子标签
        message.setTags("newUserAndPoint");

        message.setKeys(pointMessage.getUserId());

        // 将积分对象转换成 JSON 字符串保存到事件的内容字段中
        message.setBody(JSON.toJSONString(pointMessage).getBytes());

        // 发送消息，并封装本地事务处理逻辑
        SendResult sendResult = producer.getProducer().sendMessage
InTransaction(message, "");

        logger.info("消息发送结果: " + sendResult);
    }

}
```

使用 newUserAndPoint 方法即可同时完成新增用户记录和新增积分记录的功能，而在该方法内当前其实并没有做任何保存记录的操作，只是构造了消息数据并发送消息。

```
package org.study.mq.rocketMQ.dt.service;

import org.springframework.stereotype.Service;
import org.springframework.transaction.annotation.Transactional;
import org.study.mq.rocketMQ.dt.dao.PointDao;
import org.study.mq.rocketMQ.dt.exception.BusinessException;
import org.study.mq.rocketMQ.dt.model.Point;

import javax.annotation.Resource;

@Service
public class PointService {

    @Resource
    private PointDao dao;

    @Transactional(rollbackFor = Exception.class)
    public String savePoint(Point point) {
        if ((point != null) && (point.getUserId() != null)) {
            Point queryPoint = dao.getByUserId(point.getUserId());
            if (queryPoint != null) {
                return queryPoint.getId();
            } else {
                return dao.insert(point);
            }
        } else {
            throw new BusinessException("入参不能为空！");
        }
    }

}
```

（6）Spring 配置文件

```
<?xml version="1.0" encoding="UTF-8"?>
<beans xmlns="http://www.springframework.org/schema/beans"
```

```
        xmlns:xsi="http://www.w3.org/2001/XMLSchema-instance"
        xmlns:context="http://www.springframework.org/schema/context"
        xmlns:task="http://www.springframework.org/schema/task"
        xsi:schemaLocation="http://www.springframework.org/schema/beans
                            http://www.springframework.org/schema/beans/
spring-beans.xsd
                            http://www.springframework.org/schema/context
                            http://www.springframework.org/schema/context/
spring-context-3.0.xsd
                            http://www.springframework.org/schema/task
                            http://www.springframework.org/schema/task/
spring-task-3.1.xsd
                            ">
    <context:annotation-config />
    <context:component-scan base-package="org.study.mq.rocketMQ.dt"/>
    <task:annotation-driven />

    <!--DB 1访问的相关配置-->
    <bean id="dataSource" class="org.apache.commons.dbcp.BasicDataSource"
destroy-method="close">
        <property name="driverClassName" value="com.mysql.jdbc.Driver"/>
        <property name="url" value="jdbc:mysql://127.0.0.1:3306/dt1"/>
        <property name="username" value="root"/>
        <property name="password" value="123456"/>
    </bean>
    <bean id="jdbcTemplate" class="org.springframework.jdbc.core.Jdbc
Template">
        <property name="dataSource">
            <ref bean="dataSource"></ref>
        </property>
    </bean>
    <bean id="userDao" class="org.study.mq.rocketMQ.dt.dao.UserDao">
        <property name="jdbcTemplate">
            <ref bean="jdbcTemplate"></ref>
        </property>
    </bean>

    <!--DB 2访问的相关配置-->
```

```
        <bean id="dataSource2" class="org.apache.commons.dbcp.Basic
DataSource" destroy-method="close">
            <property name="driverClassName" value="com.mysql.jdbc.Driver"/>
            <property name="url" value="jdbc:mysql://127.0.0.1:3306/dt2"/>
            <property name="username" value="root"/>
            <property name="password" value="123456"/>
        </bean>
        <bean id="jdbcTemplate2" class="org.springframework.jdbc.core.
JdbcTemplate">
            <property name="dataSource">
                <ref bean="dataSource2"></ref>
            </property>
        </bean>
        <bean id="pointDao" class="org.study.mq.rocketMQ.dt.dao.PointDao">
            <property name="jdbcTemplate">
                <ref bean="jdbcTemplate2"></ref>
            </property>
        </bean>

        <!--消息生产者-->
        <bean id="userLocalTransactionListener" class="org.study.mq.rocketMQ.
dt.message.UserLocalTransactionListener" />

        <bean id="producer" class="org.study.mq.rocketMQ.dt.message.
TransactionSpringProducer" init-method="init" destroy-method="destroy">
            <constructor-arg name="nameServerAddress" value="localhost:9876"/>
            <constructor-arg name="producerGroupName" value="transaction_
spring_producer_group"/>
            <constructor-arg name="corePoolSize" value="2"/>
            <constructor-arg name="maximumPoolSize" value="5"/>
            <constructor-arg name="keepAliveTime" value="1000"/>
            <constructor-arg name="transactionListener" ref="userLocal
TransactionListener"/>
        </bean>

        <!--消息消费者-->
        <bean id="messageListener" class="org.study.mq.rocketMQ.dt.message.
```

```
TransactionMessageListener" />
        <bean id="consumer" class="org.study.mq.rocketMQ.dt.message.
TransactionSpringConsumer" init-method="init" destroy-method="destroy">
            <constructor-arg name="nameServerAddress" value="localhost:9876"/>
            <constructor-arg name="consumerGroupName" value="transaction_
consumer_group4"/>
            <constructor-arg name="topicName" value="distributed_transaction_
spring_topic" />
            <constructor-arg name="messageListener" ref="messageListener" />
        </bean>
    </beans>
```

配置文件有三部分内容，一是与访问数据库相关的封装；二是消息生产者；三是消息消费者。这些配置内容很简单，前面也都介绍过了，这里不再赘述。

（7）运行结果

下面写一个单元测试类，看一下是否实现了分布式事务的效果。

```
package org.study.mq.rocketMQ.dt;

import org.junit.Before;
import org.junit.Test;
import org.springframework.context.ApplicationContext;
import org.springframework.context.support.ClassPathXmlApplicationContext;
import org.study.mq.rocketMQ.dt.service.UserService;

public class TestDT {

    private ApplicationContext container;

    @Before
    public void setup() {
        container = new ClassPathXmlApplicationContext("dt/spring-dt.xml");
    }

    @Test
    public void newUser() throws Exception {
        UserService userService = (UserService) container.getBean
```

```
("userService");
            userService.newUserAndPoint("测试分布式事务", 100);

            Thread.sleep(5000);
        }

    }
```

我们直接调用 UserService 类的 newUserAndPoint 方法，理论上应该在 t_user 和 t_point 表中都会有记录才对（见图 6-18、图 6-19、图 6-20）。这里将线程休眠 5 秒，是为了防止启动/停止时间过快消息消费者还没来得及消费消息。

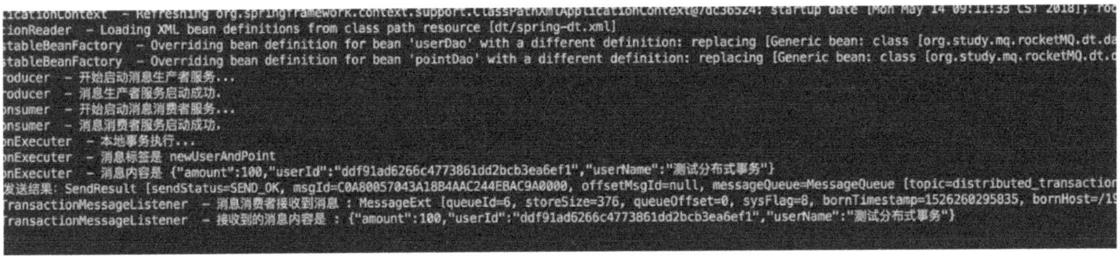

```
ionReader  - Loading XML bean definitions from class path resource [dt/spring-dt.xml]
tableBeanFactory  - Overriding bean definition for bean 'userDao' with a different definition: replacing [Generic bean: class [org.study.mq.rocketMQ.dt.da
tableBeanFactory  - Overriding bean definition for bean 'pointDao' with a different definition: replacing [Generic bean: class [org.study.mq.rocketMQ.dt.d
roducer  - 开始启动消息生产者服务...
roducer  - 消息生产者服务启动成功.
onsumer  - 开始启动消息消费者服务...
onsumer  - 消息消费者服务启动成功.
onExecuter  - 本地事务执行...
onExecuter  - 消息标签是 newUserAndPoint
onExecuter  - 消息内容是 {"amount":100,"userId":"ddf91ad6266c4773861dd2bcb3ea6ef1","userName":"测试分布式事务"}
发送结果: SendResult [sendStatus=SEND_OK, msgId=C0A80057043A18B4AAC244EBAC9A0000, offsetMsgId=null, messageQueue=MessageQueue [topic=distributed_transaction
TransactionMessageListener  - 消息消费者接收到消息 : MessageExt [queueId=6, storeSize=376, queueOffset=0, sysFlag=8, bornTimestamp=1526260295835, bornHost=/19
TransactionMessageListener  - 接收到的消息内容是 : {"amount":100,"userId":"ddf91ad6266c4773861dd2bcb3ea6ef1","userName":"测试分布式事务"}
```

图 6-18

```
4
5
6 select * from t_user ;
7
```

Query Favorites　Query History

id	user_name
ddf91ad6266c4773861dd2bcb3ea6ef1	测试分布式事务

图 6-19

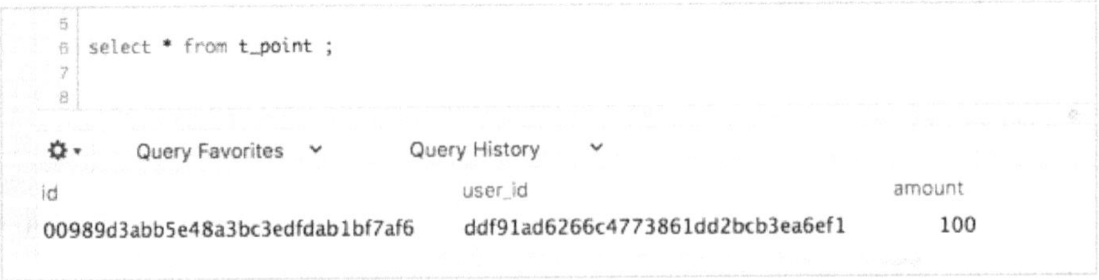

```
5
6 select * from t_point ;
7
8
```

Query Favorites　Query History

id	user_id	amount
00989d3abb5e48a3bc3edfdab1bf7af6	ddf91ad6266c4773861dd2bcb3ea6ef1	100

图 6-20

由此基于事务消息特性就实现了分布式事务的效果，并且比原来的方案少了消息事件表（原理上 RocketMQ 也起到了消息事件表的作用）。虽然本方案能够完成两个数据库事务的操作，但事务的提交并不是严格一致的，而是最终一致性，在这里牺牲了强一致性，换来了性能的大幅度提升。

6.3 RocketMQ 实践建议

6.3.1 消息重试

任何 MQ 产品都可能存在各种异常，这些异常可能导致消息无法被发送到 Broker，或者消息无法被消费者接收到，因此大部分 MQ 产品都会提供消息失败的重试机制。RocketMQ 也不例外，在 RocketMQ 中消息重试分为生产者端重试和消费者端重试两种类型。

1. 生产者端重试

生产者端重试是指当生产者向 Broker 发送消息时，如果由于网络抖动等原因导致消息发送失败，此时可以通过手动设置发送失败重试次数的方式让消息重发一次。

```
    // 创建一个消息生产者，并设置一个消息生产者组
    DefaultMQProducer producer = new DefaultMQProducer("niwei_
producer_group");

    // 消息发送失败重试次数
    producer.setRetryTimesWhenSendFailed(3);

    // 消息没有存储成功，是否发送到另外一个 Broker 中
    producer.setRetryAnotherBrokerWhenNotStoreOK(true);

    // 指定 NameServer 地址
    producer.setNamesrvAddr("localhost:9876");

    // 初始化 TransactionSpringProducer，在整个应用生命周期内只需要初始化一次
    producer.start();
```

可以看到，通过调用 org.apache.rocketmq.client.producer.DefaultMQProducer 类的 setRetryTimesWhenSendFailed 方法设置了重试次数。这里实现重试逻辑的代码主要在 org.apache.rocketmq.client.impl.producer.DefaultMQProducerImpl 类的 sendDefaultImpl 方法中，有兴趣的读者可以阅读一下。

2. 消费者端重试

消费者端的失败一般分为两种情况，一是由于网络等原因导致消息没法从 Broker 发送到消费者端，这时在 RocketMQ 内部会不断尝试发送这条消息，直到发送成功为止（比如向集群中的一个 Broker 实例发送失败，就尝试发往另一个 Broker 实例）；二是消费者端已经正常接收到了消息，但是在执行后续的消息处理逻辑时发生了异常，最终反馈给 MQ 消费者处理失败，例如所接收到的消息数据可能不符合本身的业务要求，如当前卡号未激活不能执行业务等，这时就需要通过业务代码返回消息消费的不同状态来控制。

接下来就以普通消费为例，看一下当消费者端出现业务消息消费异常之后是如何进行重试的。下面是在消费者端代码中注册消息监听器时的 consumeMessage 方法最终返回的消息消费状态 ConsumeConcurrentlyStatus 的定义。

```
package org.apache.rocketmq.client.consumer.listener;

public enum ConsumeConcurrentlyStatus {
    /**
     * Success consumption
     */
    CONSUME_SUCCESS,
    /**
     * Failure consumption,later try to consume
     */
    RECONSUME_LATER;
}
```

CONSUME_SUCCESS 表示消费成功，这是正常业务代码中返回的状态。RECONSUME_LATER 表示当前消费失败，需要稍后进行重试。在 RocketMQ 中只有业务消费侧返回了 CONSUME_SUCCESS 才会认为消息消费是成功的，如果返回的是 RECONSUME_LATER，RocketMQ 则会认为消费失败，需要重新投递。为了保证消息至少被消费成功一次，RocketMQ 会把认为消费失败的消息发回 Broker，在接下来的某个时间点（默认是 10 秒，可修改）再次投递给消费者。如果一直重复消费都失败，则当失败累积到一定次数后（默认为 16 次）将消息投递到死信队列（Dead Letter Queue）中，此时需要监控死信队列进行人工干预。

```
public class Consumer {

    public static void main(String[] args) throws Exception {
        // 创建一个消息消费者，并设置一个消息消费者组
        DefaultMQPushConsumer consumer = new DefaultMQPushConsumer
```

```
("niwei_consumer_group");
        // 指定 NameServer 地址
        consumer.setNamesrvAddr("localhost:9876");
        // 设置消费者第一次启动后是从队列头部还是队列尾部开始消费的
        consumer.setConsumeFromWhere(ConsumeFromWhere.CONSUME_
FROM_FIRST_OFFSET);
        // 订阅指定 Topic 下的所有消息
        consumer.subscribe("topic_example_java", "*");

        // 注册消息监听器
        consumer.registerMessageListener((List<MessageExt> list,
ConsumeConcurrentlyContext context) -> {
            for (MessageExt message : list) {
                String messageBody = new String(message.getBody());
                if (message.getReconsumeTimes() == 3) {
                    // 如果重试了 3 次还是失败，则不再重试
                    // 把重试次数达到 3 次的消息选择记录下来
                    saveReconsumeStillMessage(message);
                    return ConsumeConcurrentlyStatus.CONSUME_SUCCESS;
                } else {
                    try {
                        doBusiness(messageBody);
                    } catch (ReconsumeException e) {
                        // 业务方法在执行时如果返回的是可以再消费的异常，则触发重试
                        return ConsumeConcurrentlyStatus.RECONSUME_LATER;
                    }
                }
            }
            return ConsumeConcurrentlyStatus.CONSUME_SUCCESS;

        });

        // 在使用消费者对象之前必须调用 start 初始化
        consumer.start();
        System.out.println("消息消费者已启动");
    }
}
```

示例中，在执行具体业务处理逻辑时，如果碰到的是可重试的异常（例如当前卡号未激活，可能因为激活是一个异步执行的功能，重试几次就能激活成功），这时就需要在业务代码中返回 ReconsumeException 以触发重试机制。很多时候需要控制重试次数，这时可以参考示例代码的处理方式，判断当前消息是经过重试多少次之后发出的，如果达到重试次数的限制，则不再继续执行业务代码，直接记录消息数据并返回消费成功状态。如果在业务的回调中没有处理好异常返回状态，而是直接在方法执行过程中抛出异常，那么 RocketMQ 认为消费也是失败的，会当作 RECONSUME_LATER 来处理。

当使用顺序消费的回调（监听器实现了 org.study.mq.rocketMQ.order.MessageListenerOrderly 接口）时，由于顺序消费是只有前一条消息消费成功才能继续，所以在其消息状态定义（在 org.apache.rocketmq.client.consumer.listener.ConsumeOrderlyStatus 枚举中定义）中并没有 RECONSUME_LATER 状态，而是用 SUSPEND_CURRENT_QUEUE_A_MOMENT 来暂停当前队列的消费动作，直到消息经过不断重试成功为止。

6.3.2 消息重复

理论上说，所有的 MQ 产品在消息投递时都会面临三种模式的选择，即：至少一次（at least once）、最多一次（at most once）、只有一次（exactly once）。至少一次是指如果消息没有接收成功，则可能会重发一直到接收成功为止。最多一次是指消息只发送一次，不管发送的结果是成功还是失败都不会重发。只有一次的语义可以分成两部分解释，一是在消息发送时不允许发送重复的消息；二是在消息消费时也不允许消费重复的消息。只有这两个条件都满足时，才能认为消息是只有一次的。

RocketMQ 能保证消息至少被投递一次，即支持至少一次模式，但不支持只有一次模式。因为要在分布式系统环境下实现发送不重复并且消费不重复，将会产生非常大的开销，RocketMQ 为了追求高性能并没有支持此特性，导致在消息消费时将可能收到重复的消息。其实该问题的本质是网络调用存在不确定性，即既不成功也不失败的第三种状态，所以才会产生消息重复的问题。这也是很多其他 MQ 产品会面临的问题，业界的通常做法是要求在消息消费时进行去重，也就是消费消息要做到幂等性（所谓幂等是指用同样的入参，即使多次调用某个接口，对系统的影响也是一致的），只要保持幂等性，不管来多少条重复消息，最后处理的结果都是一样的。

当然，对于消息重复还可以用另一种方案来解决，就是首先保证每条消息都有一个唯一标识，然后用一个消息处理日志表来记录已经处理成功的消息 ID，假如新到的消息其 ID 已在日志表中，则不再处理这条消息。这种方案既可以在消息系统中实现，也可以由业务端来实现。RocketMQ 考虑的是在正常情况下出现重复消息的概率其实很小，假如在消息系统中实现就会对消息系统的吞吐量和高可用性有影响，所以最好还是由业务端自己来处理消息重复的问题。

基于以上原因，最好的方式是以实际业务的唯一标识作为幂等处理的关键依据，而业务的唯一标识可以通过消息的 key 进行设置。

```
    // 创建一个消息对象，指定其主题、标签和消息内容
    Message msg = new Message(
            "topic_example_java" /* 消息主题名 */,
            "TagA" /* 消息标签 */,
            ("Hello Java demo RocketMQ " + i).getBytes(RemotingHelper.DEFAULT_
CHARSET) /* 消息内容 */
    );
    // 订单 ID
    String orderId = "20034568923546";
    msg.setKeys(orderId);

    // 发送消息并返回结果
    SendResult sendResult = producer.send(msg);
```

当订阅方收到消息时可以根据消息的 key 进行幂等处理。

```
    // 注册消息监听器
    consumer.registerMessageListener((List<MessageExt> list,
ConsumeConcurrentlyContext context) -> {
        // 默认 list 中只有一条消息，可以通过设置参数来批量接收消息
        if (list != null) {
            for (MessageExt message : list) {
                try {
                    // 根据业务唯一标识的 key 做幂等处理
                    String orderId = message.getKeys();

                    System.out.println(new Date() + new String(message.getBody(),
"UTF-8"));
                } catch (UnsupportedEncodingException e) {
                    e.printStackTrace();
                }
            }
        }
        return ConsumeConcurrentlyStatus.CONSUME_SUCCESS;

    });
```

6.3.3 集群

在本章开头介绍过，RocketMQ的整体架构包含四个部分，分别是名称服务器(NameServer)、消息服务器（Broker）、生产者（Producer）和消费者（Consumer），每一个部分都可以通过集群的方式水平扩展来避免单点故障问题（见图 6-21）。

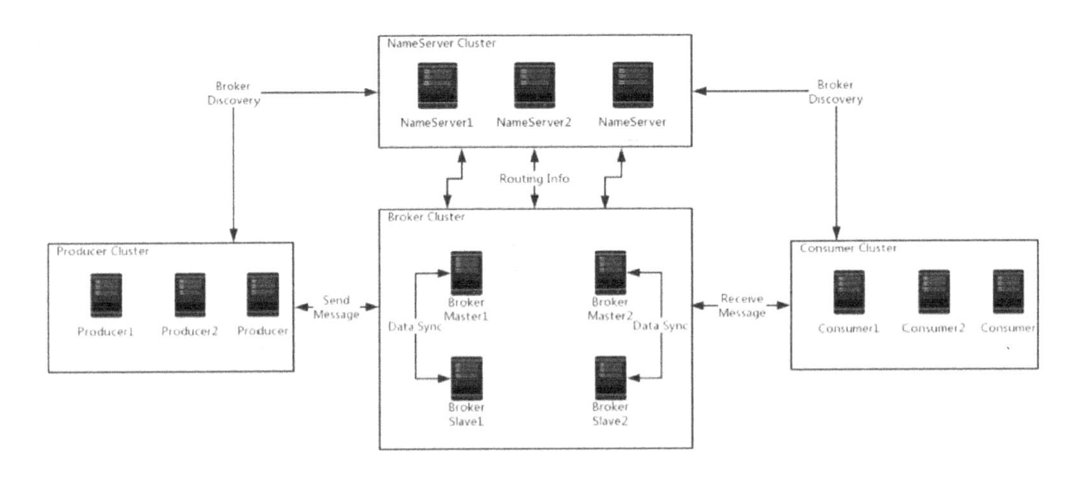

图 6-21

1. 名称服务器集群

名称服务器提供了轻量级的服务发现和路由，每个名称服务器都记录了完整的路由信息，提供了相应的读写服务，支持快速存储扩展。名称服务器是一个几乎无状态的节点，节点之间并没有信息同步，所以其集群功能方案也很简单。首先部署并启动多个名称服务器实例，然后在启动 Broker、生产者、消费者的应用实例之前告诉它们一个名称服务器地址列表来访问名称服务器，RocketMQ 提供了多种方式来设置要访问的名称服务器地址列表。

对于消息服务器，一般直接在其配置文件中指定。

```
namesrvAddr=192.168.1.1:9876;192.168.1.2:9876:9876;192.168.1.3:9876:9876
```

对于生产者和消费者，可以在代码中通过调用相应的 setNamesrvAddr 方法来设置。

```
// 生产者
DefaultMQProducer producer = new DefaultMQProducer("niwei_producer_group");
producer.setNamesrvAddr("192.168.1.1:9876;192.168.1.2:9876:9876;192.168.1.3:9876:9876");
```

```
// 消费者
DefaultMQPushConsumer consumer = new DefaultMQPushConsumer
("niwei_consumer_group");
consumer.setNamesrvAddr("192.168.1.1:9876;192.168.1.2:9876:9876;192.168.
1.3:9876:9876");
```

除了调用 setNamesrvAddr 方法，还可以通过指定 Java 参数 rocketmq.namesrv.addr、使用环境变量 NAMESRV_ADDR 等方式来设置，具体说明可以参考官方文档 https://rocketmq.apache.org/rocketmq/four-methods-to-feed-name-server-address-list/。

2. Broker 集群

Broker 部署相对有点复杂，Broker 的节点实例分为 Master 和 Slave 两种，一个 Master 可以对应多个 Slave，但一个 Slave 只能有一个 Master。Master 与 Slave 的对应关系通过指定相同的 BrokerName、不同的 BrokerId 来定义，如果 BrokerId 为 0 则表示 Master，不为 0 则表示 Slave。Master 也可以部署多个，Master 和 Slave 存储的数据一样，Slave 根据配置从 Master 中同步数据。每个 Broker 实例都会与名称服务器集群中的所有节点建立长连接，定时注册 Topic 信息到所有的名称服务器上。Broker 上存储的 Topic 又是由多个队列（Queue）组成的，队列会被平均分散在多个 Broker 实例上，生产者的发送机制将保证消息尽量被平均分摊到所有队列中，从而实现消息都被平摊到每个 Broker 上的效果。Broker 正是通过这样的方式实现负载均衡功能的。需要注意的是，其实队列本身并不存储消息，消息被真正存储在 CommitLog 文件中，队列只是存储 CommitLog 中对应的位置信息，从而方便通过队列找到存储在 CommitLog 中的消息。

除此之外，Broker 还对非顺序消息提供了动态伸缩能力，动态伸缩体现在 Topic 和 Broker 两方面。从 Topic 来看，假如某个 Topic 内部的消息数量特别大，但集群水位还很低，此时就可以扩大 Topic 的队列数量，Topic 的队列数量一般和消息的发送、消费速度成正比。从 Broker 来看，如果集群本身的水位已经很高了，则可以通过增加部署 Broker 实例的方式来扩容，新增加的 Broker 实例启动后向名称服务器注册，然后生产者、消费者都通过名称服务器来发现新增加的 Broker 实例，最后直接和这些新 Broker 直连收发消息。

讲到 Broker 集群部署，有一些概念需要先介绍一下。首先是刷盘（flush disk）。刷盘是刷新磁盘的意思，是指把内存的数据存储到磁盘中。在 RocketMQ 中有同步刷盘（SYNC_FLUSH）和异步刷盘（ASYNC_FLUSH）两种模式。同步刷盘是指生产者发送的消息都要等到消息数据保存到 Broker 的磁盘成功后才向生产者返回成功信息。采用这种方式可以避免消息丢失，但是对性能有一定的影响，因为它有很大的磁盘 I/O 开销。异步刷盘是指生产者发送的消息并不需要先保存到磁盘中，而是先缓存起来之后就向生产者返回成功信息，然后再将缓存的数据异步保存到磁盘中。这里有两种情况：一是定期刷盘缓存中的数据；二是如果缓存中的数据达到所设定的阈值就刷盘。异步刷盘在消息数据还没来得及同步到磁盘中时就宕机的情况下会导致少量消息丢失，但这种方式的性能比较高。

前面提到 Broker 分为 Master（主）和 Slave（从）两种角色，Master 和 Slave 通过使用相同的 BrokerName 来定义为一个 Broker 集合（Broker Set）。在生产环境中一般至少需要两个 Broker 集合，这就涉及 Broker 实例间数据复制的问题（Broker Replication），复制是指把 Master 的数据复制到 Slave。复制分为同步和异步两种，同步（Sync Broker）是指所发送的消息至少要同步复制到一个 Slave 之后才向生产者返回成功信息，也就是所谓的同步双写。异步（Async Broker）是指所发送的消息只要写入 Master 就向生产者返回成功信息，然后再异步复制到 Slave。在官网的安装包中提供了三种集群模式的配置文件供参考：两主两从同步双写（2m-2s-sync）、两主两从异步复制（2m-2s-async）和两主（2m-noslave），有兴趣的读者可以看一下。对于这些模式的具体配置可参考官网说明（https://rocketmq.apache.org/docs/rmq-deployment/），这里不再赘述。下面主要说说它们的优缺点。

- 多 Master 模式（2m-noslave）：在整个集群中全是 Master 而没有 Slave。其优点是配置简单，某个 Master 宕机对应用无影响，消息也不会丢失（异步刷盘会丢失少量消息，同步刷盘则不会），其性能比较高；缺点是如果某个 Master 宕机，这台机器上没有被消费的消息在重启恢复之前不可用，该条消息的实时性会受到影响。
- 多 Master 多 Slave，异步复制（2m-2s-async）：每个 Master 至少配一个 Slave，集群中有多对 Master Slave 组合，主从间数据采用异步复制方式，所以主从间会有短暂的消息延迟。其优点是即使某个 Master 宕机消息的实时性也不会受到影响，因为可以从 Slave 消费，这个过程对应用是透明的，不需要人工干预，其性能与多 Master 模式几乎一样；缺点是当某个 Master 宕机并且磁盘损坏时会有少量消息丢失。
- 多 Master 多 Slave，同步双写（2m-2s-sync）：每个 Master 至少配一个 Slave，集群中有多对 Master-Slave 组合，主从间数据采用同步双写方式。其优点是数据和消息服务都没有单点故障，即使某个 Master 宕机消息也无延迟，所以整个系统的可用性非常高；缺点是性能会比异步复制低一些，据说大约低 10%左右，也就是说，发送消息的耗时会略高。

3. 生产者集群

生产者端的集群比较简单，只需部署多个生产者应用实例即可。前面讲过，在 Broker 上存储的 Topic 实际上是由多个队列组成的，生产者向 Topic 发送消息最终是把消息发送到 Broker 实例里的某个队列中，在默认情况下生产者采用轮询的方式选择具体的队列来发送消息。这种方案会使消息平均落在不同的队列中，可以通过把队列设置在不同的 Broker 实例上，将消息发送给不同的 Broker 实例（请参见图 6-12）。

上面介绍过 Broker 有多种集群模式，所以对应的在生产者发送消息时得到的发送结果也会有区别，这可以通过调用 send 方法返回的 SendResult 对象里的 getSendStatus 方法得到。通过返回的不同 SendStatus 可以得知更明确的发送成功还是失败，以及发送失败是因为刷盘未完成还是其他原因。

4. 消费者集群

消费者端的集群是通过部署多个消费者应用实例实现的，但是消息的消费模式有两种，一种是默认的集群模式，即只需将每条消息投递到该 Topic 的消费者组下的一个实例即可，RocketMQ 会拉取并消费消息；另一种是广播模式，要求将一条消息投递到一个消费者组下的所有消费者实例，这种模式不存在分摊消费之说。集群模式可以通过调用 setMessageModel 方法指定入参 MessageModel.BROADCASTING 来设置。

```
    DefaultMQPushConsumer consumer = new DefaultMQPushConsumer
("niwei_consumer_group");
    consumer.setNamesrvAddr("localhost:9876");
    consumer.setConsumeFromWhere(ConsumeFromWhere.CONSUME_FROM_FIRST_OFFSET);
    consumer.subscribe("topic_example_java", "*");
    // 设置广播消费
    consumer.setMessageModel(MessageModel.BROADCASTING);
```

当集群中消费者实例的数量发生变更时会触发一次所有实例的再均衡，此时会按照 Broker 中队列的数量和消费者实例的数量平均分配队列给每个实例，默认的分配算法是 AllocateMessageQueueAveragely，如图 6-22 所示。

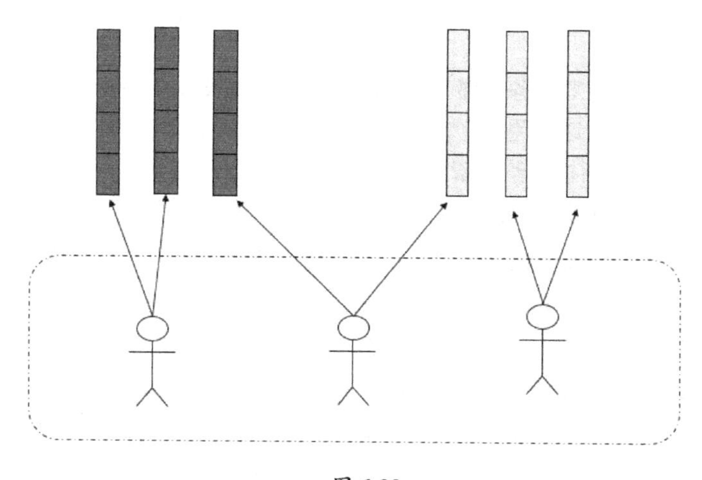

图 6-22

通过增加消费者实例可以分摊队列的消费，起到水平扩展消费能力的作用。当有消费者实例下线时则会触发再均衡，此时队列可能会被分配到其他消费者实例上消费。但是如果消费者实例的数量比队列的总数还多，那么多出来的消费者实例将分配不到队列，从而不能消费消息，所以一般会控制队列的总数大于或等于消费者实例的总数。队列数量一般是在创建主题时设置的，例如在程序中通过 createTopic 方法指定或者通过控制台方式创建主题时设置。

6.3.4 顺序消息

顺序消息是指按消息的发送顺序来消费消息，我们已经在 6.2.3 节演示了顺序消息的示例，这里就不再贴出代码了。现在简单讲一下其实现原理。RocketMQ 中的顺序消息一般指的是局部顺序，而不是很多初学者理解的全局顺序。前面在介绍生产者集群时曾经说过，在默认情况下生产者采用轮询的方式选择具体的队列来发送消息，而要想满足顺序消息的要求，则必须保证按业务上的顺序把消息发送到 Broker 上的同一个队列中，但因为不保证其他生产者也会将消息发送到该队列中，所以还需要消费者在接收到消息后做一些过滤。

正因为顺序消息的这种实现机制，所以在选择顺序消息时对有些缺陷也需要做参考衡量。一是顺序消息无法利用集群的 Failover 特性，比如示例中采用订单 ID 取模的方式选择具体的队列，此时如果某个 Master 实例宕机，则不能更换队列进行重试；二是在实现顺序消息时把选择发送路由的策略交给业务侧来实现，可能会由于哈希不均导致消息过多使得某些队列中的数据量特别大，消费速度跟不上，产生消息堆积问题；三是顺序消息的消费并行度依赖队列的数量；四是如果遇到消费失败的消息则不能跳过，只能暂停当前队列的消费。

6.3.5 定时消息

定时消息这个特性在很多业务中都会用到，比如在电商交易中用户下单之后超过半小时还没有支付，这时就需要把该订单关闭。在这种场景下，我们可以在创建订单时就发送一条延迟消息，该消息在 30 分钟以后投递给消费者，消费者接收到消息后判断对应的订单是否已完成支付，如果没有支付就关闭订单。

目前 RocketMQ 只支持固定精度级别的定时消息，具体来说，就是按照 1~*N* 定义了如下级别：1s、5s、10s、30s、1m、2m、3m、4m、5m、6m、7m、8m、9m、10m、20m、30m、1h、2h。如果要发送定时消息，则在初始化消息对象之后调用 setDelayTimeLevel 方法来设置具体的延迟级别，按照上面的顺序取相应的延迟级别，例如 level 为 2 时则会延迟 5s。

```
DefaultMQProducer producer = new DefaultMQProducer("niwei_producer_group");
producer.start();
```

```
    int totalMessagesToSend = 100;
    for (int i = 0; i < totalMessagesToSend; i++) {
        Message message = new Message("TestTopic", ("Hello scheduled message "
+ i).getBytes());
        // 延迟级别为 3，表示延迟 10s 后发送
        message.setDelayTimeLevel(3);
        producer.send(message);
    }

    producer.shutdown();
```

为了实现定时消息，RocketMQ 引入了延迟级别的概念，这种方式牺牲了一些灵活性，设计上的考虑是在实际场景中很少有业务需要随意指定时间。

6.3.6 批量发送消息

如果有大量相同 Topic、相同发送状态（即消息对象的 setWaitStoreMsgOK 方法设置的一样）的非定时消息，则可以选择批量方式，批量发送消息可以提高传递小消息的性能，但是一次发送的消息不能超过 1MB，如果超过 1MB 则需要分隔后再分批发送。

```
    DefaultMQProducer producer = new DefaultMQProducer("niwei_producer_
group");
    producer.start();

    String topic = "topic_example_batch";
    List<Message> messages = new ArrayList<>();
    messages.add(new Message(topic, "TagA", "100001", "Hello world a".
getBytes()));
    messages.add(new Message(topic, "TagA", "100002", "Hello world b".
getBytes()));
    messages.add(new Message(topic, "TagA", "100003", "Hello world c".
getBytes()));
    try {
        producer.send(messages);
    } catch (Exception e) {
        e.printStackTrace();
    }

    producer.shutdown();
```

在发送批量消息时先构造一个消息对象集合，然后调用 send(Collection msgs)方法即可。由于批量消息的 1MB 限制，所以一般情况下在集合中添加消息时需要先计算当前集合中消息对象的大小是否超过限制。

```
package org.study.mq.rocketMQ.java;

import org.apache.rocketmq.client.producer.DefaultMQProducer;
import org.apache.rocketmq.common.message.Message;

import java.util.ArrayList;
import java.util.Iterator;
import java.util.List;
import java.util.Map;

class ListSplitter implements Iterator<List<Message>> {
    private final int SIZE_LIMIT = 1000 * 1000;
    private final List<Message> messages;
    private int currIndex;

    public ListSplitter(List<Message> messages) {
        this.messages = messages;
    }

    @Override
    public boolean hasNext() {
        return currIndex < messages.size();
    }

    @Override
    public List<Message> next() {
        int nextIndex = currIndex;
        int totalSize = 0;
        for (; nextIndex < messages.size(); nextIndex++) {
            Message message = messages.get(nextIndex);
            int tmpSize = message.getTopic().length() + message.getBody().
length;
            Map<String, String> properties = message.getProperties();
            for (Map.Entry<String, String> entry : properties.entrySet()) {
                tmpSize  +=  entry.getKey().length()  +  entry.getValue().
```

```
length();
                }
                tmpSize = tmpSize + 20;
                if (tmpSize > SIZE_LIMIT) {
                    // 如果大小超过批量消息的 1MB 限制，则跳出循环
                    // 否则，就继续添加消息对象到集合中一次发送出去
                    if (nextIndex - currIndex == 0) {
                        nextIndex++;
                    }
                    break;
                }
                if (tmpSize + totalSize > SIZE_LIMIT) {
                    break;
                } else {
                    totalSize += tmpSize;
                }

            }
            List<Message> subList = messages.subList(currIndex, nextIndex);
            currIndex = nextIndex;
            return subList;
        }
    }

    public class BatchMessageProducer {
        public static void main(String[] args) throws Exception {
            DefaultMQProducer producer = new DefaultMQProducer
("niwei_producer_group");
            producer.start();

            String topic = "topic_example_batch";
            List<Message> messages = new ArrayList<>();
            messages.add(new  Message(topic, "TagA", "100001", "Hello  world
a".getBytes()));
            messages.add(new  Message(topic, "TagA", "100002", "Hello  world
b".getBytes()));
            messages.add(new  Message(topic, "TagA", "100003", "Hello  world
c".getBytes()));
            try {
```

```
            ListSplitter splitter = new ListSplitter(messages);
            while (splitter.hasNext()) {
                try {
                    List<Message>  listItem = splitter.next();
                    producer.send(listItem);
                } catch (Exception e) {
                    e.printStackTrace();
                }
            }
        } catch (Exception e) {
            e.printStackTrace();
        }

        producer.shutdown();
    }
}
```

6.3.7 事务消息

（1）使用 org.apache.rocketmq.client.producer.TransactionMQProducer 类创建事务消息生产者，并指定 producerGroup 名称，用以区别于普通消息。

（2）在初始化时通过调用 TransactionMQProducer 对象的 setExecutorService 方法为本地事务执行设置合适的线程池大小。

（3）TransactionListener 接口需要实现的两个方法中的返回结果都是 LocalTransactionState，这是一个枚举，其有三种状态定义：如果本地事务还没执行完成，则返回 UNKNOW 状态，表示事务还在执行过程当中；如果已经执行完成，则根据执行结果返回 COMMIT_MESSAGE 或 ROLLBACK_MESSAGE。

（4）由于状态会出现回查丢失等情况，可能会出现同一个事务回查多次的情形，这就需要业务回查接口能够实现幂等，RocketMQ 在 Message 对象中提供了 transactionId 属性给用户用于实现初步的消息过滤，可以通过 getTransactionId 方法获得。但在实际场景中更推荐通过消息内容中的具体业务参数做幂等性判断。